今日からモノ知りシリーズ

トコトンやさしい

機械の本

朝比奈奎一
三田　純義

私たちの身の回りにある機械や部品のほとんどが工作機械によって作られています。このため工作機械は「機械を作るための機械」＝「マザーマシン」と呼ばれています。

B&Tブックス
日刊工業新聞社

はじめに

私たちの周りにはさまざまな機械があります。電気掃除機、自転車、プリンター、自動車などなど。私たちの生活において機械なしでは1日たりとも生きていけない状況です。極端に言えば、私たちの生活は機械によって支えられているといっても過言ではありません。

日常生活で機械と接する方法は、一般的にはオペレーションを介してです。つまり、スイッチを入れさえすれば機械が動いて、マニュアルに沿って操作をすることで目的どおり働いてくれるものです。このような機械とのお付き合いでは、機械がどのようなしくみで動いているのかを考えることは、まずないのではないでしょうか。

それでは機械が正常に動かなくなってしまったとき、つまり故障したときにはどうでしょうか。もし自分で修理しようと思えば、機械のしくみについての一応の知識が必要になります。まあ、最近は捨てて新しいものを買えば間に合ってしまうかもしれませんが…。

本書は、機械を設計したり作ったりする機械技術者以外の方たちにも、機械に少しでも興味を持ってもらうことを目的に作成しました。機械に興味を持つことができれば、きっと自分で機械を直すことに挑戦してもらえるのではと思います。直すまでいかなくても、よりよい方法で機械を操作することができるようになるでしょう。その結果、機械の寿命は延びて廃棄しなければならない機械も減ることになります。

機械は複雑な構造をしていて、一般の人には手が出ないものと考えていませんか。しかし、どんな複雑に見える機械でも、その動作・運動のしくみは、基本となる機構の組み合わせで作られているものがほとんどです。そこで、本書の流れでは、1章から6章にかけて、機械を構成する基本要素とその働きを多くのページを割いて、図表を交えながらやさしく解説しています。

その後7章から8章にかけて、実際の身の回りにある機械、装置を取り上げて、機械の基本要素がどのように組み込まれて、最終的に所望の動作を確立しているのかを述べています。つまり、機械のしくみの応用事例紹介とでもいえる部分です。さらにこれからの機械は、メカニズムの部分に対してエレクトロニクス技術（コンピュータ技術）が多用されてくることでしょう。いわゆるメカトロニクス機械であり、その代表がロボットです。動く部分が少なくなることで、機械がブラックボックス化する可能性があります。しかし、どんな自動化された機械でも主役は動く機構部分です。

本書を通して読んでいただければ、きっと機械に興味を持ち、さらに複雑な機械のしくみを理解できる応用力が培われること請け合いです。機械に対する関心を高めることで、機械を愛してくださることを期待しています。

2006年8月

朝比奈奎一
三田　純義

トコトンやさしい機械の本

目次

第1章 機械を構成する要素

1 機械と道具の違いはどこにある？「のこぎり・かんなと木工機械」……10
2 歴史からみた機械の変遷「時代とともに変わる機械の定義」……12
3 機械を構成する要素と機構「機械要素とメカニズム」……14
4 機械を動かすパワーとは「モーターに必要なパワー」……16
5 運動を伝え、変換する各種要素・機構「力、トルク、回転数、動力の伝達」……18
6 機械部品を支える構造体とその強度「骨組構造、フレーム、強度、剛性」……20
7 動きを検出する要素「位置センサー、力センサー、温度センサー」……22
8 動きを制御する要素「シーケンス制御、フィードバック制御と制御装置としてのコンピュータ」……24

第2章 さまざまな働きを担う軸とねじ

9 軸の構造と働き「伝達部品とはめあい」……28
10 軸の種類と力のかかり方「シャフト、アクシル、プロペラ、クランクシャフト」……30
11 軸を支え、回転を助ける軸受「滑り軸受と転がり軸受」……32
12 軸と部品、軸と軸をつなぐ方法「キー、スプライン、軸継手」……34
13 ねじの用途「締結用、移動用そして測定用」……36
14 ねじのしくみ「ねじと斜面」……38
15 さまざまなねじ「三角ねじと一般用メートルねじ」……40

16 ねじによる締結の方法「ボルト、ナット、座金そしてゆるみ止め」……42

第3章 動力を伝える歯車とベルト・チェーン

17 動力を伝える「摩擦車と歯車・ベルトとチェーン」……46
18 いろいろな歯車「平歯車、はすば歯車、かさ歯車、ウォームギヤ」……48
19 歯車の歯形と歯車がかみあう条件「歯形曲線とモジュール」……50
20 歯車による回転数変換と方向変換(1)「必要な回転数を得るには」……52
21 歯車による回転数変換と方向変換(2)「平歯車の組み合せとそのしくみ」……54
22 さまざまな歯車機構と応用「遊星歯車装置」……56
23 ベルト伝動の種類「平ベルト・Vベルト・歯付きベルト」……58

第4章 複雑な運動を実現するカムとリンク

24 カムとリンクのしくみ「繰り返しメカニズムの基礎」……62
25 カムの形状と従動節の運動「平面カム、立体カムによる運動」……64
26 リンク機構の種類と運動形態(1)「周期的に同じパターンをさせる」……66
27 リンク機構の種類と運動形態(2)「4節リンクの応用」……68

第5章 回転の断続と停止を行うクラッチとブレーキ

28 クラッチってどんな働きをする？「かみ合いクラッチと摩擦クラッチ」……72
29 回転の断続を自由に行うクラッチ「電磁クラッチと流体クラッチ」……74
30 運動エネルギーを熱エネルギーに変換する摩擦ブレーキ「ブレーキのしくみ」……76
31 ブレーキにはどんな種類があるのか「バンドブレーキやディスクブレーキ」……78
32 ばねの機能と用途「はかり、安全弁、ダイヤルゲージへの利用」……80
33 いろいろなばね「コイルばね、トーションバー、板ばね」……82
34 ばねの特性とは「こわさ、弾性エネルギーそして振動」……84
35 防振と緩衝「共振、防振そして緩衝」……86

第6章 機械を動かす源

36 広く使われている直流モーター「おもちゃから自動車まで」……90
37 交流モーターのしくみ「交流モーターの代表である三相誘導電動機」……92
38 機械を制御するサーボモーター「広く使われている交流サーボモーター」……94
39 簡単な制御に使われるステッピングモーター「パルスモーターとも呼ばれる」……96
40 磁石を使わないモーター「超音波モーター」……98
41 直線的に動くリニアモーター「回転運動を直線に」……100
42 流体の圧力を利用する機器の原理「パスカルの原理の利用」……102

第7章
身の回りにある機械のしくみ

43 流体の圧力を利用する機器の構成「油圧機器と空気圧機器」……104

44 安全を守る弁、流れの方向を変える弁「空気圧や油圧の駆動源、各種弁」……106

45 空気・油圧機器のアクチュエータと速度を制御する弁「シリンダーとモーター」……108

46 事務機「コピー機、プリンター」……112

47 ハードディスク「デジタルデータを記録」……114

48 コンピュータ「ハードウェアとソフトウェア」……116

49 ロボット「人間と共存する機械」……118

50 時計（機械式からクオーツへ）「電子的に時を刻むクオーツ」……120

51 洗濯機「家事労働の省力化に貢献」……122

52 冷蔵庫「液体と気体の熱のやりとり」……124

53 自動車「マニュアル車、オートマチック車」……126

54 エレベーターとエスカレーター「バリヤフリーを実現」……128

第8章 産業界で使われている機械のしくみ

55 マザーマシンと言われる工作機械「母なる機械・母性原則」……132

56 工作機械における運動のしくみ「モーターを連結し、工具、工作物を回転、移動」…134

57 NC工作機械のしくみ「サーボ機械が組み込まれている」……136

58 精密測定器で寸法を測る「ノギス、マイクロメーター、粗さ測定器、測長器、3次元座標測定機」…138

59 流体機械の代表であるポンプ「渦巻きポンプ、圧縮機、送風機、水車」……140

60 内燃機関の代表は自動車エンジン「ガソリンエンジン、ディーゼルエンジン」…142

61 蒸気機関と発電「蒸気機関車から蒸気タービンまで」……144

【コラム】

●環境を考慮した機械……26

●機械の信頼性とメンテナンス……44

●動力を伝えるしくみと潤滑……60

●機構（メカニズム）と死点（デッドポイント）……70

●新素材が機械の性能に影響を与える……88

●エネルギーを生み出すのは難しい…風車発電……110

●人にやさしい機械とは……130

引用・参考文献……146

索引……151

第1章

機械を構成する要素

1 機械と道具の違いはどこにある？

のこぎり・かんなと木工機械

私たちは機械や道具の助けを借りて当然のように重労働から解放され、便利な生活をしていますが、機械とは何かと改めて問われると、その返事に戸惑ってしまいます。そこでここでは道具と機械の違いを考えることで機械のイメージを明確にしていきたいと思います。

自宅の日曜大工で、木材を切ったり削ったりするには、のこぎりやかんななどを使います。のこぎりやかんなは慣習的に大工道具の一つです。しかし、木工工場などで同じ板厚や寸法の板材を大量に切ったり削ったりするときには、丸のこ盤や自動かんな盤が使われています。

丸のこ盤は、のこぎりを円盤状にし、それをモーターで回転させ、板の寸法を決め、案内する定規に沿って板を一定の速さで自動的に送り、板を切断する機能をもっています。また、自動かんな盤でも板を押さえたり、送る仕組みがあり、回転刃で板を平らに削る機能を有しています。さらに、これらには、丸のこやテーブルを上下して位置決めをするためのハンドル、丸のこやかんなを回転させ材料を送るためのモーターとブレーキや安全カバーなどが備わっています。

のこぎりやかんななどの「道具」と丸のこ盤や自動かんな盤などの「機械」を比較すると、①機械は人間に代わってパワーを発生するモーターなどの駆動源を持ち、モーターの回転数を伝達したり、回転数を変換したり、パワーを変換したりする各種要素を有しています。そして②これらの要素をうまく組み合わせて、全体として目的にかなった機能（板を自動的に切ったり削ったりする機能）を機械が発揮するように作られています。なお、③機能は機械的な力と運動の両方あるいは一方が重要な役割を果たすことになります。この事例では木材を切削するためには当然切削力が必要であり、刃物の回転と材料の相対的運動が実現できなければなりません。

要点BOX

●機械と呼ばれるための基本的要件は3つ
●機械と道具の相違点

穴あけ作業における道具から機械への進歩

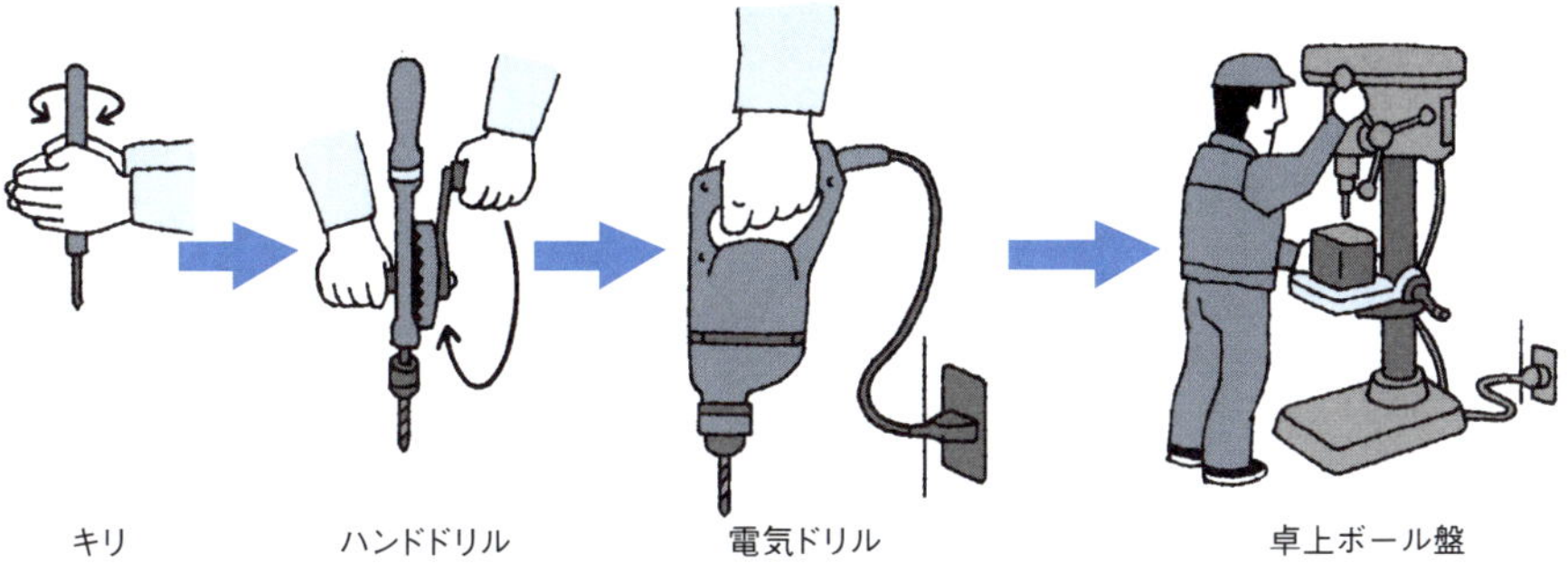

木工作業における道具と機械

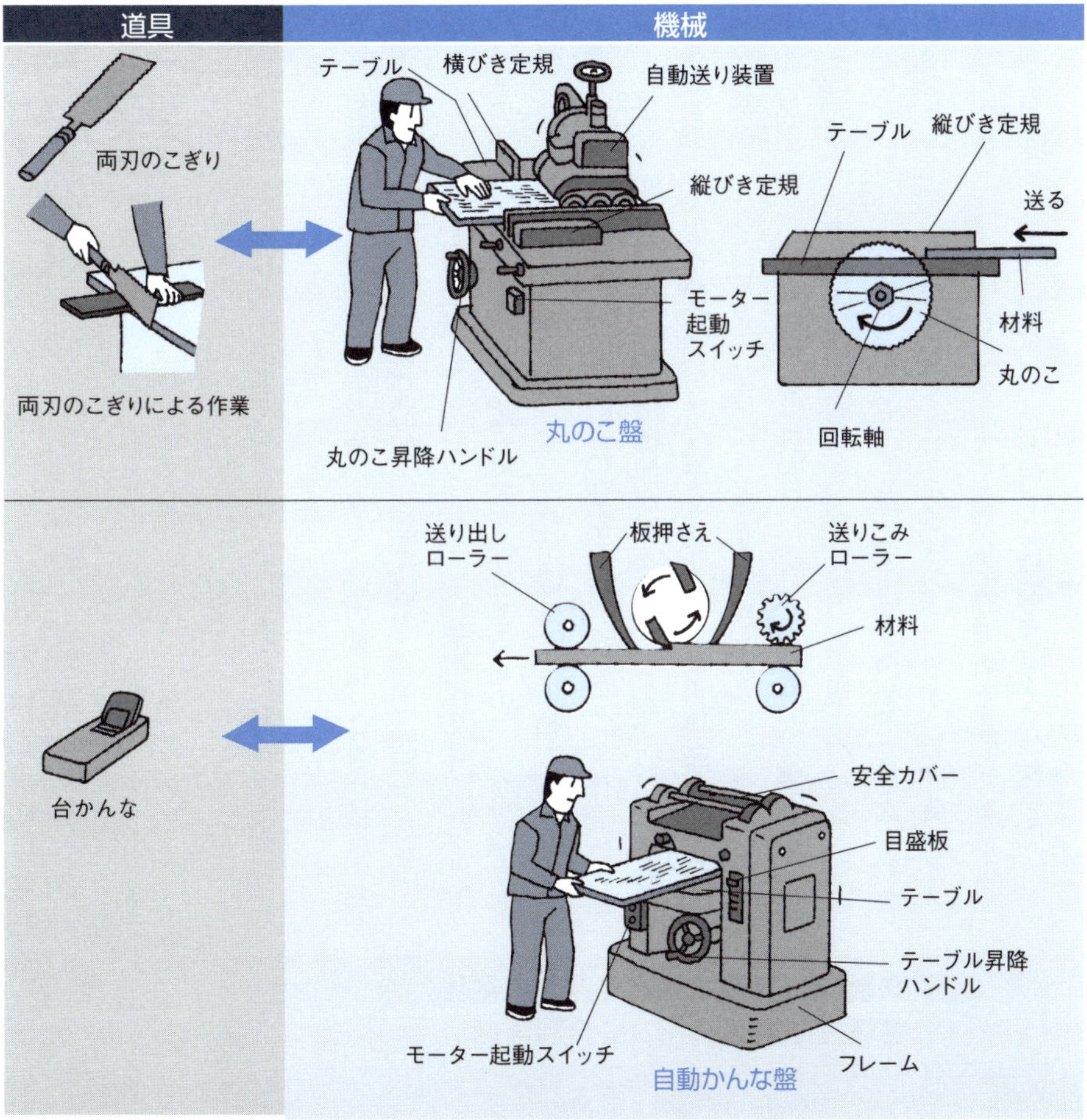

2 歴史からみた機械の変遷

時代とともに変わる機械の定義

機械は時代とともに発展しました。したがって、機械の定義もその時代、時代で変化してくるものです。また、機械は道具から発展したものと考えれば、相互の境界をどこに置くのかも時代によって変わってくるのは当たり前です。

機械の歴史を振り返ると、古代ギリシャ科学者のヘロンという人が提唱した単一機械という概念があります。機械とは「てこ、斜面（クサビ）、ねじ、滑車、車輪の5つの要素（単一機械）の組み合わせで実現できるしくみ」であるとするものです。現在でも十分通用する考え方ですが、機械の利用の初期は「重いものを移動する」ために使われましたから、てこや滑車などが主役の役割をしました。さらに時代を経て、「ある目的の運動を行い、時間または力を節約する」機械、さらには「物体を組み合わせて相対運動を行い、外部からエネルギーを受け取って有用な仕事を行う」機械が出現します。現代では、機械にエレクトロニクス技術がおおいに利用されていますから、これらに関しても機械と呼ぶようになっています。

機械を機能と用途から、動力機械、作業用機械、計測機械および情報・知能機械の4つに分類できます。動力機械とは蒸気タービン、内燃機関のようにさまざまなエネルギーで動力を発生するもので、原動機とも呼ばれる機械です。作業用機械とは、動力機械から動力を受けて、所要の仕事を行う機械で、工作機械、建設機械、輸送用機械などが所属します。しかし、最近の作業用機械は、動力を発生する動力機械を組み込んでいるものがほとんどです。

計測機械とは身近なはかり、体重計から表面粗さ測定器、材料試験機など、各種の物理量や機械量を測定し、その値を表示する機械です。機械的な仕事を行わないのですが、立派な機械の一つです。知能機械はさまざまな外部データを収集し、それを正しく判断し必要な情報として活用する機能を有する機械です。

要点BOX

- 機械の定義は時代とともに変化
- 機械は大きく4つに分類可能

機械の定義の変革

ヘロンの単一機械

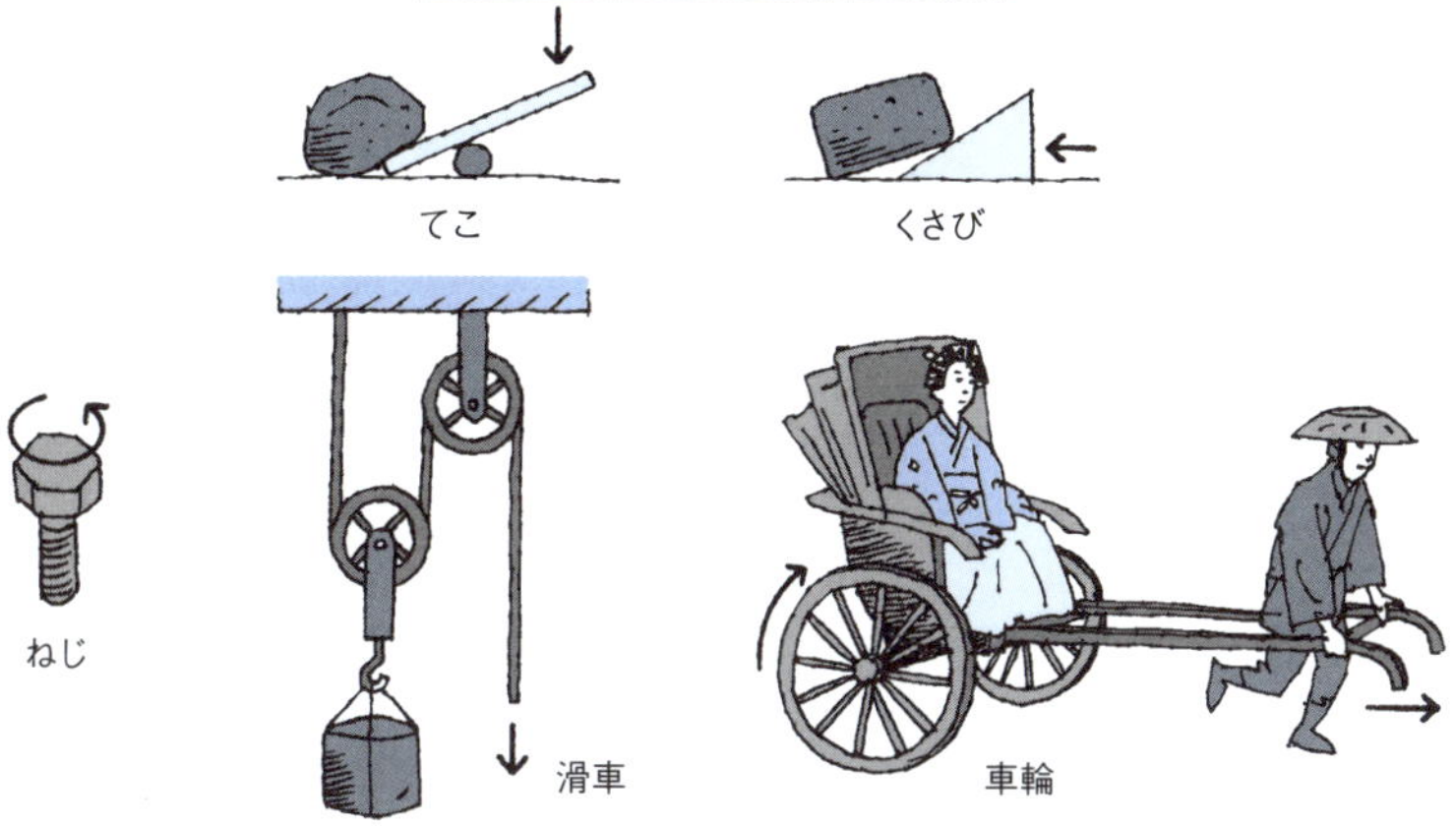

重いモノを移動するのが機械

ローマのアウグスト帝（63BC～14AD）時代のヴィトルヴィウスの考えた仮設式起重機

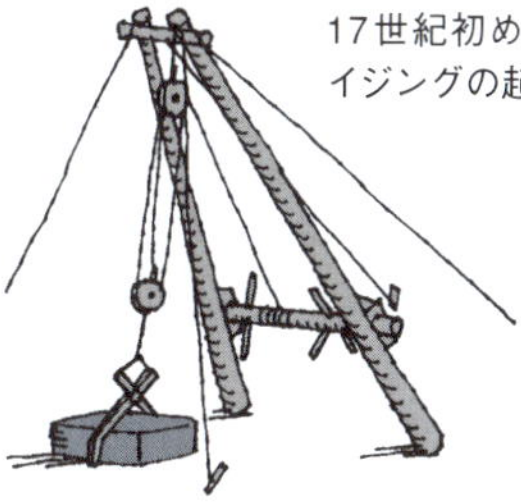

17世紀初め、ツァイジングの起重機

力を節約するために動力を発生するのが機械

イギリスのトレヴィッシックが作った高圧蒸気機関とこれを活用した蒸気機関車（1800年代前半）

3 機械を構成する要素と機構

機械は、これを構成する各要素が限定された運動を行うことで、目的の仕事を遂行することになります。したがって、機械を理解するためには、あまり外観にとらわれることなく、機械要素の働きと運動を把握したうえで、機械全体の構造から運動のメカニズムをとらえることが必要となります。

事例としてロボットを考えてみると、以下のような要素や機構から構成されていることがわかります。

①アームを動かすモーターや空気シリンダーなどの「駆動源」
②回転数を変え、運動を伝達する歯車などの「動力を伝達する要素」
③アームの動きを制御するブレーキやクラッチなどの「動力を制御する要素」
④決められた動きにアームを動作させるリンクなどの「動きを変換する機構」
⑤ボルトやナットなどの機械要素を固定する「締結要素」
⑥フレームなど機械要素を「支える構造体」
⑦アームの動きを制御するためのセンサー、コンピュータ、インタフェース、制御プログラムなどの「電気・電子・情報処理部」

ロボットにかかわらず機械には上述の構成要素やユニットが共通に使われています。これらをまとめて「機械の要素」と呼びます。

各要素に関しては後で解説するので、ここでは機構について少し学問的に考えてみます。機械は複数の要素が互いに接触して相対運動をするわけですが、それらの各要素の組み合わせを、専門的な言葉になりますが、「対偶（pair）」といいます。また、部品どうしが相対運動を行うとき部品を総称して「節」と呼びます。そして、節を対偶で結合して構成し、一定の働きをするものを「機構（メカニズム）」と呼ぶわけです。したがって、機械の動作を理解するためには機械自体の機構を十分に把握しなければならないことになります。

要点BOX
●機械は各種の機械要素から構成
●構成する要素が限定された運動を行うのが機械
●機械を理解するには、機構（メカニズム）を把握

機械を構成する要素

機能・目的	例
機械を動かす駆動源	モーター、エンジン、油空圧シリンダー
トルク・回転数・動力を伝達する要素	歯車、ベルトとベルト車、チェーンとスプロケット、軸、軸受、軸継手、クラッチ
動きを変換する要素・機構	カム、リンク、ねじ
制動・衝撃・エネルギーを吸収する要素	ブレーキ、ばね、ダンパー
要素やユニットを固定・締結する要素	キー、ピン、ボルト、ナット、リベット
流体を伝え制御する要素	管、管継手、バルブ
密封する要素	パッキン、Oリング、シール
要素やユニットを支える構造体	フレーム、ベース、支持
機械を制御する要素	コンピュータ、インタフェース、スイッチ、リレー

ロボットを構成する要素

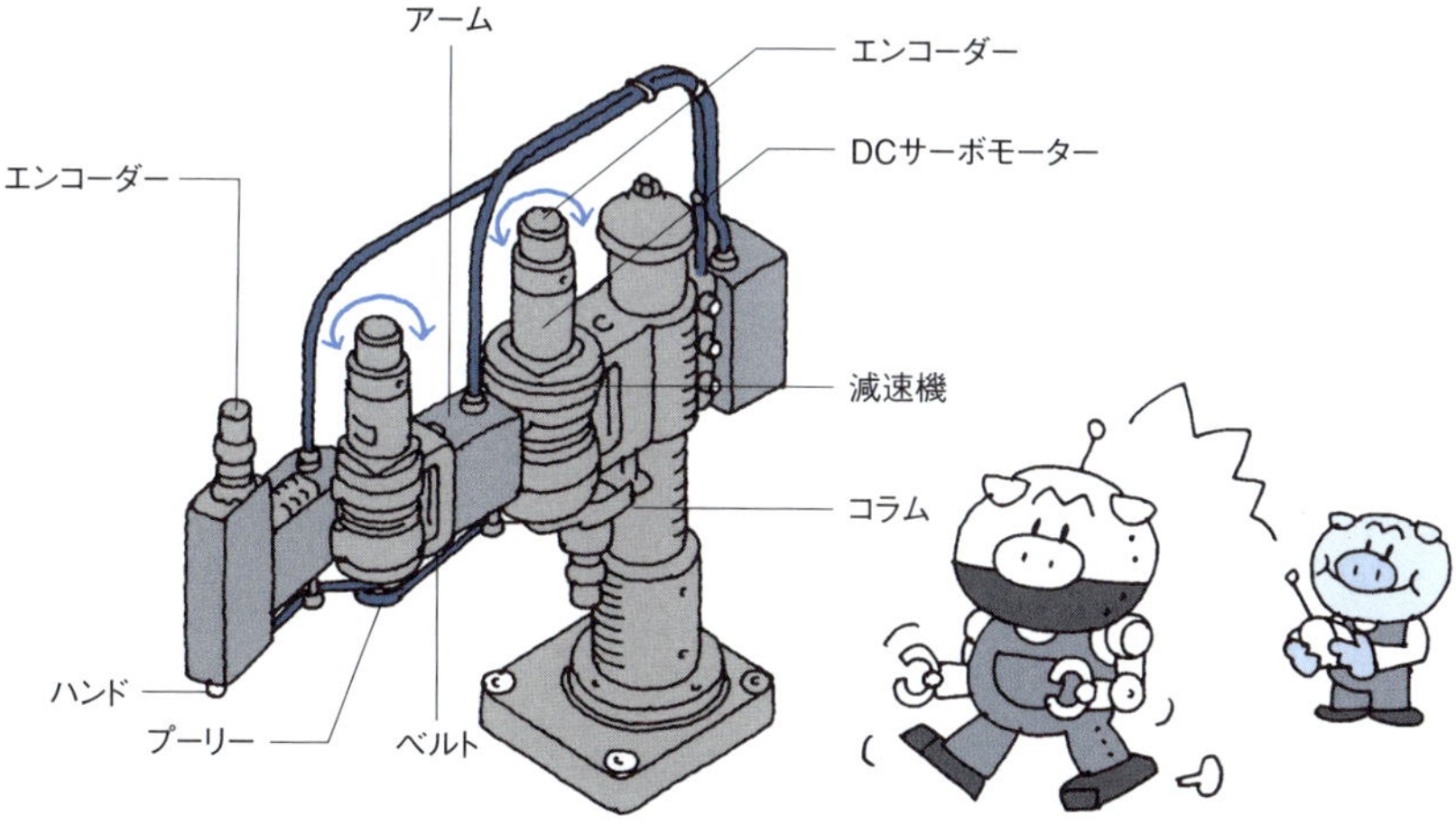

4 機械を動かすパワーとは

モーターに必要なパワー

人に代わって仕事をする機械には、それを動かすための駆動源が必要です。駆動源には電気式のモーターや自動車に使われるエンジン、油空圧を活用したシリンダーなどがあります。これらの駆動源はパワーの大小や制御のしやすさを考えて使われています。

ではパワーとは何でしょうか。昔は、パワーは何馬力?などと言っていたこともあります。一般的に言っているパワーは、「出力」「動力」「仕事率」とも呼ぶもので、1秒間に機械がどれだけの仕事をできる能力があるかを表す数値です。パワーの基本単位は「W（ワット）」です。馬力は昔の単位で、現在は自動車のカタログにあるエンジンのパワーもkW（kは接頭語で10^3）で表示されているはずです。

仕事をするときに、直感的にわかるのは「力」です。物体に1N（ニュートン：力の基本単位）の力で1m（メートル：長さの基本単位）直線的に動かしたときの「仕事」は1N×1m＝1N・mということになります。この仕事を1秒間（1s）で行うためには1N・m/sのパワーが必要で、これが1Wという大きさの動力です。力に速度（m/s）をかけてもパワーは求まります。

機械の駆動源として多く使われているのは、電気式モーター（一般的にモーターと呼べば電気式をさす）です。モーターはシャフトが回転運動するわけですから回転によってパワーが発揮されます。モーターに限らず回転することで仕事をする機械は大変多いものです。回転運動の場合のパワーは回転する「トルク（単位はN・m）」と回転数（単位はrpm：1分あたりの回転数）によって求めることができます。

駆動源を選定するときには、まず検討しなければならないのがパワーです。この仕事をするためには何kWのモーターを採用しなければならないのかということです。もちろん機械やモーターにはパワーの損失がありますので、余裕を持ったパワー容量の駆動源を選ぶことが肝要です。

要点BOX

●駆動源のパワーの概念とその単位（ワット）
●回転機械のパワーの求め方

パワー（動力）の概念

直線運動

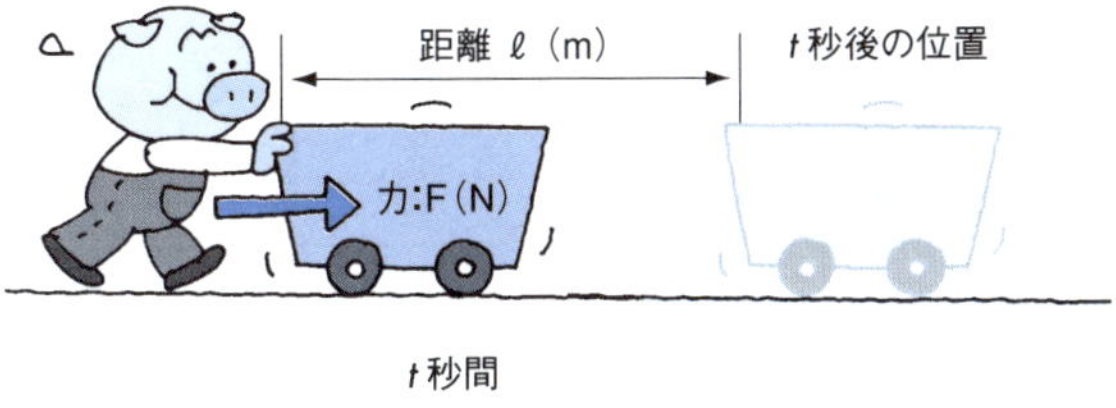

パワーP（w）

$$P=\overset{力}{\overbrace{F}}\cdot\underbrace{\overset{距離}{\overbrace{\ell}}\,/\,\overset{時間}{\overbrace{t}}}_{\substack{速度\\ v}}$$

$$P=F\cdot v$$

回転運動

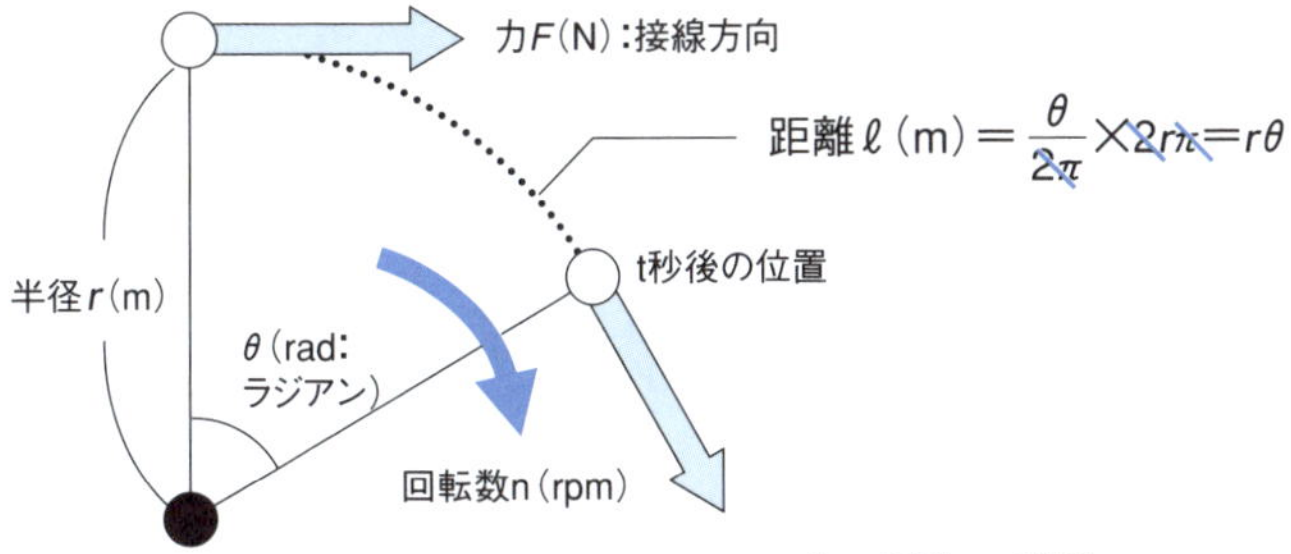

$$パワーP=\underbrace{\overset{力}{\overbrace{F}}\cdot r}_{\substack{トルク\\ T}}\underbrace{\overset{距離}{\overbrace{\theta}}\,/\,\overset{時間}{\overbrace{t}}}_{\substack{角速度\\ \omega\,(rad/s)}}$$

$$P=T\omega$$

回転数n（rpm）とすると　$\omega=\dfrac{2\pi n}{60}$

$$P=\frac{2\pi n}{60}T$$

5 運動を伝え、変換する各種要素・機構

力、トルク、回転数、動力の伝達

駆動源のパワーを実際に仕事をする場所に伝達する要素が機械には組み込まれています。たとえば自転車では足の力が駆動源であり、これがペダルに加えられますが、走行するためにはさらにこの力や回転が後輪に伝達されなければなりません。このときに使われるのが「チェーン」という機械要素です。

回転運動を伝達するものには、チェーンのほかに「ベルト」や「歯車」も使われます。これらの要素は単に回転を伝えるだけではなく、回転速度を変えたり、回転力（トルク）を変換したりする役割も持っています。

要素同士が直接接触せずに、流体を媒体としてパワーを伝達する方法もあります。扇風機を回して、その風のエネルギーによって風車を回せば、間接的に動力を伝えたことになります。実際の機械では、風のエネルギーの代わりにポンプで油にエネルギーを与え、そのエネルギーで羽根を回し動力を伝える流体クラッチ（第5章参照）と呼ぶ装置もあります。

動力伝達を行う機械では、必ず回転する部分があります。その基本となるのが回転の中心にある軸です。軸には軸受、軸継手、クラッチとこれらを固定するキーなどが取り付けられています。「軸受」は軸を回転中心にしっかりと固定し、摩擦なく滑らかに回転するようなはたらきを有しています。「軸継手」や「クラッチ」は、モーターやエンジンなどの駆動源と軸とを接続し、回転を確実に伝える働きをします。「キー」はこれらの要素を軸に固定させるために使います。

歯車やねじは動力を伝える要素であるとともに、機械の動きを変換するはたらき、つまり機構としての役割ももっています。機械の基本的動きは直線運動と回転運動ですが、適当な機構を利用すると回転運動を直線運動に変換したり、その逆を実現したりします。また、機構を工夫すれば回転数や速度、回転角や変位を変えて複雑な動きも作り出すことができます。

要点BOX

- ●駆動源の動力を伝達する機械要素とは
- ●伝達要素によって、所望の運動を行う機構を構成

機械運動の基本

対偶（機械の運動の最小単位）

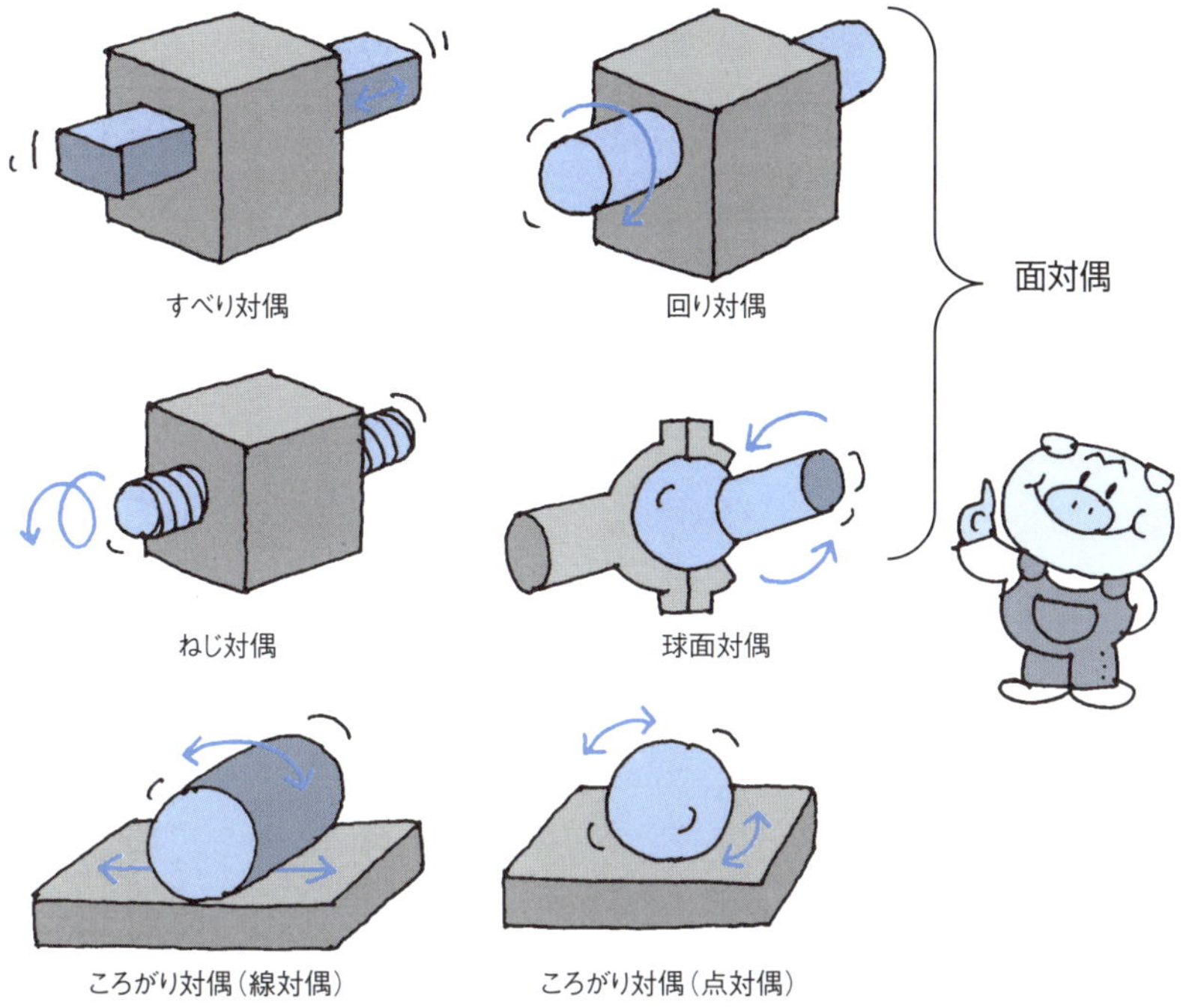

運動の種類

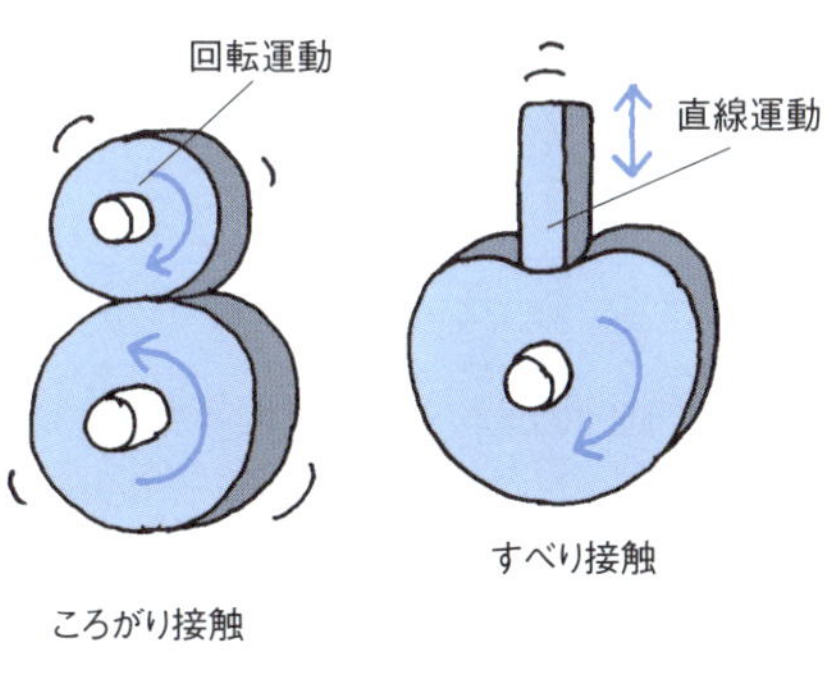

運動伝達

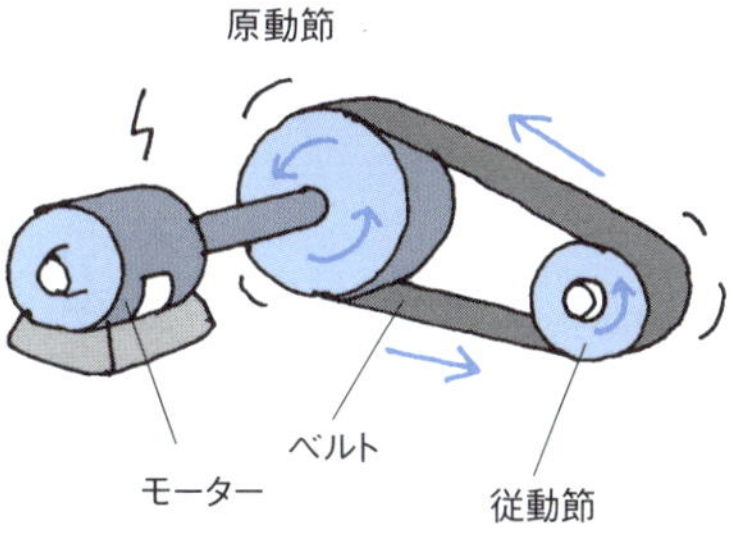

6 機械部品を支える構造体とその強度

骨組構造、フレーム、強度、剛性

機械を構成するさまざまな部品や部材を支えるために構造体が必要になります。機械には自動車のように移動するものもあれば、工作機械のように固定されて使われるものがありますが、いずれの機械においても、構造体は機械を構成する部品の重さやそれに働く力をしっかりと支え、さらに振動を小さくするように作られています。また、構造体は機械自体の形状を決め、機械の外観やデザインの基礎となっています。機械のデザインは機械がもつ機能から自然に決まったり、また使う環境や使う人の心理面を考慮して決められることもあります。

構造体の代表である鉄橋、鉄塔やクレーンのアームなどにおいては、鉄骨を三角形に組んだトラスという構造が採用されています。また、鉄骨でできた家などは四角形の「ラーメン」という構造が基本になっています。このように鉄骨を組み合わせてできた構造を総称して「骨組構造」といいます。機械部品などを固定する枠を「フレーム」と呼び、部品などを取り付ける基礎となる台を「ベース」と呼んでいます。

機械の構造体や部品には、引張り、圧縮、せん断、曲げ、ねじりなどの力が作用します。これらの力はゆっくり、じわーと働く場合や繰り返して働く場合、さらには衝撃的に働く場合があります。いずれの場合にも、構造体、部品や部材はこれらの力に耐えられなければなりません。

機械に力が働くと、その力に抵抗して機械を構成する部材に力が生じます。働く力の大きさを部材の断面積で割った値を「応力」といいます。この応力が部材に使われている材料の最大強さ（最大応力）より大きくなると機械が破壊してしまいます。したがって、機械は壊れないよう余裕を持たせるために強い材料を使ったり、寸法の大きな部材を使ったりします。

機械は変形も考慮されています。これを機械の「剛性（こわさ）」と呼んでいます。

要点BOX

- ●機械は受ける力に対しての強度と剛性が必要
- ●構造体としてのトラス・ラーメン・フレーム・ベース

骨組構造

機械を支える構造体としての骨組構造にはトラスとラーメンがある

トラス

ピンで結合された三角形を組み合わせていく構造で、こうすることで加わる力を引張力で支えることになり強いものが作れます

ラーメン

部材が回転できないように固定してあります

構造体としてのフレームとベース

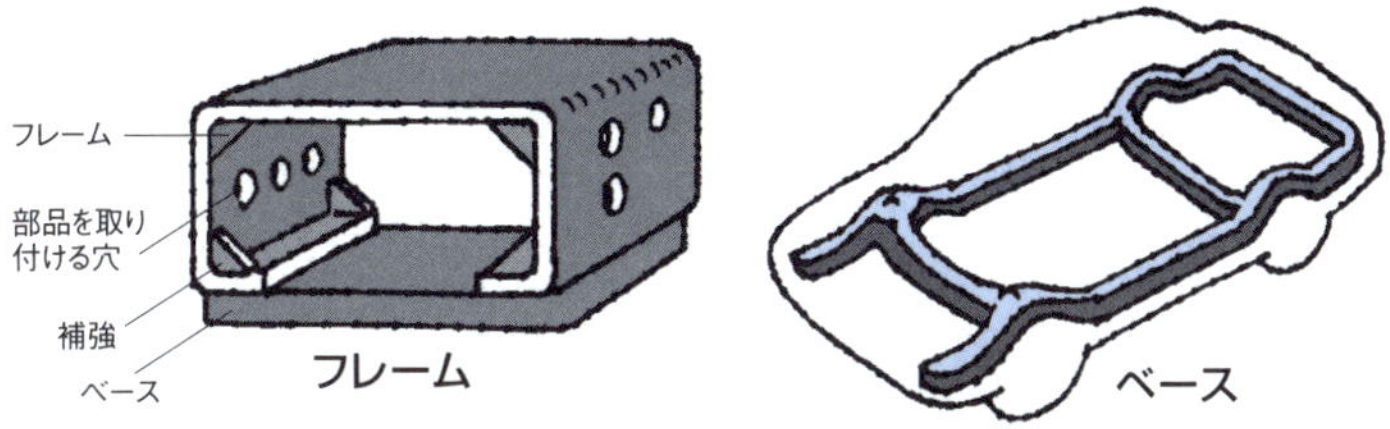

機械に働く力の種類

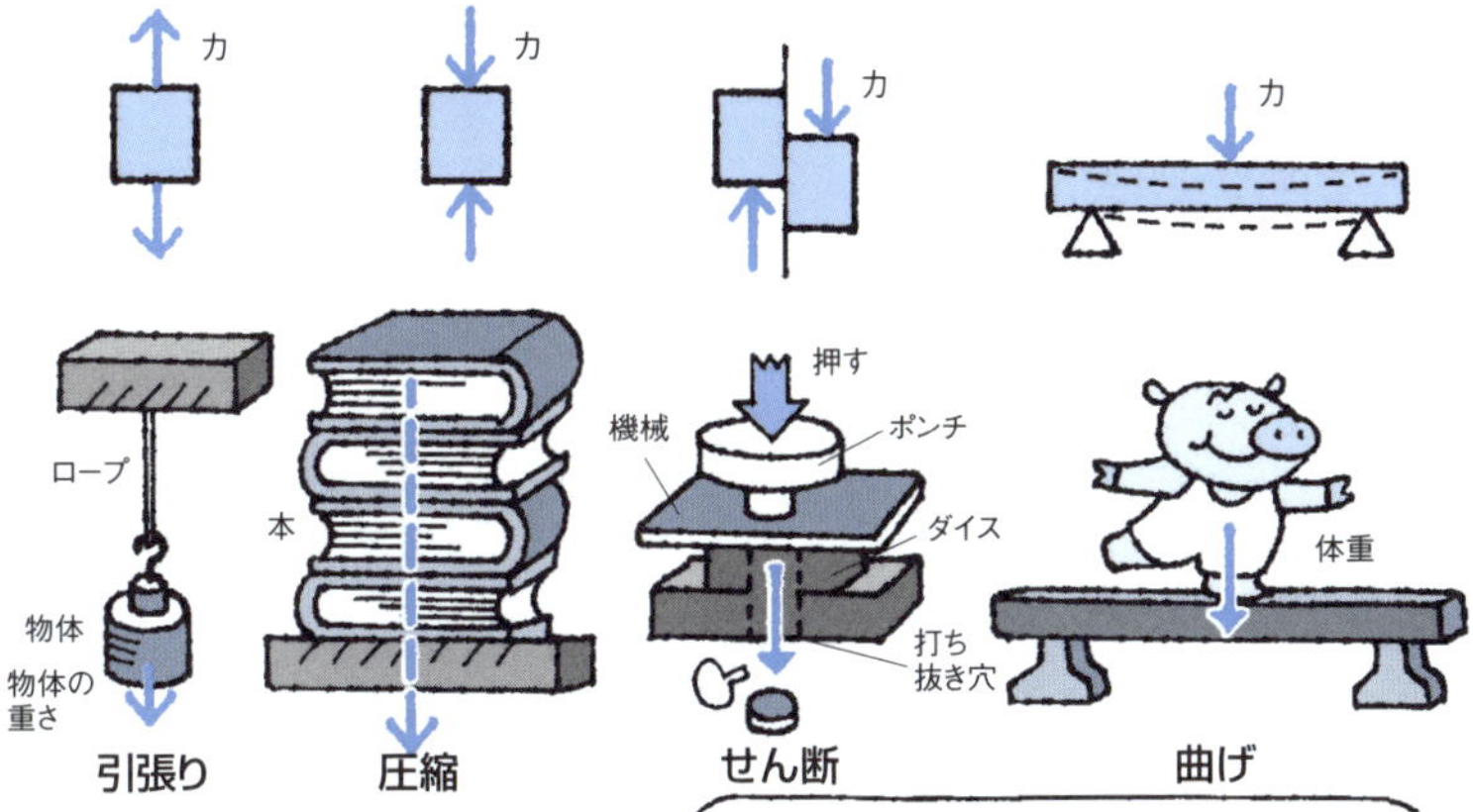

7 動きを検出する要素

位置センサー、力センサー、温度センサー

機械はこれを使う人に対して、安全で操作しやすく作られていなければなりません。また、最近の機械では単純な作業から人間を解放するように、自動化が積極的に図られています。安全な自動化された機械を作るために、人間の五感に代わって状況を検知するセンサーが多く組み込まれるようになっています。機械では位置、変位、速度、加速度、力、温度、圧力などを検出するセンサーが使われています。

自動化に最も重要なセンサーが、機械の位置や速度を知るものです。簡単で確実なものとして「リミットスイッチ」が多用されています。これは機械的な力で接点を閉じたり、開いたりすることでそのオン、オフ信号を出力します。機械の送りテーブルの動作範囲を検出するために使われます。

「ロータリエンコーダー」は、光の断続によるパルス信号を、カウンターで数えることで機械の移動距離や速さを知るセンサーです。同様の目的で使われるセンサーに「インダクトシン」があります。これは電磁誘導によって出力される電圧の変化から位置を知るものです。それぞれ直線運動における測定ではリニアタイプを、回転角度の測定にはスリットやコイルを放射状に配置したロータリタイプのものがあります。

機械に作用する力を検出するセンサーとしては、「ひずみゲージ（ストレインゲージ）」が使われます。力が働き機械が変形するのに合わせて機械に貼り付けたゲージが伸び縮みし、これによってゲージの断面積が変化することで抵抗値が増減することを利用して力を測定するものです。ひずみゲージを組み込んだ荷重計（ロードセル）も市販されています。

温度を知るセンサーとしては、温度によって電気抵抗が変化することを利用した「サーミスター」や、2種類の金属を接合し、その接合点を測定箇所に当てると温度差に応じて起電力（電圧）を発生することを利用した「熱電対」が使われています。

要点BOX

- ●機械に組み込まれるセンサーの機能と役割
- ●自動機械における3つのインタフェース

センサーの自動機械における位置づけ

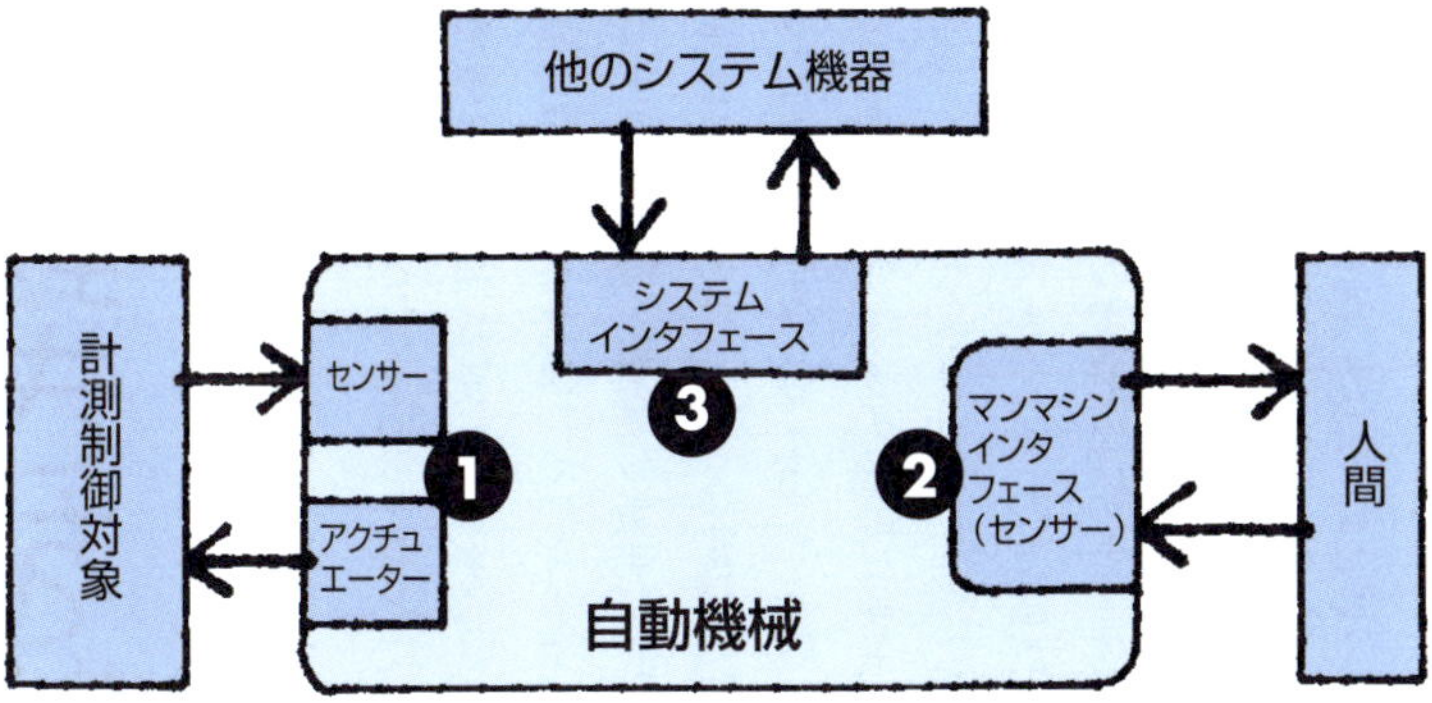

自動機械は外部との間で、情報を授受するための3つのインタフェース（❶～❸）を有しています。❶は対象から情報を受けとるセンサーであり、この情報をもとに対象にある種の働きかけをする操作機（アクチュエーターと呼ぶ）から構成されています

人間の感覚と半導体センサーデバイス

感覚	器官	物理現象 物理量	半導体センサーデバイス
視覚	目	可視光 結像	光電変換デバイス {光伝導デバイス フォトダイオード CCDイメージセンサー
聴覚	耳	音波 振動	圧力電気変換デバイス {ピエゾ抵抗デバイス 感圧ダイオード
触覚	指・皮膚	変位 圧力	変位電気変換デバイス {ピエゾ抵抗デバイス ひずみゲージ
温覚	指・皮膚	伝熱　放射 温度	温度電気変換デバイス {サーミスタ 赤外光伝導デバイス 赤外フォトダイオード
嗅覚	鼻	拡散 吸着	ガスセンサー 温度センサー
味覚	舌	溶解 吸着	イオン検出FET

（機械工学便覧C4 メカトロニクス）

8 動きを制御する要素

シーケンス制御、フィードバック制御と制御装置としてのコンピュータ

センサーから出力される信号をもとに、機械を制御する役割をするのがコンピュータです。コンピュータというとパソコンのようにディスプレイやキーボードなどを付属しているようなものを想像しますが、自動機械の中に組み込まれているのは、小さな集積回路（IC）のできたマイクロコンピュータ（マイコン）と呼ばれるものです。小さくてもコンピュータの機能はきちっと有しています。

機械の制御には、大きく二つの方法があります。一つ目は、電気洗濯機のように「給水→洗濯→排水→脱水→注水→すすぎ→排水→脱水」といった一つひとつの作業を順番に行うための制御で、これを「シーケンス制御」と呼んでいます。かってはリレーという装置でこの制御を行っていましたが、最近ではシーケンサーと呼ばれる制御装置（コンピュータ）が使われます。コンピュータですのでプログラムを書き換えることで容易に動作順を変えたりすることができ、フレキシブルな自動機械を作ることができます。

機械を制御するもう一つの方法として「フィードバック制御」があります。制御とは、「ある目的に適合するように対象となっているものに所要の操作を加えること」「制御対象のある量を制御系の外部から、目標として与えられる値に一致させること」です。制御量と目標値を一致させる制御方法がフィードバック制御であり、ここでは操作（出力）の結果を原因側（入力）に戻して比較し、出力が入力値に一致するまでコントロールを継続することになります。したがって、信号の流れは、閉ループ（クローズドループ）となります。これを行う装置が制御装置（コンピュータ）であるわけです。

位置決めなどのフィードバック制御に用いられる制御用モーターの代表が「サーボモーター」です。モーターに回転センサを組込み、設定された目標回転角とセンサーからのフィードバック信号を比較しながら、目標値に近づけるように回転駆動するモーターです。

要点BOX

●順番制御を行うシーケンス制御
●自動制御ではフィードバック制御
●制御装置にはコンピュータが利用される

制御用コンピュータ（マイコン）の構成

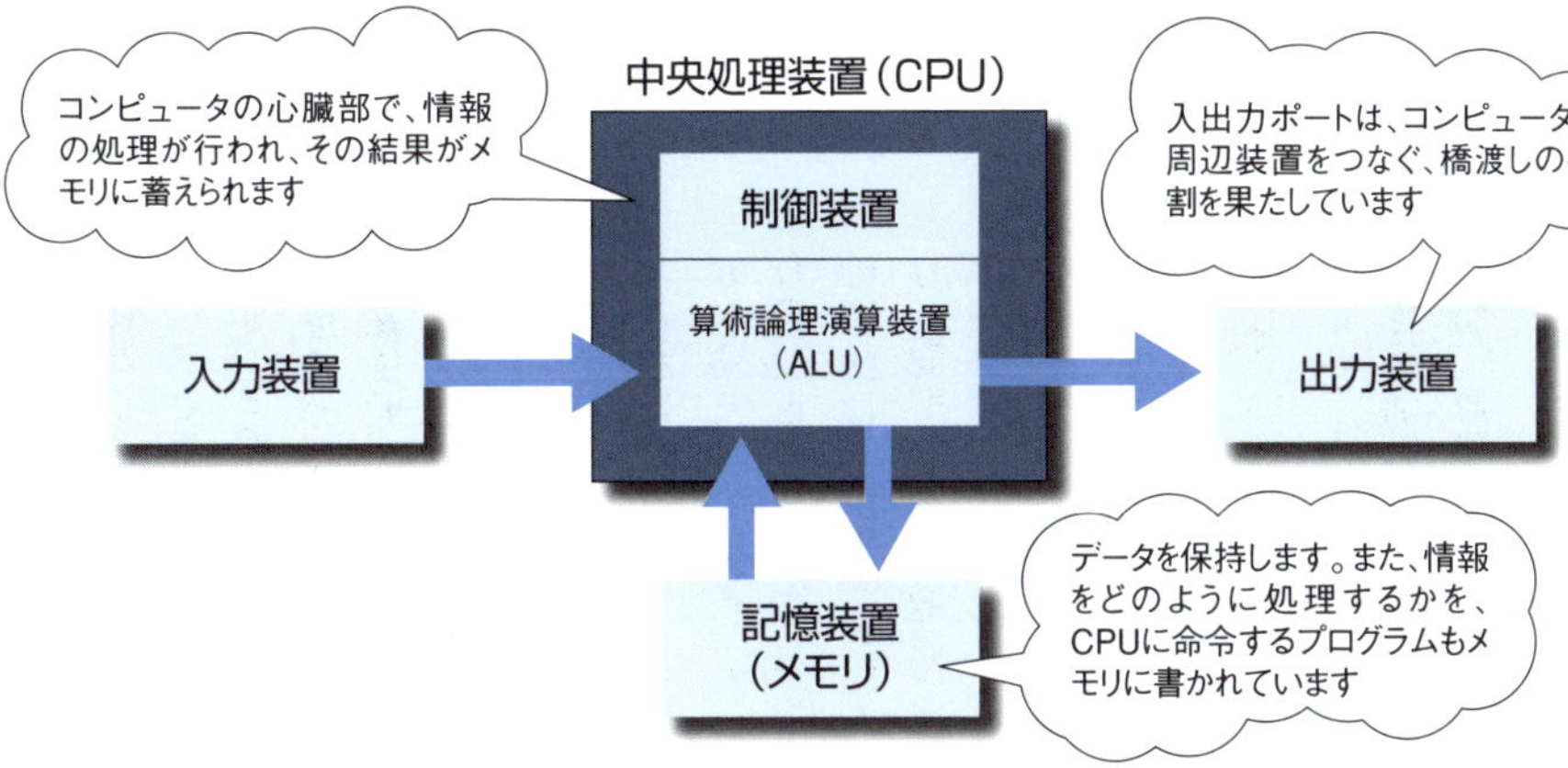

シーケンス制御を行うコンピュータであるシーケンサーの構造

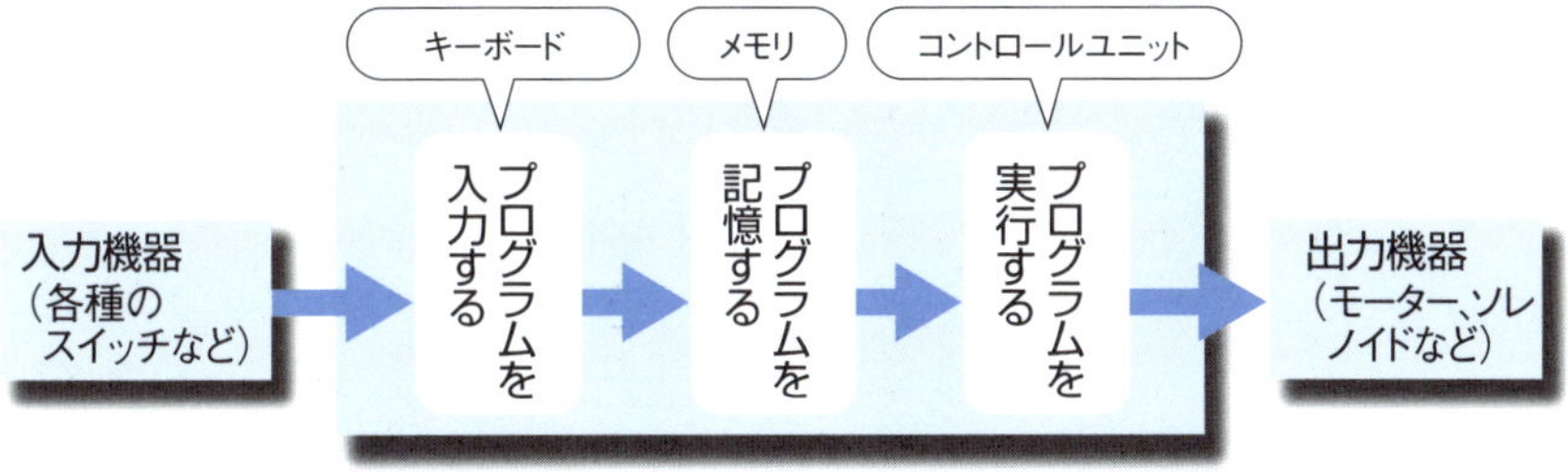

こたつの温度変化

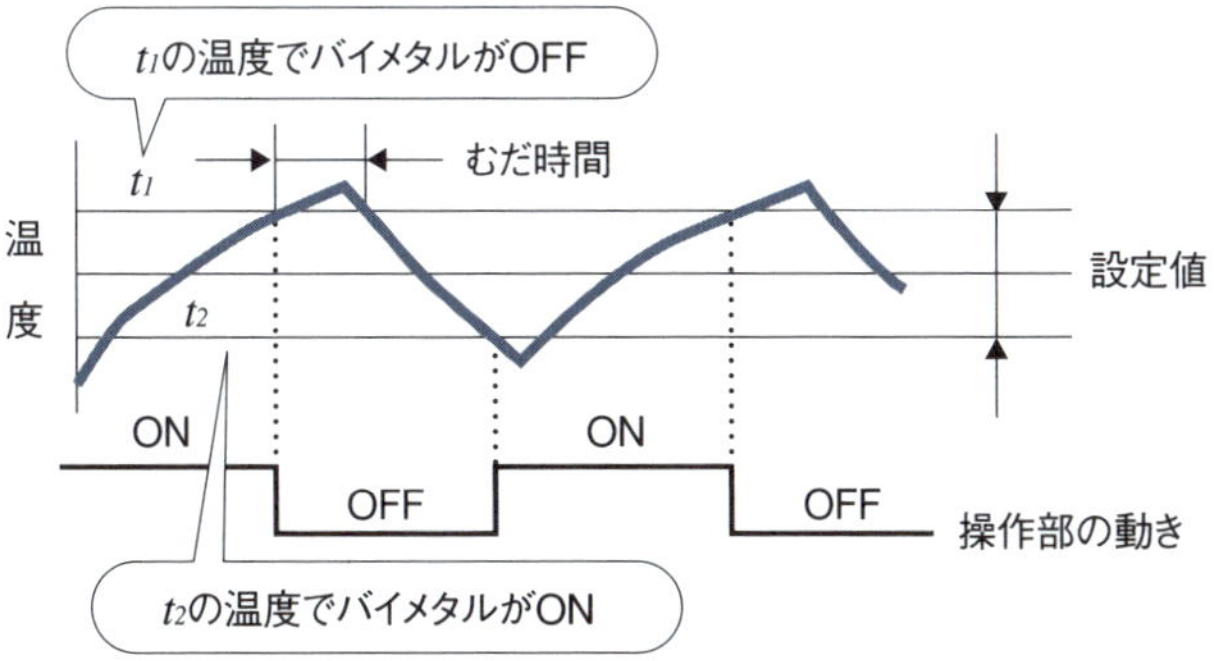

バイメタルのON-OFFを繰返して制御を行う（この動作をオン・オフ制御と呼ぶ）と、こたつ内の温度は上図に示すように、のこぎり型に変化します。これをなめらかにするには、温度の設定値とこたつ内温度の差に比例して電力を加減する制御動作が考えられます。これを「比例制御」といいます。制御にコンピュータを用いることで、さらに高精度（人間には快適）な制御が可能となっています

Column

環境を考慮した機械

今までの機械は性能・機能第一優先で考えられてきました。このこと自体は悪ではありませんが、さらに機械を作る工場の生産性が重視され、その結果、大量生産、大量消費の社会を作り上げ、多くの廃棄物を地球にばらまくことになってしまいました。

　これは機械の作り手側の論理が色濃くでた結果でした。これらの反省から、現在の工業生産の姿勢は、機械の企画から始まり、設計、製造、販売、使用、保守、廃棄にいたるまで、機械の全ライフサイクルに渡って総合的に管理し、環境に与える負荷を最適化しようというように変化しています。これがライフサイクルアセスメント（LCA）による生産活動です。

　特に廃棄問題も含めてリサイクルに対する関心が集まっています。そこで機械の設計に当っても、性能・機能や生産性だけではなく、機械のライフサイクルの様々な段階で廃棄物減少（レデュース）、再利用（リユース）やリサイクルを事前評価（アセスメント）することが不可欠になっているわけです。

　機械の生産においては、自動化による生産性を上げるために、加工性（加工のしやすさ）や組立性（組み立てやすさ）を今まで考えて設計を行ってきましたが、部品の再利用や材料のリサイクルを考えれば、部品の取りはずしやすさも重要な設計のファクターになります。これによって今では分解性を考慮した機械設計が行われるようになっています。

●機械の使用時間と故障率の関係

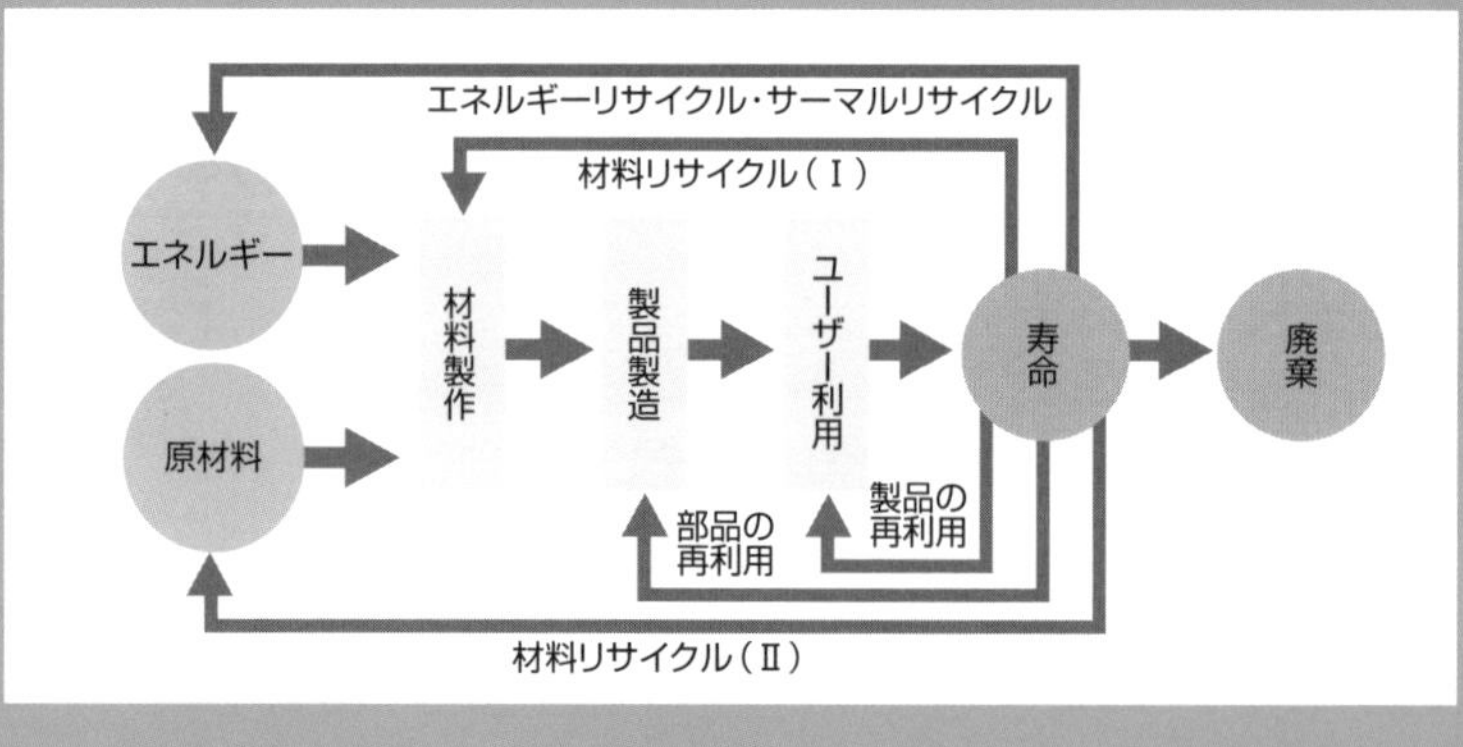

第2章

さまざまな働きを担う軸とねじ

9 軸の構造と働き

伝達部品とはめあい

機械の中には、必ずといっていいほど「軸」と呼ばれる部品が組み込まれて、重要な働きをしています。軸（あえて回転軸ということもある）は、通常「軸受」で支えられて、回転や往復運動を行うことで、さまざまな仕事を行います。軸を単独で使うことは少なく、最も一般的には軸に歯車、ベルト車などの要素を取り付け、軸の回転や動力をこれらの要素を介して他の軸に伝達する機構です。

回転軸を組み込んだ代表的な構造は、歯車減速機であるギヤボックスに見ることができます。この装置は一つの軸の回転を、他の軸に歯車を介して伝達するもので、軸は滑らかに回転をしなければならないために、両端は軸受が取り付けられています。軸受にはまる部分の軸の表面は、精度良く滑らかに作られていて、とくに「ジャーナル」と呼ぶこともあります。

軸と穴が、互いにはまり合う関係を「はめあい」と呼び、用途によって「すきま」や「しめしろ」が生じるように最適な選択をして、軸と穴の寸法を決めなければなりません。つまり、軸や穴を加工するときに、ピッタリの寸法で加工することは不可能、または経済的でありませんので、「寸法公差」をつけます。はめあいは、使用目的にとってこの公差を十分考慮して決定されるわけです。

しまりばめは、穴の直径より軸の直径のほうが大きいわけですから、穴の中に軸がはまらないと思われるかもしれませんが、このときには穴に熱を加えて広げておいてから軸を入れた後に冷却して固定する「焼きばめ」という方法が行われます。

軸には歯車やベルト車（プーリ）などの伝動部品が取り付けられますので、軸は単純な円筒形状ではありません。軸と伝動部品との固定には、キー、スプライン、ピンなどの締結要素が使われます。これらを軸に固定するために、軸にはキー溝、スプライン溝、ピン穴などの加工がほどこされます。軸形状は通常「段付き丸棒」の表面にさまざまな加工がなされた形状をしています。

要点BOX

●軸にはさまざまな伝動部品が取り付く
●軸と穴の寸法（寸法公差）は、はめあいを基準にして決定

部品の取り付けと軸の形状

軸の代表的な組み込みの例（ギヤボックス）

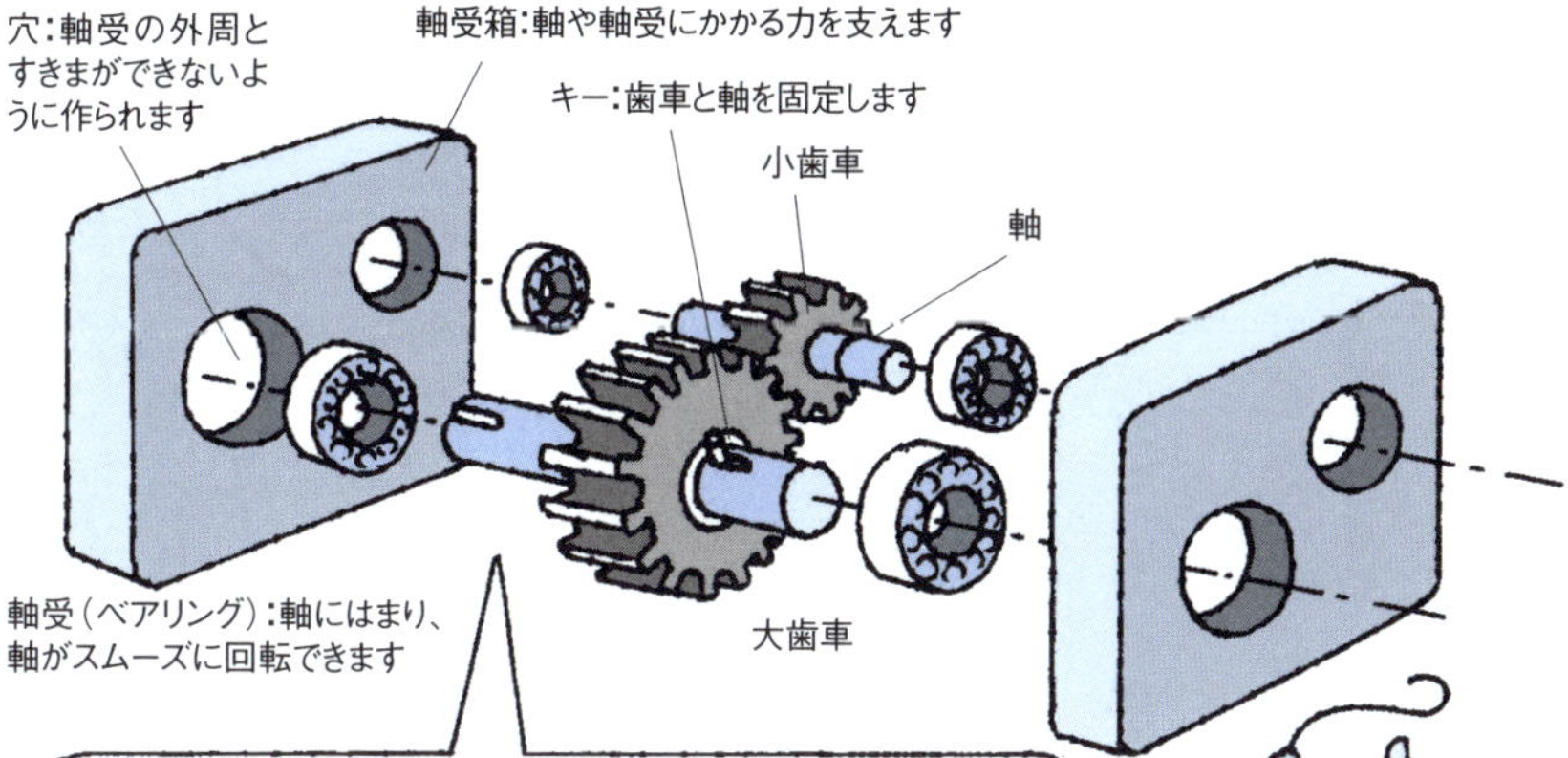

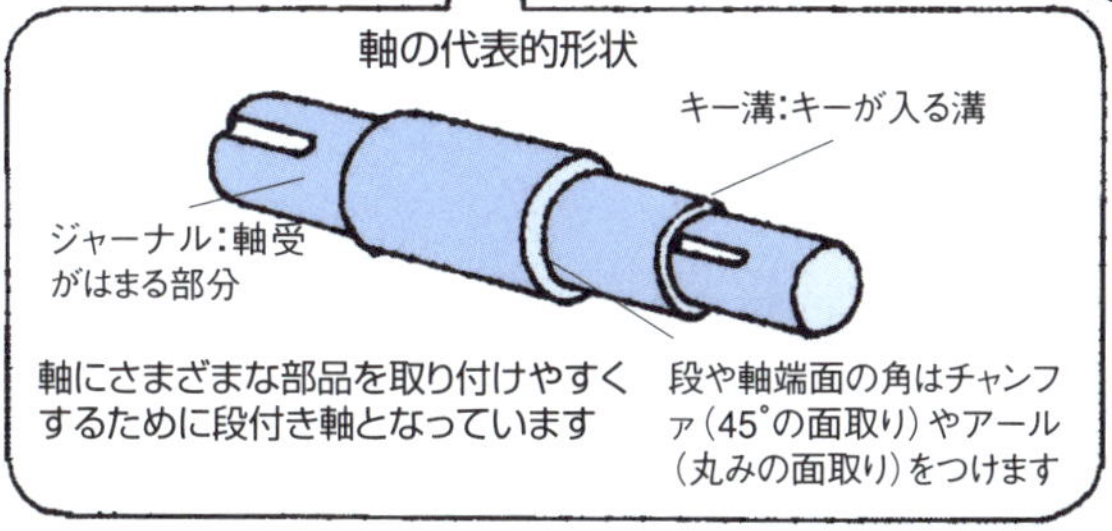

軸と穴の関係

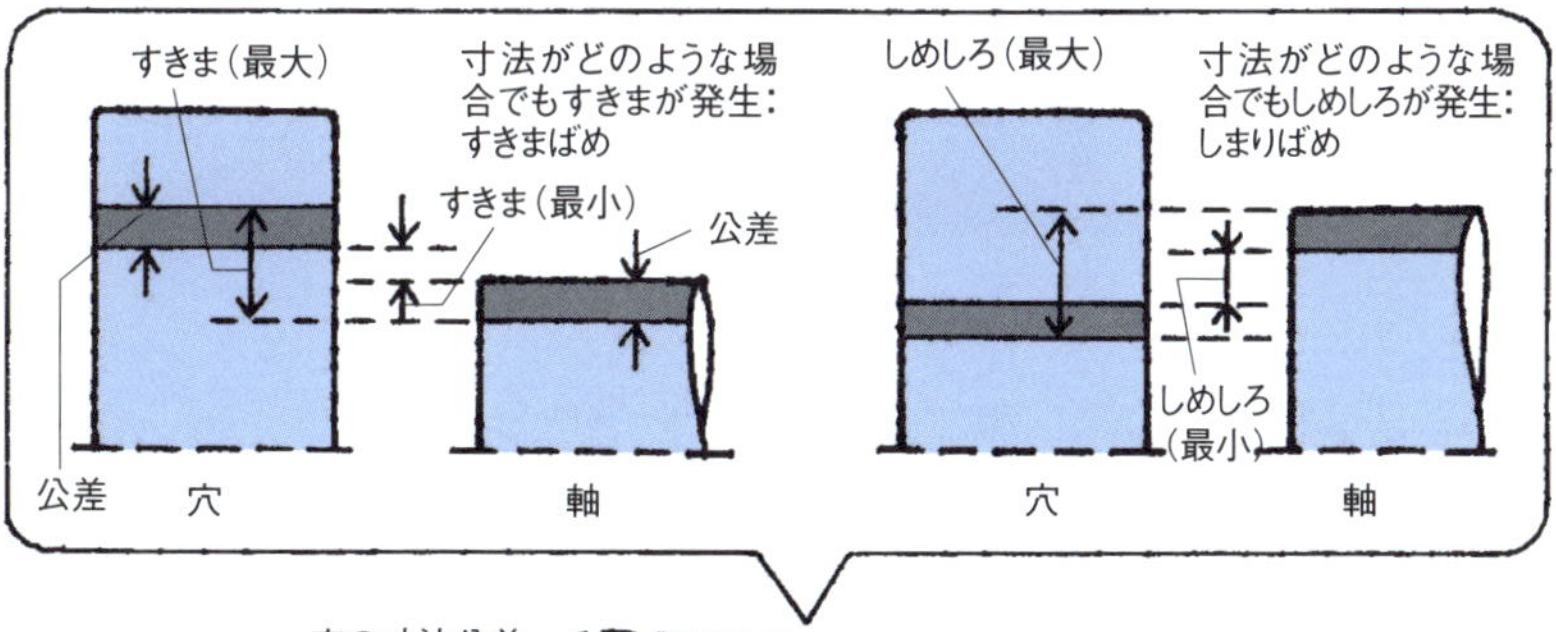

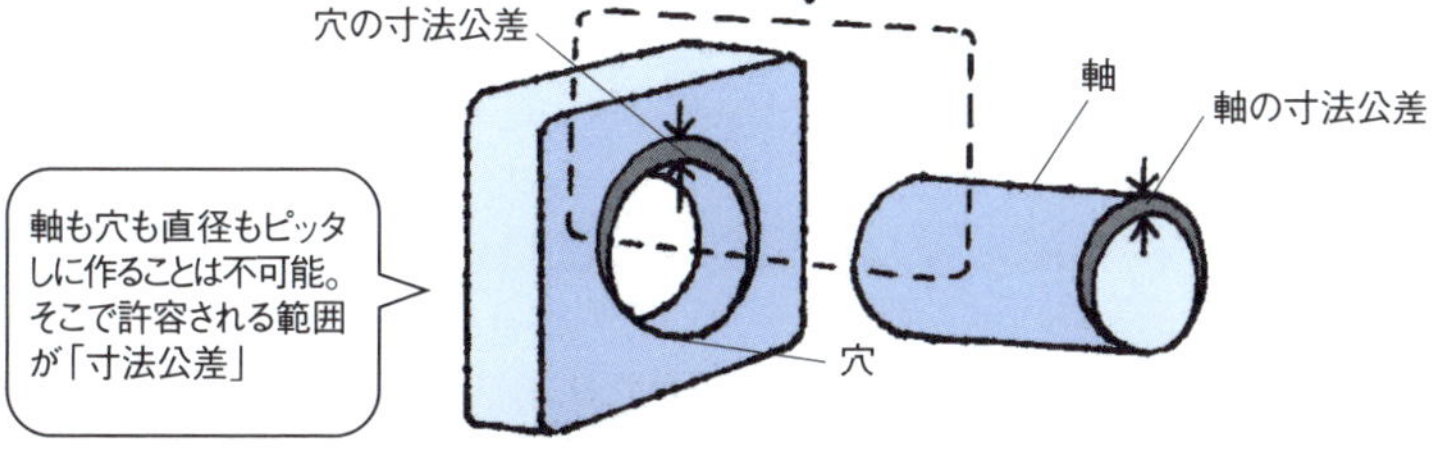

10 軸の種類と力のかかり方

シャフト、アクシル、プロペラ、クランクシャフト

軸は機械の中でさまざまな働きをすることはすでに述べました。軸はその用途によって分類することができ、呼び方も独特の用語を用いています。さらに使用法によって軸に作用する力の状態が異なり、これらの力に耐えうる軸を採用しなければなりません。

(1) 動力軸

回転によって動力を伝える軸は、主に曲げとねじりを受けるものに分類できます。前者に属する軸を「伝動軸」と呼び、歯車、ベルト車などを介して動力を伝える役割を持つ軸です。それぞれの伝達部品（歯車やベルト車）のところで曲げを受けながら、軸のねじりにより動力を伝達します。

一方、ねじりを主に受けながら動力を伝達する軸には、自動車の「プロペラシャフト」や船舶の「スクリュー軸」や航空機の「プロペラ軸」があります。もちろん、スクリューやプロペラの軸は推力に相当する軸方向の力も作用することになります。

(2) 車軸（axle）

「車軸」は基本的には動力を伝達する軸ではなく、主に荷重を支えながら回転を行うものです。代表的なものには鉄道車両の車輪用の軸があります。これは軸が荷重により曲げ作用を受けることになるために、曲げに耐えられるような直径の軸を採用しなければなりません。

(3) クランク軸

エンジンに使われている「クランク軸」は、ピストンの往復運動を軸の回転運動に変換するもので、曲げやねじりだけでなく、引張りや圧縮など複雑な荷重を受けながら動力を伝達する軸です。

(4) スピンドル

工作機械の主軸に代表とされるように、高速で、精度良く回転することが求められる軸を「スピンドル」と呼んでいます。

要点BOX

- ●軸には使用場所により荷重と曲げとねじりが作用
- ●軸は用途によりさまざまな呼び方ある

車軸

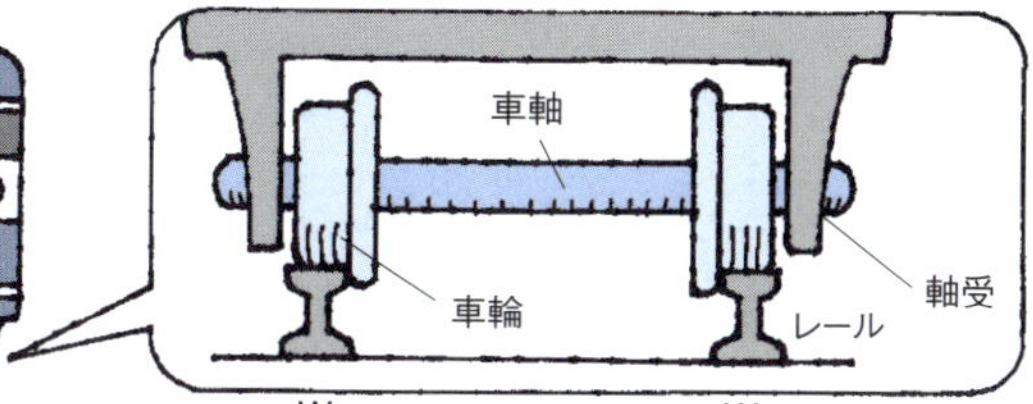

軸受で支えられる軸に、車輪の2カ所に荷重Wが作用することで、曲げが生じます

クランク軸

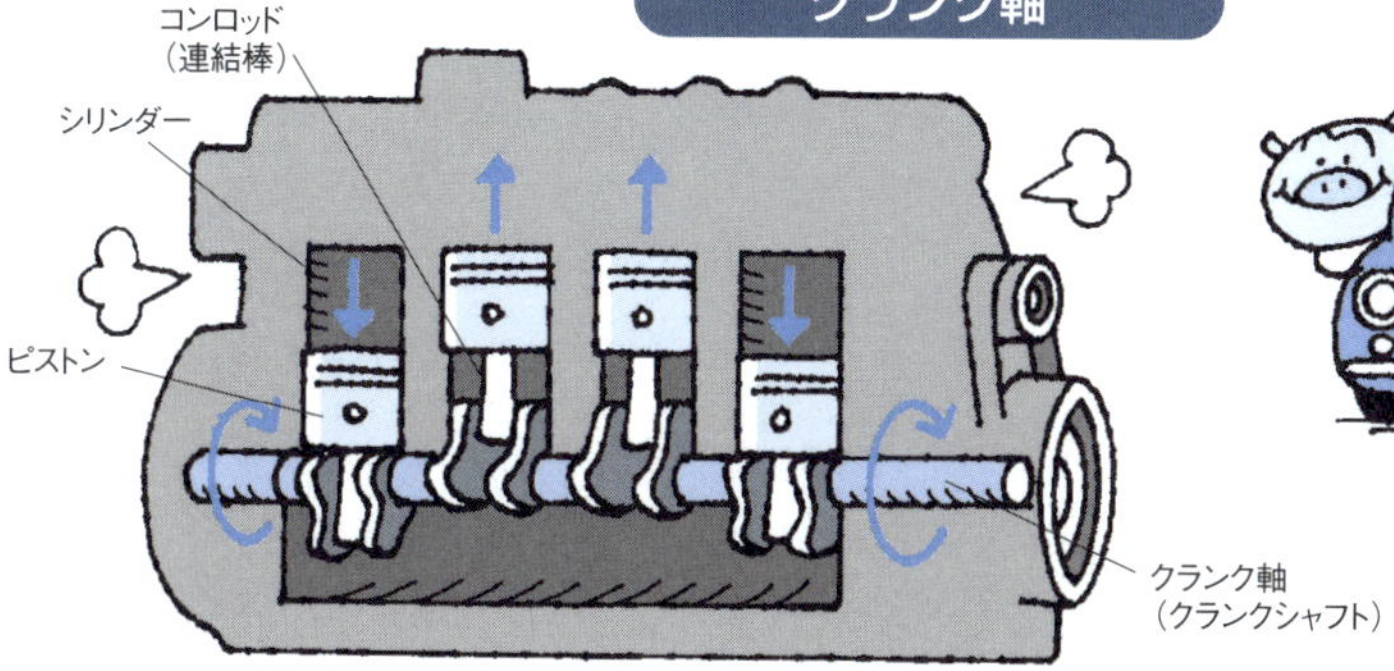

クランク軸は、ピストンの上下運動を回転運動に変換するときに、複雑な力が作用します。また、回転時のバランスを考えて複雑な形状となっています

スクリュー軸

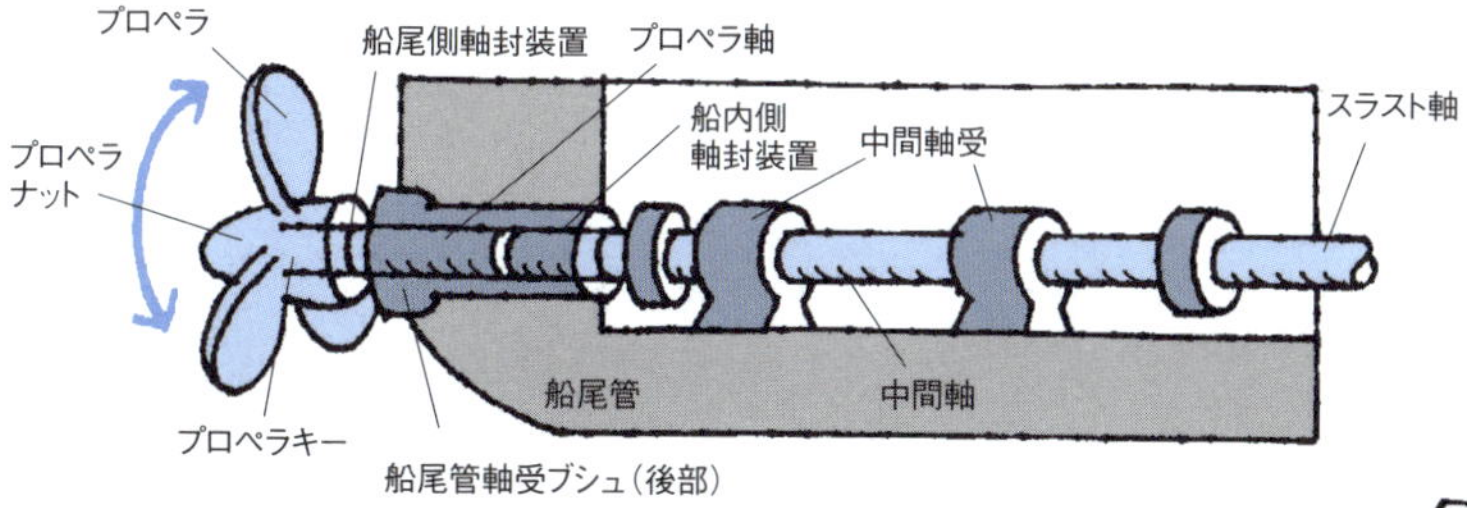

(a)船用のスクリュー軸の構成

(b)スクリュー軸に作用する力

11 軸を支え、回転を助ける軸受

滑り軸受と転がり軸受

軸受は回転軸を支え、軸が抵抗なく滑らかに回るために重要な役割を果たします。軸受は軸と軸受が滑り接触をしながら回転する「滑り軸受」と、転がり接触をする「転がり軸受」に大きく分類できます。後者の転がり軸受は、回転時の抵抗が小さいので、多くの機械で使われています。

力の作用する方向から軸受を分類すると、ラジアル荷重（軸の半径方向の力）が作用する「ラジアル軸受」と軸方向の力であるスラスト荷重が作用する「スラスト軸受」の二つになります。滑り軸受・転がり軸受とラジアル軸受・スラスト軸受のそれぞれの組み合わせで軸受の分類ができることになります。

滑り軸受の直接軸に接触する部分には、比較的柔らかい軸受メタル（ブシュ）が使用されます。さらに、金属同士が接触するわけですから、焼きつきなどを防止するために潤滑油を供給するのが一般的です。この潤滑油は軸が回転すると、軸受メタルの間に油膜を形成して金属同士の接触を防止します。

OA機器など潤滑油が使えないような機械においては、軸受メタルの代わりにプラスチック材料（フェノール樹脂、ナイロンなど）を使う場合もあります。また、焼結材料などの多孔質材料に潤滑油をあらかじめしみこませた「オイルレスベアリング」と呼ばれる滑り軸受もあります。

転がり軸受はボールベアリング（玉軸受）に代表されるように、転動体を媒体にして軸を回転させるもので、静摩擦抵抗が小さいことと、溝にボールがはまりこんでいるためにラジアル荷重のみならず、ある程度のスラスト荷重にも対応できる点が特徴です。

転動体にころを使う「ころ軸受」はローラベアリングとも呼ばれ、大きなラジアル荷重に耐えられます。また、転動体の配置によりさまざまな転がり軸受が規格化されており、用途に応じて適切なものを選択します。

要点BOX

- ●滑り軸受・転がり軸受は、力の作用する方向や用途を考慮して選定
- ●ころ軸受は大きなラジアル荷重に耐えられる

軸受の構造

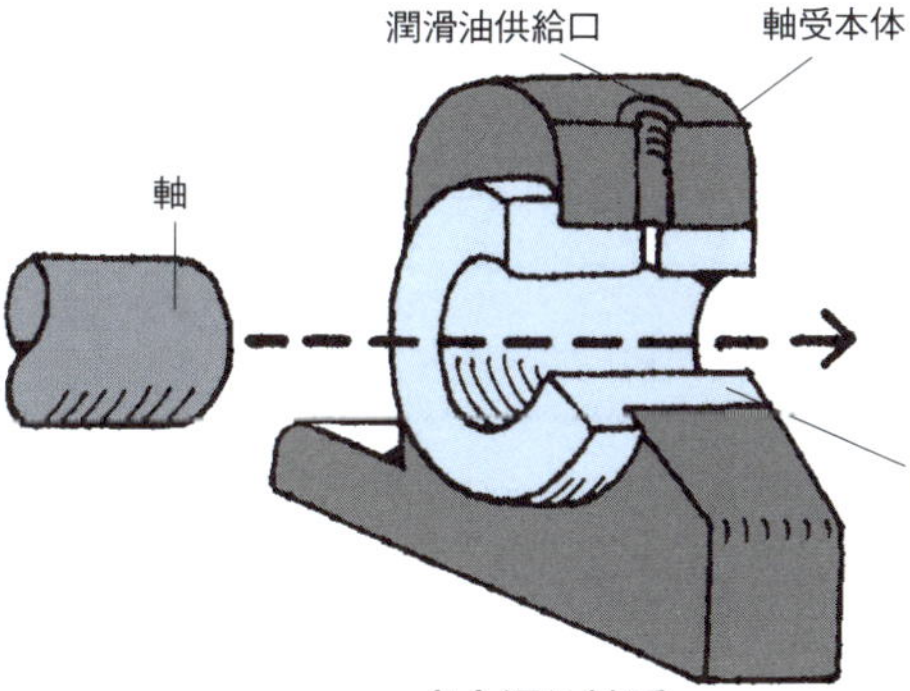

（b）滑り軸受

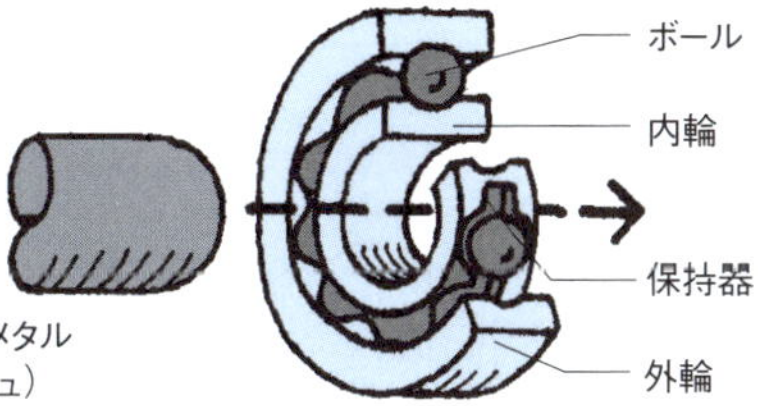

（a）転がり軸受

ボールの軌道に溝があるために、ラジアル荷重のほかに、多少のスラスト荷重も受けることができます

転がり軸受の種類

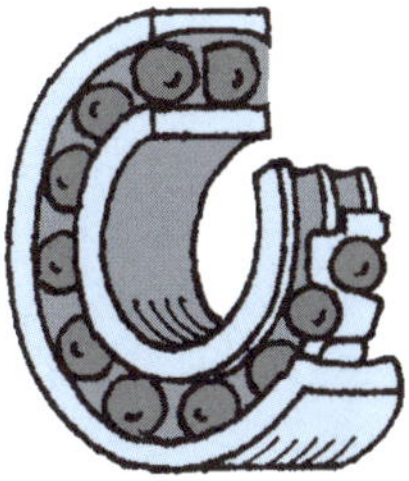

自動調心玉軸受

外軸の内側が球面となっていて、軸心の多少の傾きは吸収されます

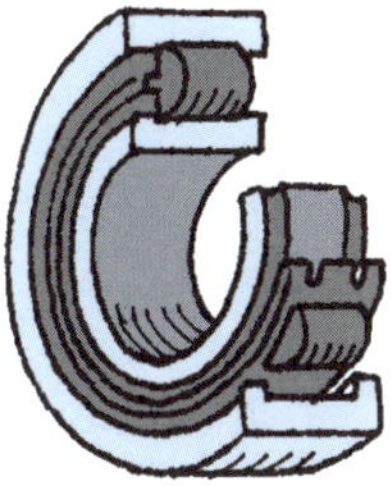

円筒ころ軸受

ボールのかわりに円筒ころを転動体にしているため大きなラジアル荷重に耐えられます

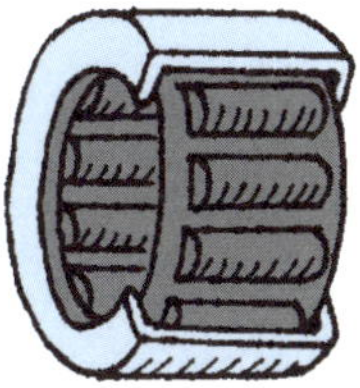

針状ころ軸受

円筒ころの直径が小さいため、外径を抑えることができます

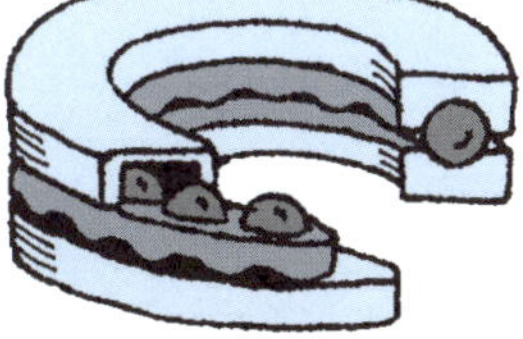

スラスト玉軸受

スラスト荷重を支えるための玉軸受です

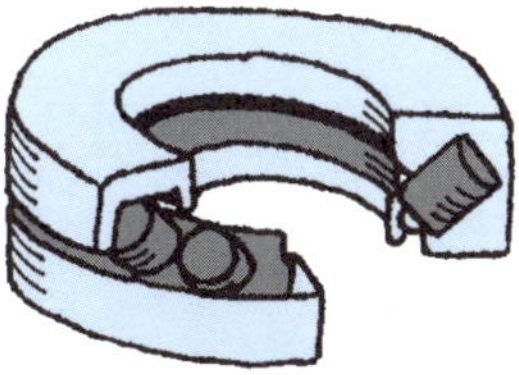

スラスト自動調心ころ軸受

スラスト荷重を主に受けるが、ころが傾いているために多少のラジアル荷重も支えることができます

12 軸と部品、軸と軸をつなぐ方法

キー、スプライン、軸継手

軸に歯車やベルト車などの回転部品を取り付ける際には、しっかりと軸と部品が固定されていることは当然ですが、補修などによる部品交換も容易にできるように配慮されていなければなりません。

部品固定に最も多く使われるのが「キー」です。キー結合では軸と部品にキー溝を設け、その中にキーを打ち込むことで締結します。「スプライン」は、軸の外周に溝を加工するとともに、回転部品の内面にはこれにかみ合う溝をほどこし、はめあわせることで締結を実現したものです。キーに比べて大きな動力伝達ができるとともに、軸方向にスライドさせる機構に利用することもできます。スプラインに似た締結法に「セレーション」と呼ばれるものもあり、水道栓のハンドルの取り付けなど、軸が細くキー溝が加工しにくい場合に使われています。そのほか「ピン」による簡易締結も使われます。

軸と軸をつなぎ、動力や回転を伝達するために用いられるのが「軸継手」です。軸継手は互いの軸の位置関係によってさまざまなタイプのものが選定されます。軸心が一致しているときには「固定軸継手」、多少のズレがあるときには「たわみ軸継手」が、また、軸同士が交差しているときには「自在軸継手」などが使われます。

固定軸継手は、それぞれの軸とフランジをキーで固定したあと、フランジ同士をボルトで固定する、いわゆる「フランジ形固定軸継手」が一般的です。たわみ軸継手に関しては、軸同士のズレ（軸心と偏角）の大きさにより、それらを吸収できるさまざまな継手が実用化されています。自在軸継手は「ユニバーサルジョイント」とも呼ばれるもので、自動車のエンジン動力を後輪につたえるプロペラシャフトなどに利用されています。これによって、上下に動く車軸にも確実に回転が伝えられます。

軸継手は取り付け、取り外しが容易にでき、回転バランスが良く、なるべく軸受の近くに設置されることが望ましいことになります。

要点BOX

- ●軸に部品を取り付けるのがキー、スプライン
- ●軸継手は固定、たわみ、自在継手に分類
- ●軸継手はなるべく軸受の近くに配置

キーによる結合

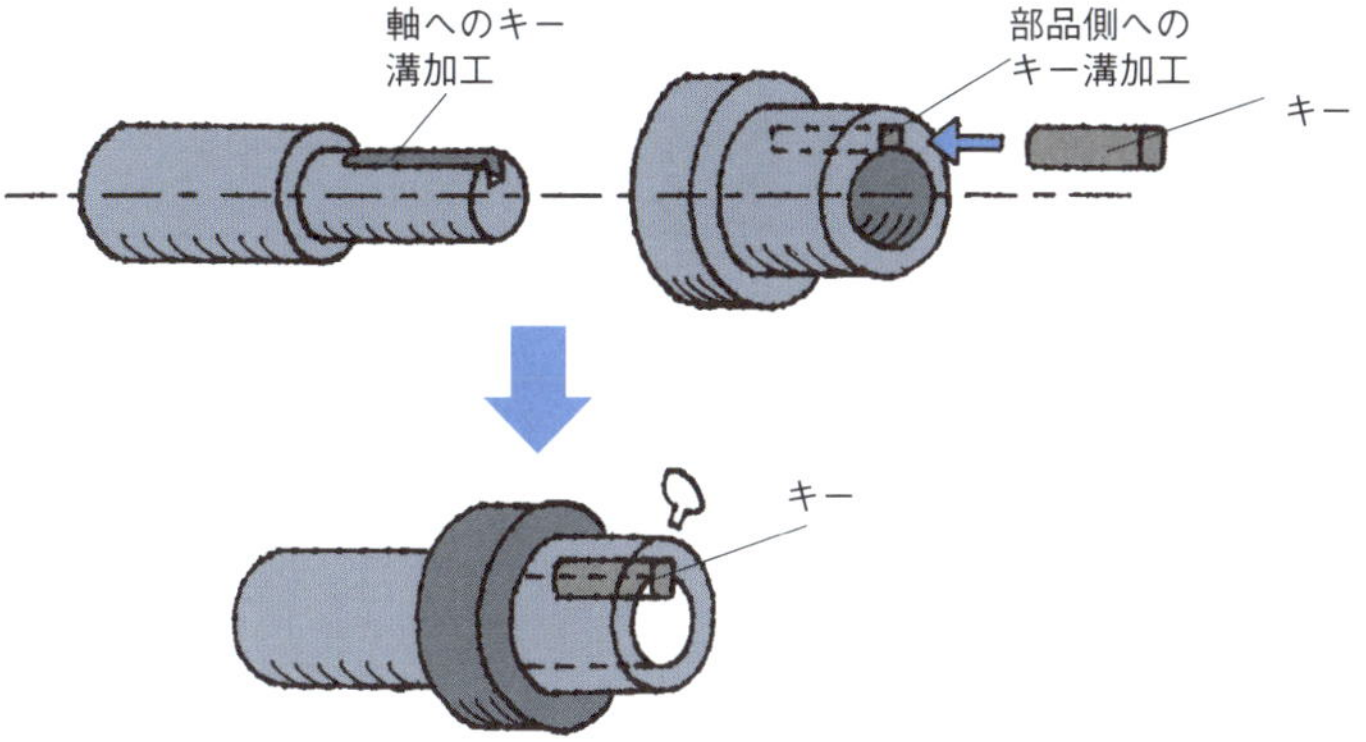

軸と部品のキー溝を合わせてはめあわせた後、キーを打ち込みます

変速機

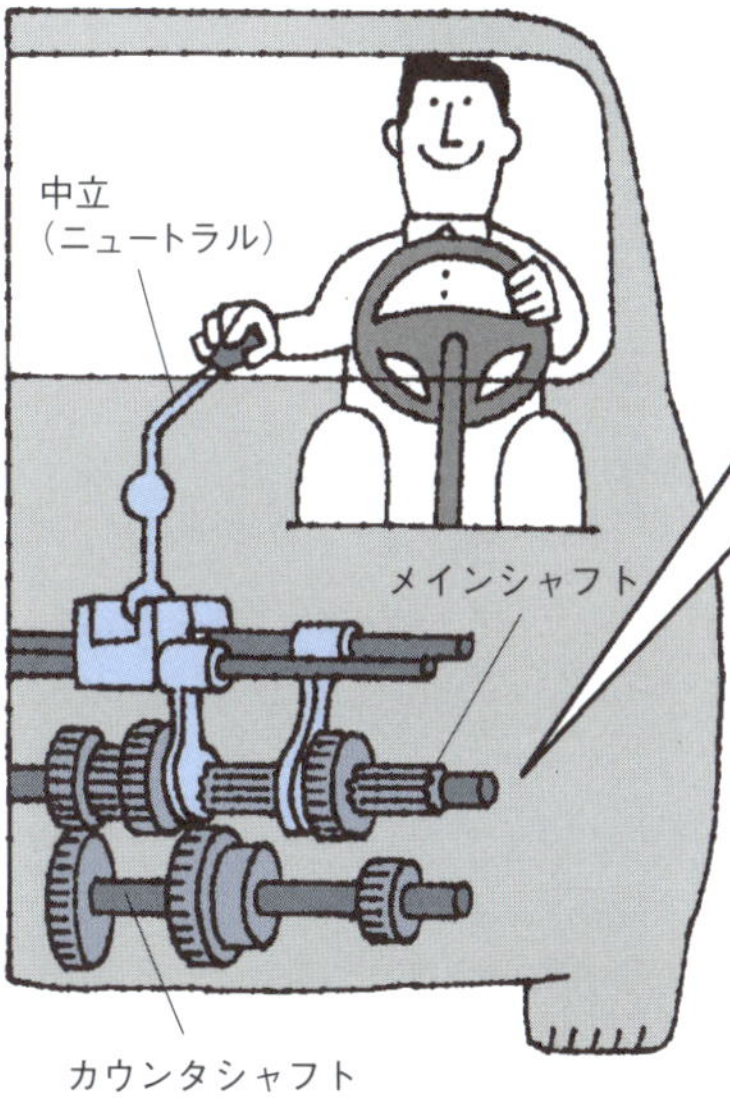

スプラインとその利用

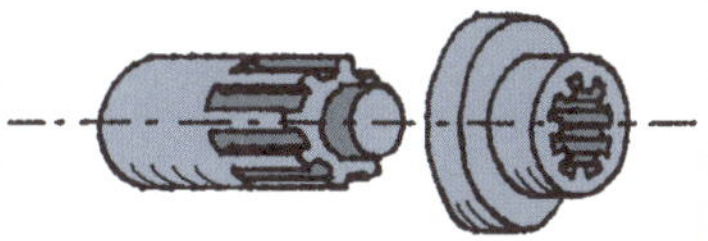

スプラインを使用すると歯車を軸方向にスライドできる。自動車のトランスミッション（変速機）は、この機構でギアチェンジを行います

自動車のユニバーサルジョイント

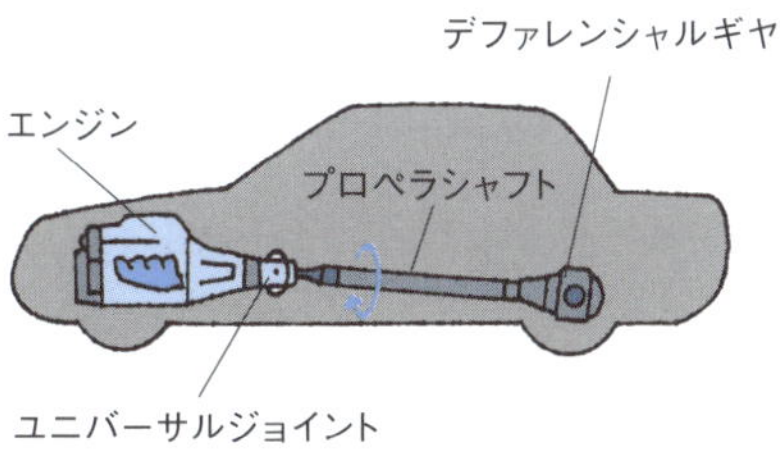

FR（フロントエンジン・リヤドライブ）車のエンジン回転はプロペラシャフトによって後輪に伝達される。デファレンシャルギヤは、この回転を左右のタイヤに伝達します

13 ねじの用途

締結用、移動用そして測定用

機械の中で「ねじ」はさまざまな目的で多用されています。機械部品同士を締め付けて固定すること、機械を大きな力で移動すること、微小な距離だけ位置を調整することなどが、その利用法です。はじめにそれらの用途の具体例を見てみましょう。

部品を固定する方法には、従来から溶接、接着、リベットなどが使われていますが、これらの方法は一度固定したら分解することはできません。これに対してねじによる締結では、必要なときに自由に取り外し、分解することが可能です。これがねじ締結のいいところです。橋や陸橋などの構造物においても、かつてはリベットを多用していましたが、最近では強度も十分満足できることから「ボルト」「ナット」が使われています。ただし、ねじを使う以上はスパナやドライバでねじを回すという作業があり、やや手間がかかります。

移動のためにねじを利用した機械も多く見られます。ねじを移動に使うときに良いところは、①回転運動を直線運動に変換できること、②動作時間は遅くなるが大きな力を発揮できることです。①の代表的な利用例としては、工作機械などのテーブル運動機構があります。モーターの回転をねじの一つである「ボールねじ」に伝え、この回転をかみ合ったためねじを介してテーブルの直線運動に変えています。②の活用事例としてはジャッキなどがあります。

一般的なねじは1回転すると、そのねじ山の間隔分（「ピッチ」と呼ぶ）だけ進みます。これを利用すれば位置の調整用にねじを利用することができることになります。さらにもっと精度を追求すれば、測定装置にも活用できます。たとえば「マイクロメーター」という測定器は微小な長さ（直径など）を計測するものですが、ねじの1回転をさらに分割して0・01㎜までの長さを測れるようにしてあります。つまり1回転で0.5㎜進むねじを使い、1回転を50等分した目盛りをつければ一目盛0.5/50＝0・01㎜ということになります。

要点BOX

- ●ねじによる締結は、多くの利点があるため増加
- ●ねじによる移動は、直線運動と力増大を活用
- ●ねじによる測定は、ねじのピッチを活用

ねじの用途

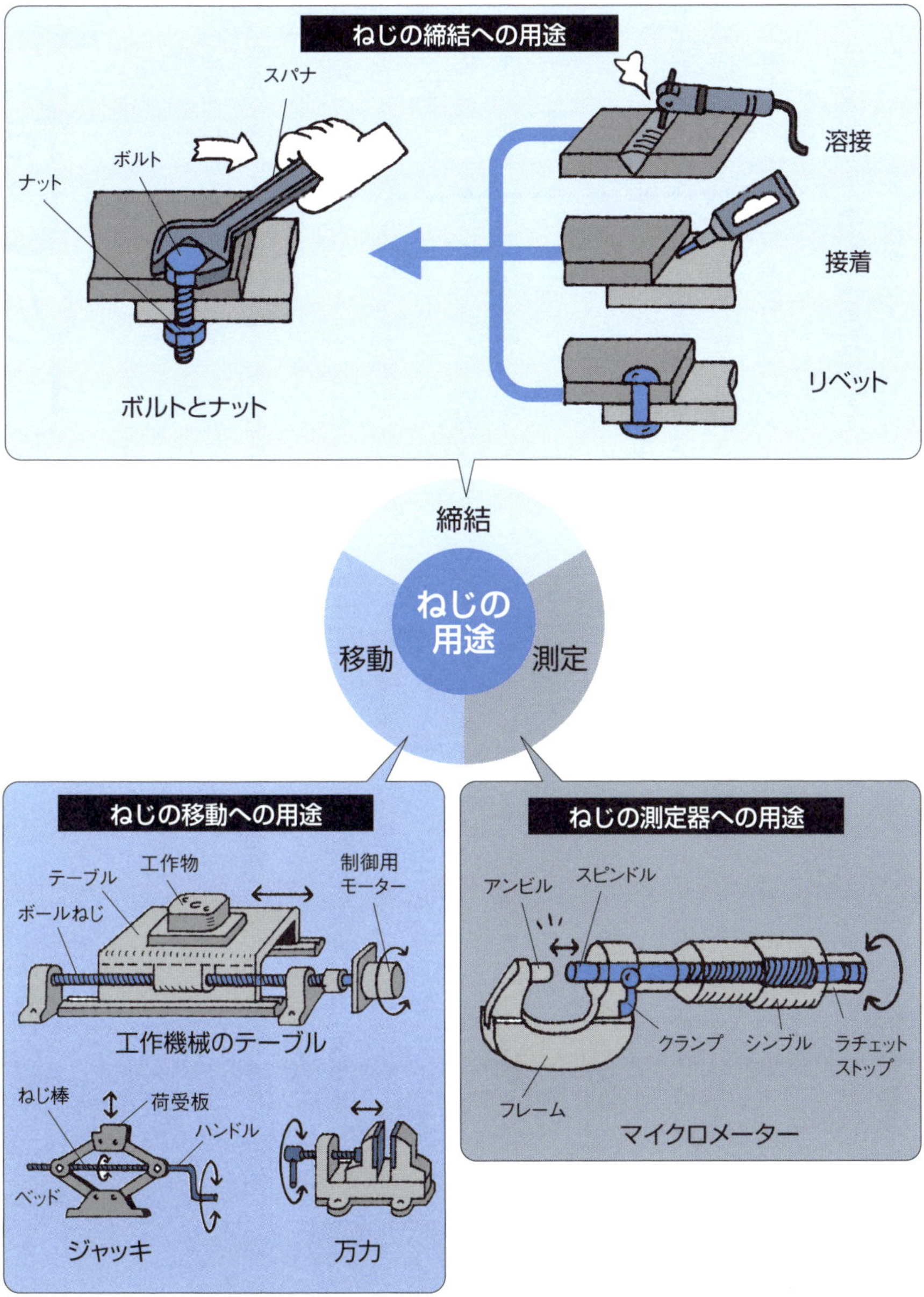
ねじの締結への用途
スパナ
ボルト
ナット
ボルトとナット
溶接
接着
リベット
締結
ねじの用途
移動
測定
ねじの移動への用途
工作物
テーブル
制御用
モーター
ボールねじ
工作機械のテーブル
ねじ棒
荷受板
ハンドル
ベッド
ジャッキ
万力
ねじの測定器への用途
アンビル
スピンドル
クランプ
シンブル
ラチェット
ストップ
フレーム
マイクロメーター

14 ねじのしくみ

ねじの山は円筒の回りにらせん状につけられていますが、これは直角三角形を円筒面に巻き付けたものと考えることができます。めねじはこれにかみ合うように内面にねじ山を取りつけています。めねじをスパナで締め付けるということは、おねじの斜面に沿って物を引き上げることと同じことになります。この時に力の分力として軸方向に力が作用し、締め付け力になるわけです。もちろん斜面との間には摩擦力があるので、逆に軸方向の力が働いてもねじはゆるまないことになります。

また、緩やかな斜面を使うことで、小さな回転力で大きな力を出せます。ビルの上位階まで荷物を運ぶときに、急な階段を使うより緩やかならせん階段を使う方が、歩く距離は長くなりますが楽に荷物を持ち上げられるのと同じ考えです。小さなトルクのモーターでねじを回転させることで、重い工作機械のテーブルを動かしたり、ジャッキで重い自動車を持ち上げたりできるのはこのためです。

らせんのねじ山が1回転するごとに1巻きするねじを「1条ねじ」といい、2巻きするねじを2条ねじといいます。2巻き以上のねじを総称して「多条ねじ」とも言います。普通の1条ねじでは1回転でねじ山間隔である「ピッチ」分進みますが、多条ねじでは（条数×ピッチ）だけ進むことになり、この値を「リード」と呼んでいます。したがって、1回転で大きく移動させたいときには多条ねじを使います。

ねじ山の巻き方向によって「右ねじ」と「左ねじ」があります。ねじを右回りに回転させると前進するねじを右ねじ、逆に左回転させると前進するものが左ねじになります。通常は右ねじですが、左回転のトルクが働いてゆるんでしまうようなところでは左ねじが使われています。たとえば自転車の左側のペダルの止めねじは通常左ねじです。機械の特性により使い分けられているので、分解や組み上げる時には注意が必要です。

要点BOX
●ねじは斜面を応用
●ねじには1条と多条ねじ、右と左ねじがある

ねじのしくみ

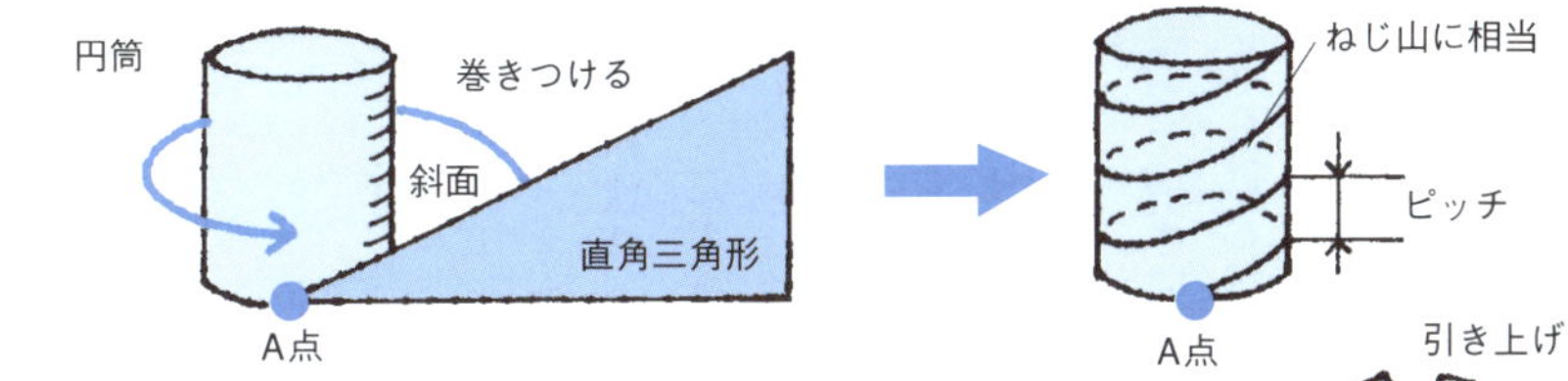

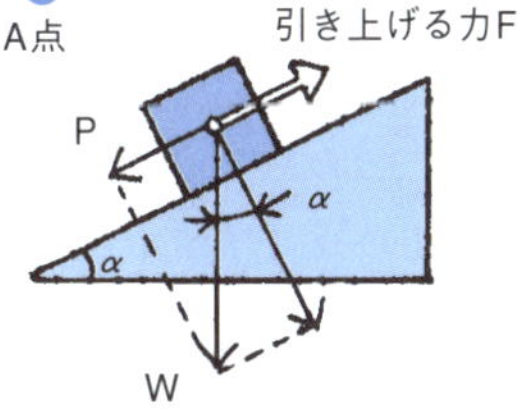

Wの重量の荷物を二つの方法で持ち上げるとき、どの程度の力が必要になるか？

鉛直に持ち上げる

斜面を使って引き上げる

ねじと斜面

$P = W \cdot \sin\alpha$
$\sin\alpha$ は1よりかなり小さいので
$P \ll W$
P以上の力で引き上げればよい。引き上げる力FはWに比べてかなり小さな力でよいことになります

荷物と斜面との間の摩擦力は一応考えないとします

多条ねじ

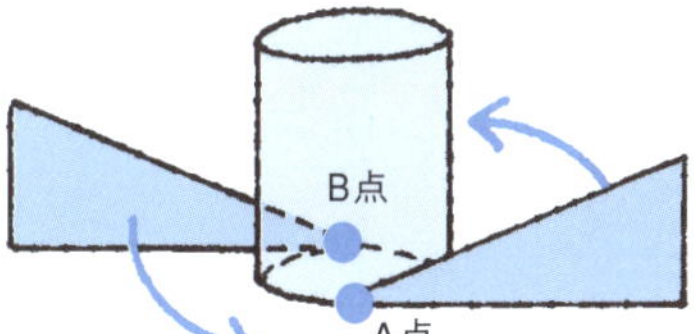

2条ねじのしくみ

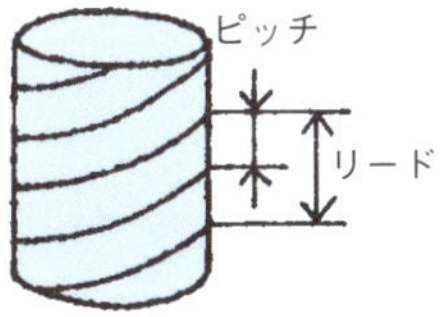

2条ねじにおける
ピッチとリード

ビンのフタに使用
されている多条ねじ

右ねじと左ねじ

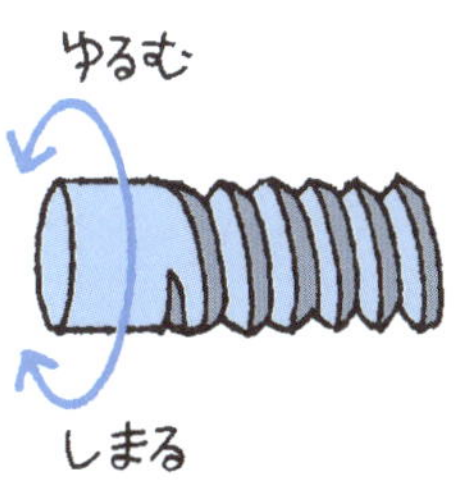

右ねじ

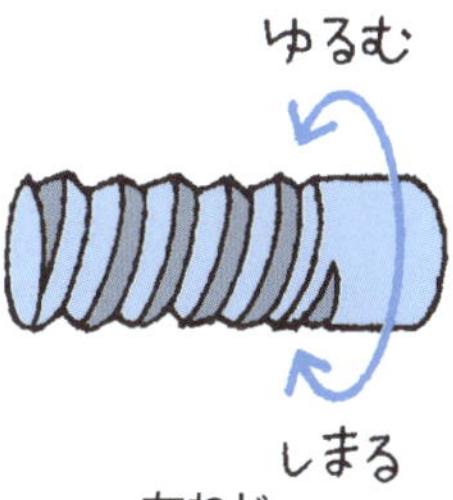

左ねじ

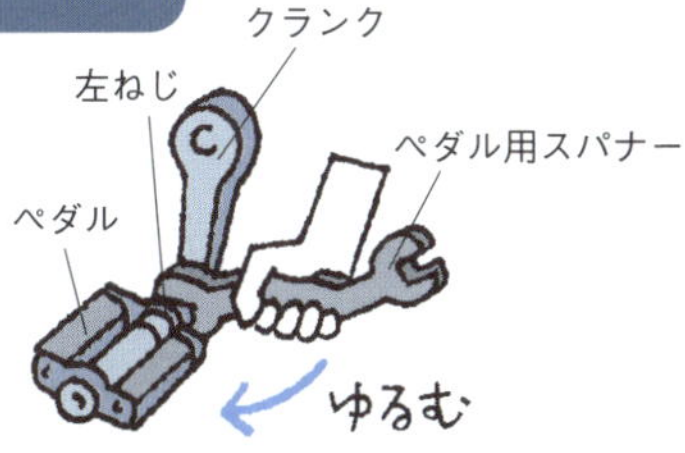

自転車の左ペダル

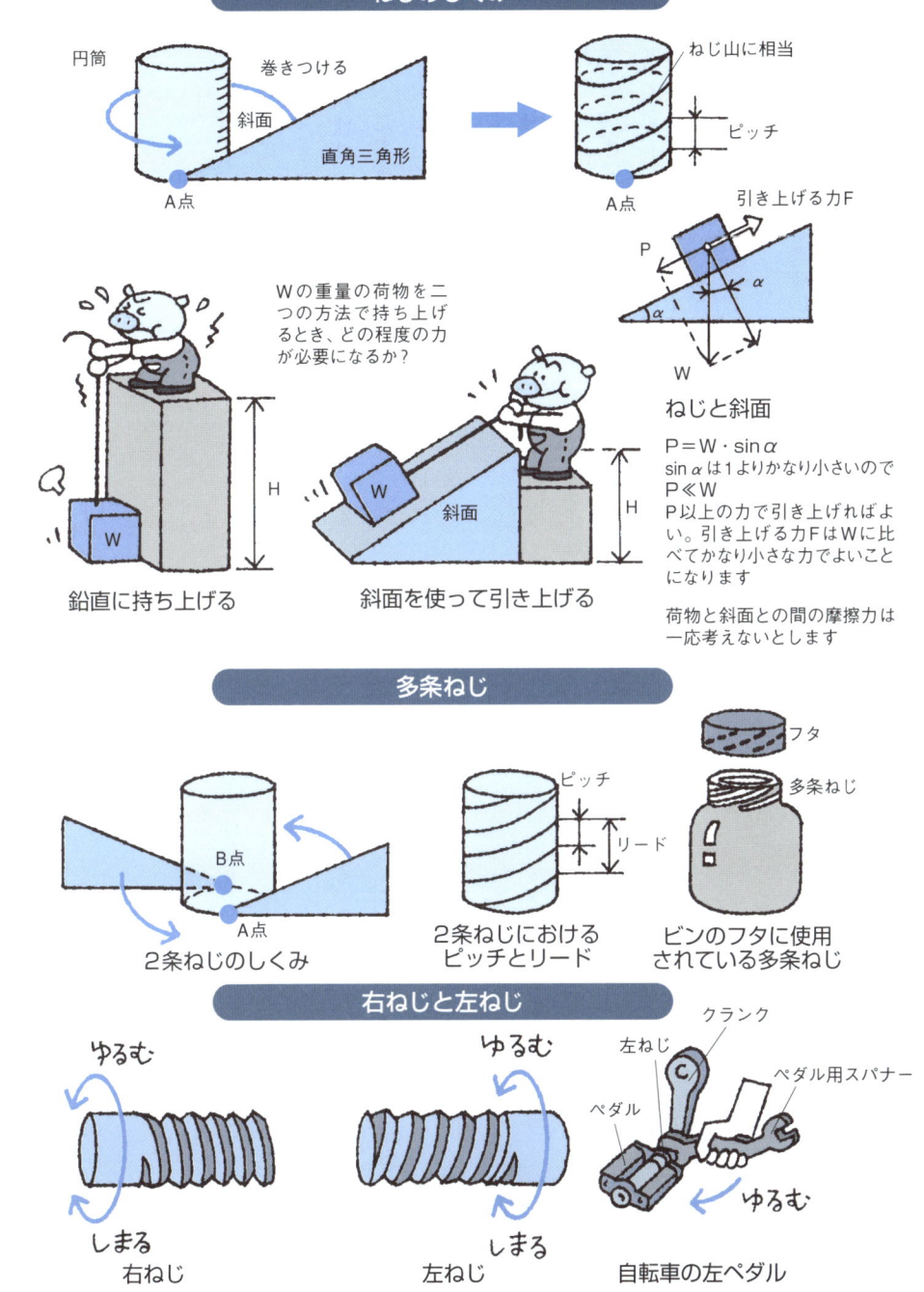

15 さまざまなねじ

三角ねじと一般用メートルねじ

ねじとは、ねじ山を持った円筒、または円錐全体と定義されるように、ねじ山はねじの要素の中で最も重要な役割を果たすものです。一般に広く用いられているねじ山の形状は、ねじ山の角度が60度の角度を有する三角形で、これを「三角ねじ」と呼んでいます。その他にねじ山の形状から角ねじ、台形ねじ、ボールねじ、丸ねじなどがあります。

三角ねじは山の傾斜に摩擦力が働き、ゆるみにくく、またねじ山形状から求心性もあることから高精度が要求されるところに用いられます。角ねじは強度があり、摩擦が小さいことから駆動用のねじとして適しています。台形ねじは三角ねじと角ねじの良いところを備えているために、工作機械の送りねじなどに使われています。

「ボールねじ」はおねじとめねじの間にボールが入っていて、これが転がるので摩擦がとても小さく、精密な送り（位置決め）ができるので、工作機械、特にNC工作機械の駆動機構に使われています。「管用（くだよう）ねじ」は管をつなぐために用いられるもので、液体や気体が漏れないように、ピッチが細かく気密性も高くなるような配慮がなされています。さらに使用にあたっては、シールテープやシール材を併用することで、より気密性を向上することができます。

ねじはさまざまなところで使われますので互換性が不可欠です。そこで日本ではJIS、世界的にはISOでその規格が決められています。規格によれば、三角ねじにはメートルねじ、ユニファイねじ、管用ねじがあります。最も広く使われているのがメートルねじです。メートルねじの基準寸法はJIS B 0205に細かく決められています。

「メートルねじ」はメートルねじを示すMと、呼び径、ピッチで表します。並目ねじはMの後に呼び径をつけて「M10」のように示し、細目ねじはさらにピッチを加えて「M10×1」のようにします。

要点BOX

- ねじ山の形状によって各種のねじがある
- 最も一般的なねじは三角ねじの一般用メートルねじ

さまざまなねじ

三角ねじ

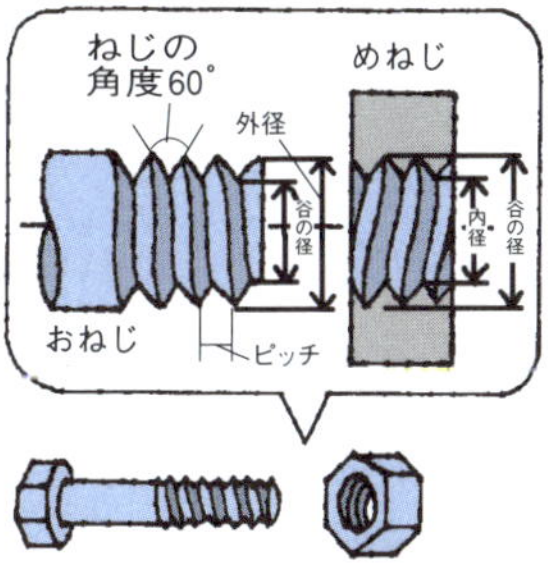

台形ねじ

管用ねじ

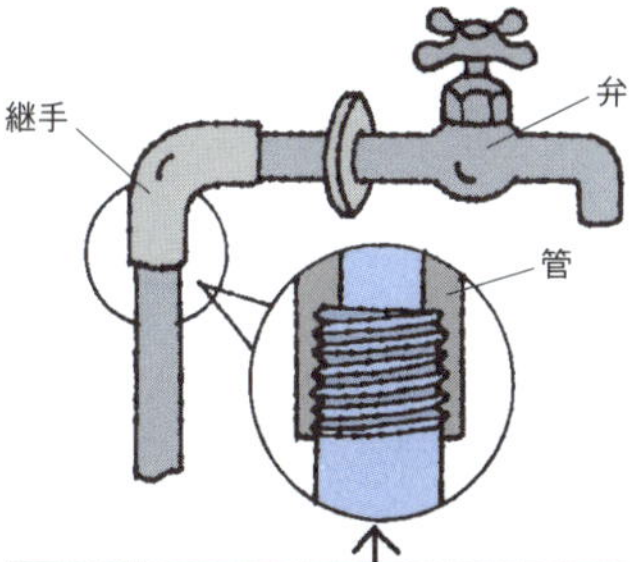

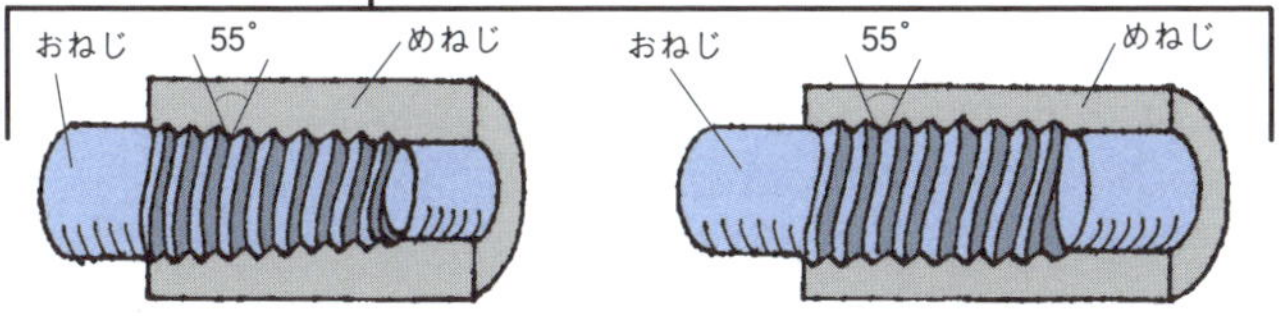

テーパーねじ（テーパー1/16）

平行ねじ

角ねじ

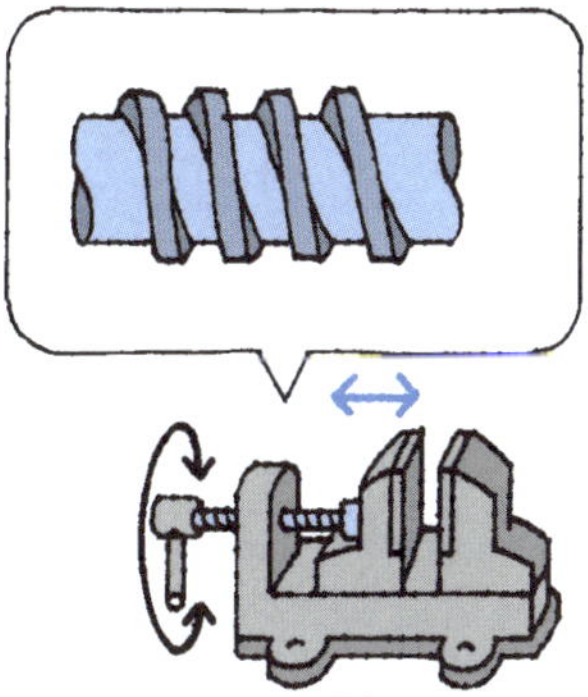

万力

ボールねじ

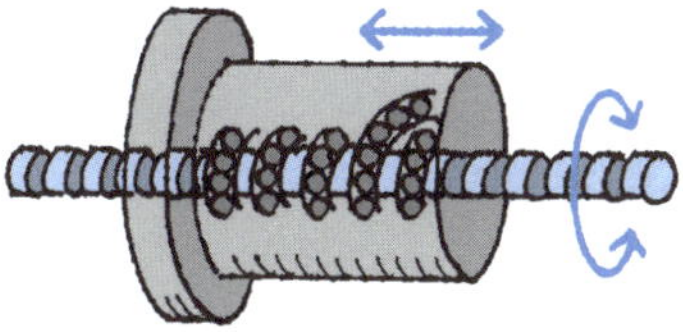

丸ねじ

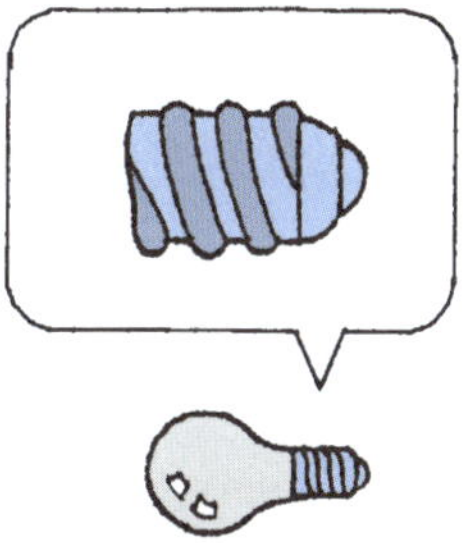

白熱電球の口金

16 ねじによる締結の方法

ボルト、ナット、座金 そしてゆるみ止め

ねじの中で「ボルト」という言葉が頻繁に使われていますが、「原則として、ナットと組んで用いるおねじを持った品物の総称」をボルトと呼んでいます。ボルトには用途に応じて六角ボルト、六角穴付きボルト、T溝ボルト、アイボルト、基礎ボルトなどがあります。また、「ナット」も六角ナット、六角袋ナット、ちょうナット、アイナット、軸受用ナットなどがあります。

ボルトの頭の形状は、六角ボルトや六角ナットに代表されるように、六角形のものが広く使われています。「六角穴付きボルト」は、頭部の径が六角ボルトの頭より小さく締め付けるのに六角棒スパナを使うので、狭い箇所や頭部を沈めて使う場合に利用されています。また、強度が必要なために合金鋼を使っています。

ボルト以外のねじ部品には小ねじ、止めねじ、木ねじ、タッピングねじなどがあります。「小ねじ」は呼び径8㎜以下の頭付きねじで、頭には一や十のドライバーで回すためのすりわりや十字溝がつけられており、ビスと呼ばれることもあります。「タッピングねじ」は、めねじのない穴に直接ねじ込み、穴にねじを作りながら締めていくねじで、薄い鋼板やアルミニウム板に利用されます。

ボルト、ナットと共に締め付けの際に使われる部品に「座金」があります。座金は取り付け面（座面）が平らでなかったり、弱かったりするときや座面に傷を付けたくないときに使います。さらに、ばね座金や歯付き座金は、ねじ面の摩擦力を大きくしてゆるみを防止する働きがあります。

振動や衝撃を頻繁に受けるような機械においては、しっかり締めたはずのボルトやナットでも長い時間の間ではゆるむ可能性があります。これによって大事故が起こることも考えられます。そこで座金による方法以外にダブルナット、割ピン、止めねじを使用した対策がはかられています。さらにはゆるみ防止の固着材をおねじに塗布する方法もあります。

要点BOX

- ●ボルト、ナット、小ねじなどのねじ部品の用法
- ●座金の用法とボルト、ナットのゆるみ止め対策

いろいろなボルト、ナット

通しボルト

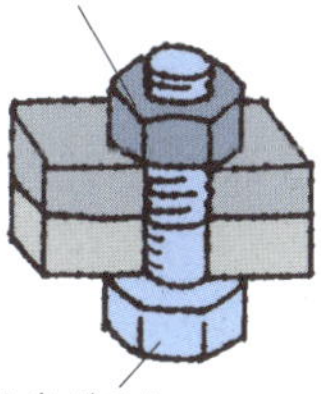

部品に通し穴をあけ、ボルトとナットで締め付けます

押さえボルト

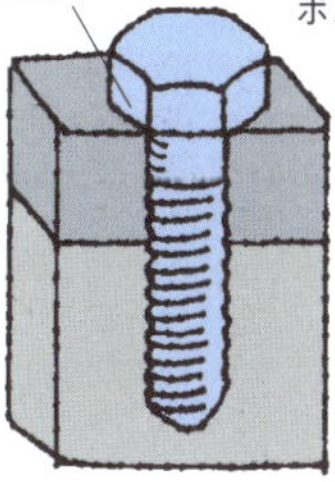

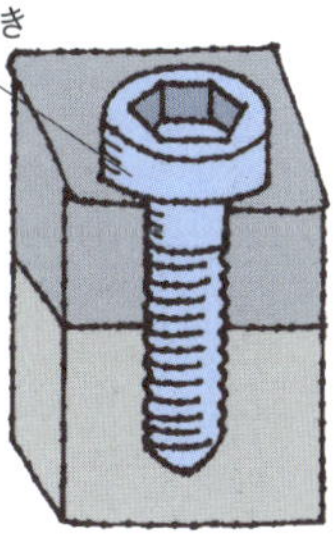

本体のねじ穴にボルトをねじ込みます

植込みボルト

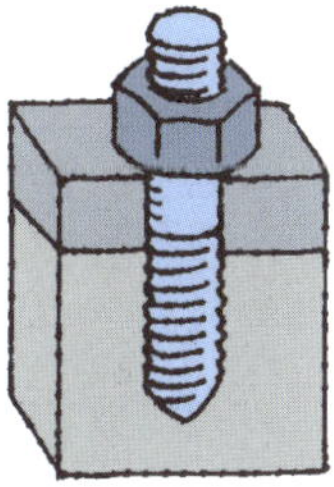

両端にねじを切ったボルトで、一端を本体に強くねじ込み、他端に六角ナットを用いて締め付けます

アイボルト

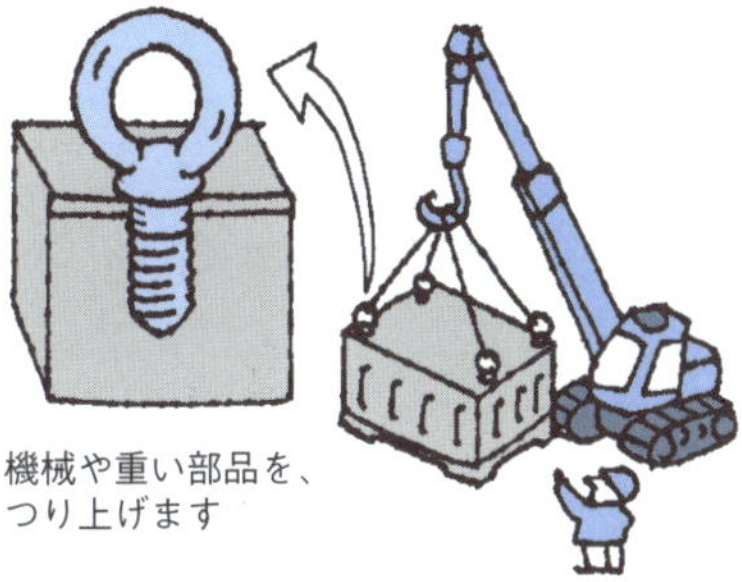

機械や重い部品を、つり上げます

基礎ボルト(L形)

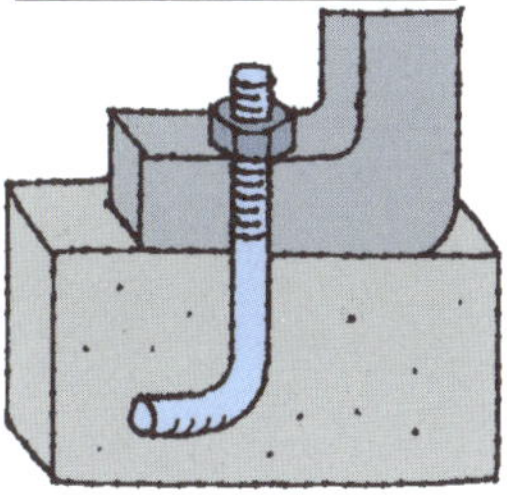

機械などをコンクリート基礎にすえ付けます

六角袋ナット

ちょうナット

アイナット

軸受用ナット

4角ナット

すりわり付ナット

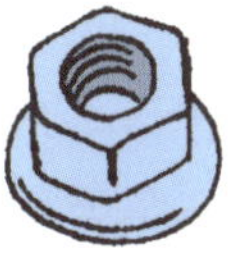
フランジ付ナット

Column

機械の信頼性とメンテナンス

　機械の品質や性能は、製作された当初だけではなく、使用全期間中にわたって維持されていなければなりません。この信頼性を確保するためには、設計段階において機械の使用方法、使用環境、使用条件などを十分に考慮する必要があります。製造物責任法（ＰＬ法）では、これらの配慮を欠いた欠陥機械による被害に対して生産者である企業責任を明記しています。

　機械の信頼性を定量的に示す指標の一つに信頼度があります。これは与えられた条件下で機械が所定の性能を発揮し続けられる確率を示しています。信頼度を上げるためには、故障をなくすか少なくすればよいことになります。故障発生の時間的頻度を故障率といっていますが、これは機械の使用時間に沿って、一般的に初期故障期、偶発故障期、磨耗故障期に大きく分類できます。実際にはメンテナンスによって故障率を下げたり、機械の寿命を延ばしたりしながら使うことになりますが、保守・保全にもお金がかかりますから、信頼性向上とのバランスを考えながら進められます。

　機械に作用する荷重が、機械の故障に影響をあたえている場合の信頼性向上策は、外的荷重を低減するほかに、機械を構成する部材のサイズアップや材料変更を行うことです。つまり、安全率を高く見積ることが重要になります。あわせて使用する材料も強度に関しての経年変化の小さいものを選択するようにします。

●寿命機械の再利用・リサイクル

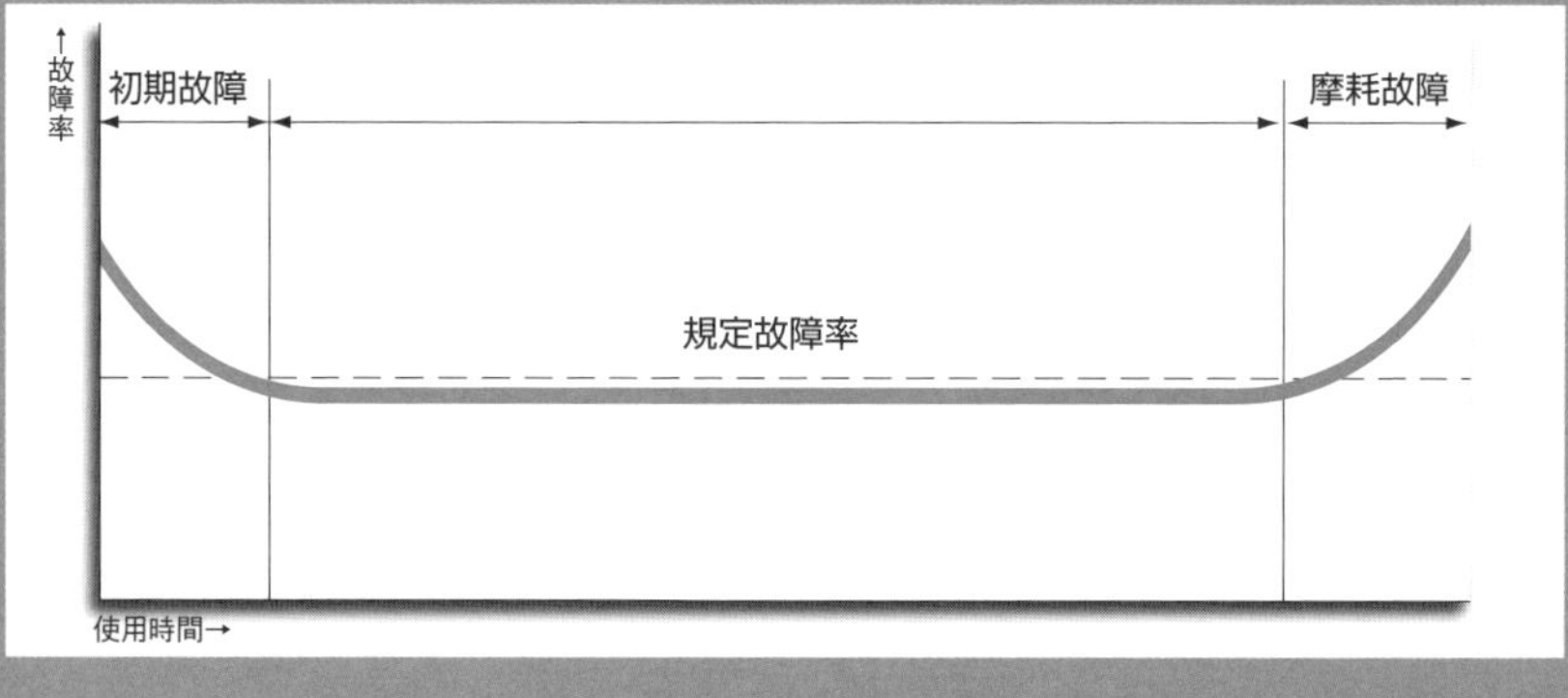

第3章

動力を伝える歯車とベルト・チェーン

17 動力を伝える

動力・パワーを伝えるとは、力と速さを所定の大きさや速さにして伝えることです。現在、機械を動かすのに使われているモーターやエンジンは回転運動するので、「回転速さ」（通常は1分間あたりの回転数で表します）と「回転力」（力と半径の積で、トルクと言います）を伝えることです。

モーターやエンジンの回転数を変えて力を伝えるには、自転車に使われているチェーン、歯付きベルトや、自動車の変速装置に使われている歯車など、いろいろなしくみがあります。

動力を伝える一つの方法として「摩擦車」があります。この方法では摩擦を利用して円滑で、静かに力を伝えられます。

摩擦車による変速装置では、回転する摩擦車を円板車の半径方向に動かすことによって円板車の回転数を変えることができます。この装置では、摩擦力を大きくするため摩擦車を強く押し付けなければならず、軸受が傷みやすく、また、滑って確実に動力を伝えられないこともあり、大きな動力を伝えるときには使われません。

それに対して、円筒面に歯を付けた歯車は歯をかみあわせて、滑らずに確実に大きな動力を伝えられます。歯車は2枚以上の歯車がかみあってはじめてはたらきをもち、モーターやエンジンの回転数や回転の向きを変えるのに使われます。

摩擦車や歯車は動力を伝える二つの軸の間隔（距離）が比較的小さいときに使われます。二つの軸間距離が大きくなると、摩擦車や歯車に対応するものとして、Vベルトとチェーンによる伝動方法があります。Vベルトでは摩擦力を利用し、チェーンでは歯のついたスプロケットとそれに巻き付くチェーンによって確実に動力を伝えられます。

歯付きベルトはVベルトとチェーンの特長を生かして、静かに、確実に動力を伝えることができます。

要点BOX

●動力を伝えることは力と速さを伝えること
●1秒間にできる仕事の量がパワー、動力

動力・パワーを伝える方法

タイミングベルト（歯付きベルト）

歯車

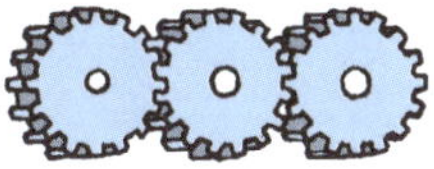

軸の間隔が広いとたくさん歯車をかみあわせなければなりません

チェーン

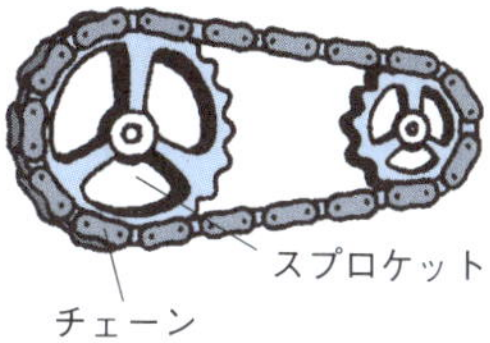

ベルト

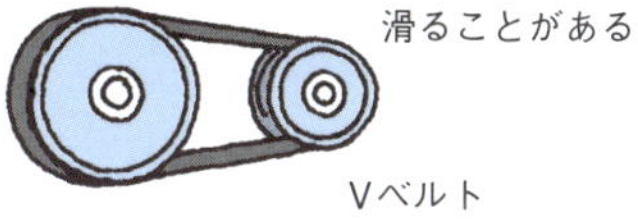

摩擦による変速装置

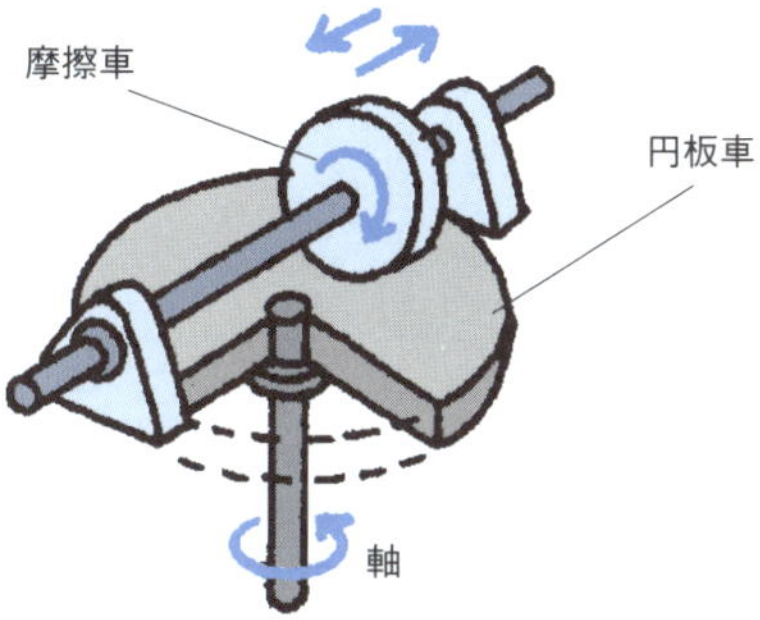

歯車による伝動装置

歯車は2枚以上の歯車がかみあってはじめてはたらきをもち、モーターやエンジンの回転数や回転の向きを変えるのに使われています

からくり人形の1つ。木製の歯車が使われ、ばねのエネルギーを伝えています

18 いろいろな歯車

平歯車、はすば歯車、かさ歯車、ウォームギヤ

回転速さ、回転力（トルク）を確実に伝えることができる歯車には、用途、動力を伝える軸の配置、直線と回転の運動変換によって、「平歯車」、「はすば歯車」、「かさ歯車」、「ウォームギヤ」（ウォームとウォームホイール）といろいろな歯車があります。

①平歯車

もっともよく使われている歯車で、歯すじが直線で軸に平行な円筒歯車です。平行な二つの軸間に回転を伝えるのに用いられています。

②はすば歯車

平歯車の歯すじが斜めになった歯車で、平歯車より大きなパワーを静かに円滑に伝えられます。大きな動力を伝える装置や減速装置に適しています。

③すぐばかさ歯車

歯すじが円錐の母線と一致する円錐形の歯車で、交わる二つの軸間に力を伝えることができます。機械の動力伝達装置や差動歯車装置などに使われています。

④ラックとピニオン

直線状の歯車をラックといい、小さい丸い歯車をピニオンといいます。ピニオンを回転してラックを直線運動させたり、この逆の動きもできます。

⑤ウォームギヤ

ウォームとこれとかみあうウォームホイールとからなる1組の歯車で、同じ平面にない二つの軸の直角な運動を伝達するのに使われます。ウォームを回転してウォームホイールを回すことはできますが、ウォームホイールを回転してウォームホイールを回すことはできません。この歯車を使うと比較的小形な装置で大きく減速できます。

ウォームは英語でwormです。ウォームが回転されると、そのねじ状の山はムクムクと虫が這っているように見えるので呼び名がつきました。また、ホイールは丸い円筒面に歯が付けられ、ウォームで回されるのでウォームホイールと呼びます。

要点BOX

●回転の速さや回転力を確実に伝える
●用途によってさまざまな歯車を使用

歯車のいろいろ

はすば歯車

平歯車

ラックとピニオン

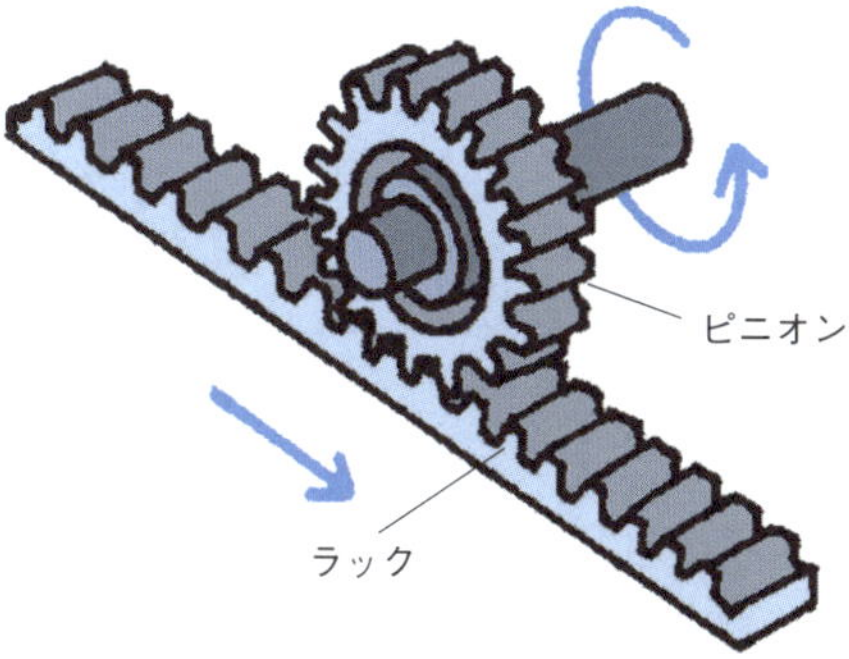

すぐばかさ歯車

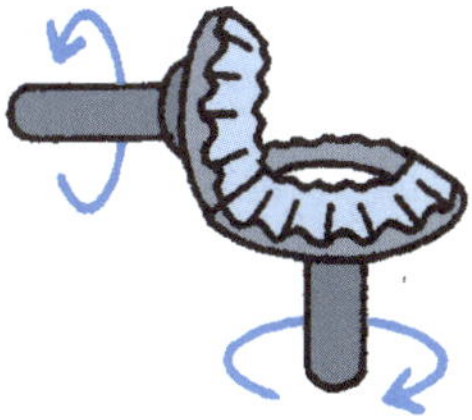

ウォームギヤ

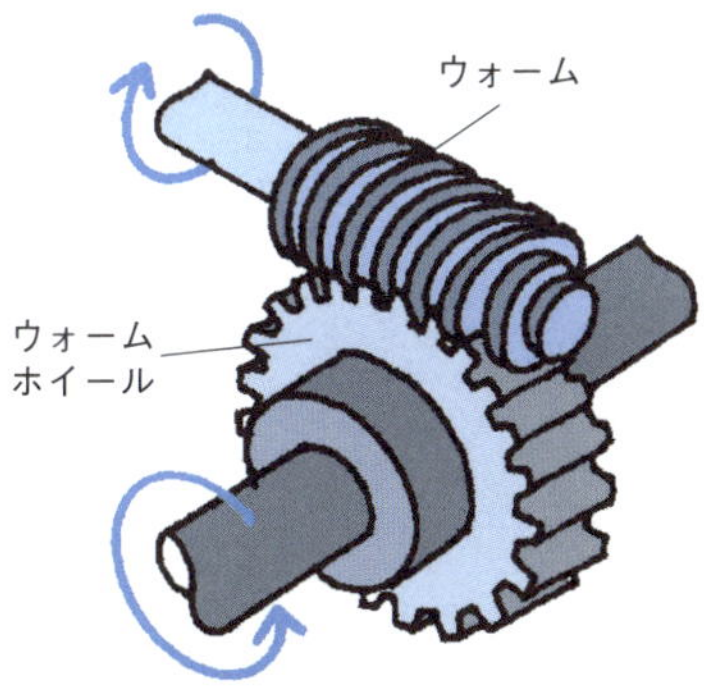

19 歯車の歯形と歯車がかみあう条件

歯形曲線とモジュール

二つの歯車がかみあい、動力を確実に伝えるには、歯の形や大きさの条件を満たす必要があります。

①歯車の歯の形

歯車は円板に歯をきざんだものですが、その歯の形は滑らかに歯車が回転するようにサイクロイド曲線やインボリュート曲線が使われています。現在の工業製品に使われている歯車の歯形はインボリュート曲線が多く使われています。

サイクロイド曲線は円筒が平面を転がるときにできる軌跡であり、駅のホームで反対側の電車が走り出すときに車輪のどこかのマークに着目すると、その軌跡がサイクロイド曲線になります。

インボリュート曲線は円筒（円筒が基礎円となります）に巻き付けられたひもがゆるむときの軌跡です。

②歯車の各部の名称と歯の大きさ

歯車はその歯の数と大きさが大切です。二つの歯車がかみあって、なめらかに回転を伝えるには、二つの歯車の歯どうしが正確にかみあわなければなりません。それには、歯と歯の間隔（これを「ピッチ」といいます）が等しくなければなりません。ピッチは歯車がかみあう円（これを「基準円」といいます）の円周（円周率π×直径）を歯の数で割った値です。ここで、円周率πは割り切れない数値で、取り扱いづらいので、ピッチ円の直径を歯数で割った「モジュール」を使います。

歯の大きさを表すにはモジュールを使います。歯車は二つ以上の歯車がかみあって、はじめてひとつのはたらきをしますが、二つの歯車がかみあうにはモジュールが等しくなければなりません。このようにモジュールは二つの歯車がかみあう条件として大切な値ばかりでなく、標準的な歯車の各部、歯の高さ、歯の厚さなどの寸法は、モジュールを基準として決まっています。モジュールが大きい歯車の歯は、歯厚が厚く、歯の高さも大きく、大きな歯となります。

要点BOX

●歯車は歯の数とモジュールが大切
●二つの歯車がかみあうにはモジュールが等しいことが条件

歯車の歯形

サイクロイド曲線

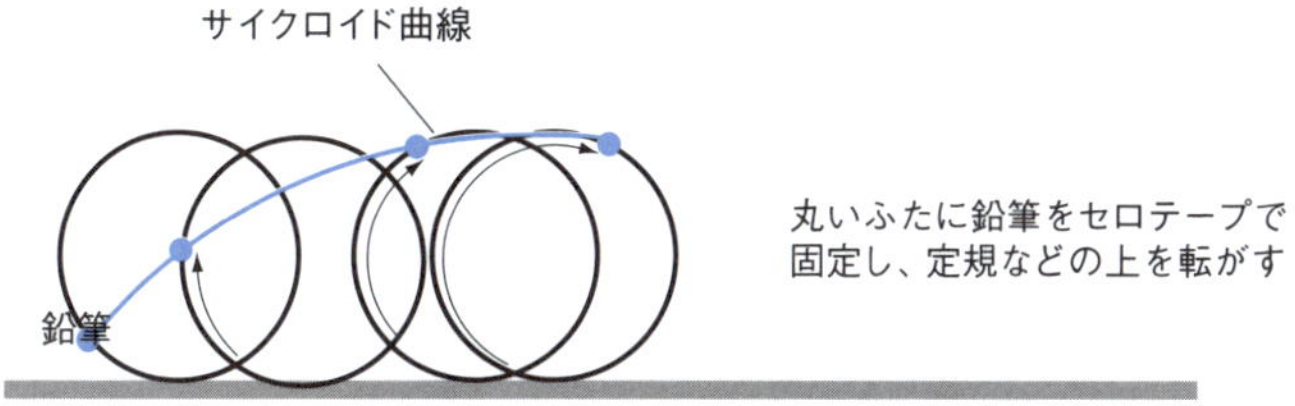

インボリュート曲線

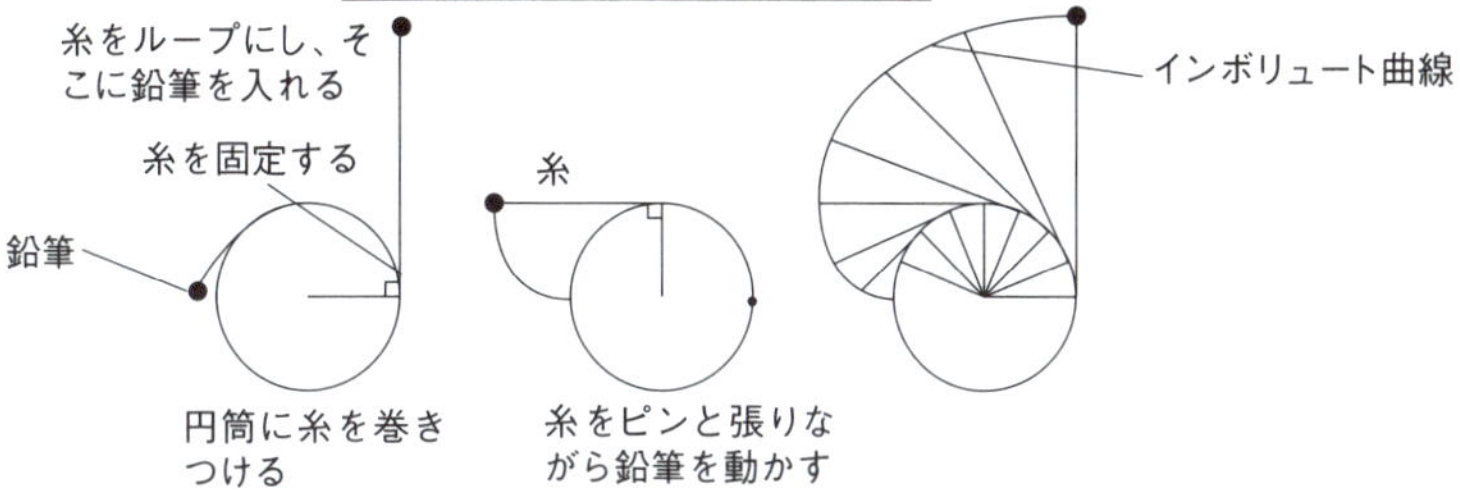

モジュールと歯の大きさ

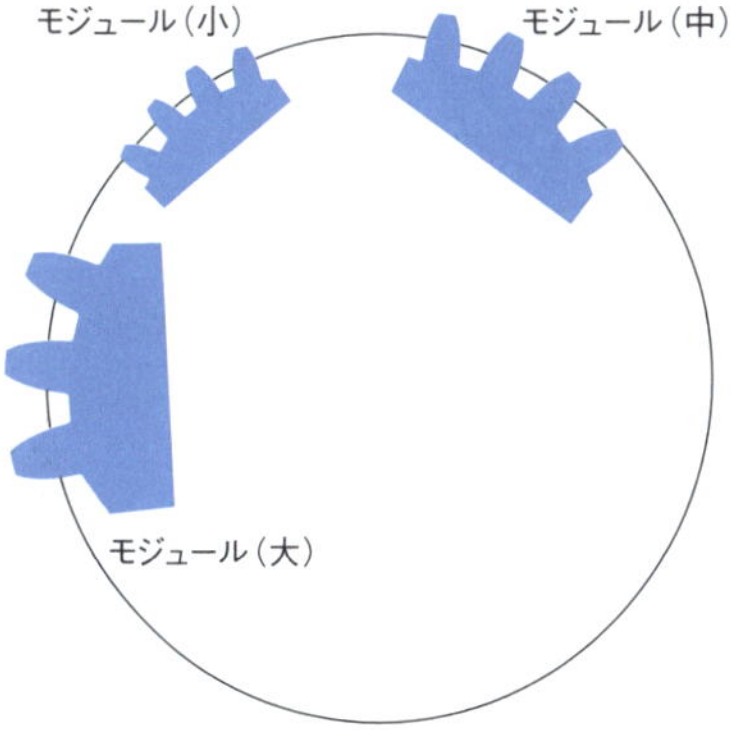

歯車の各部の名称

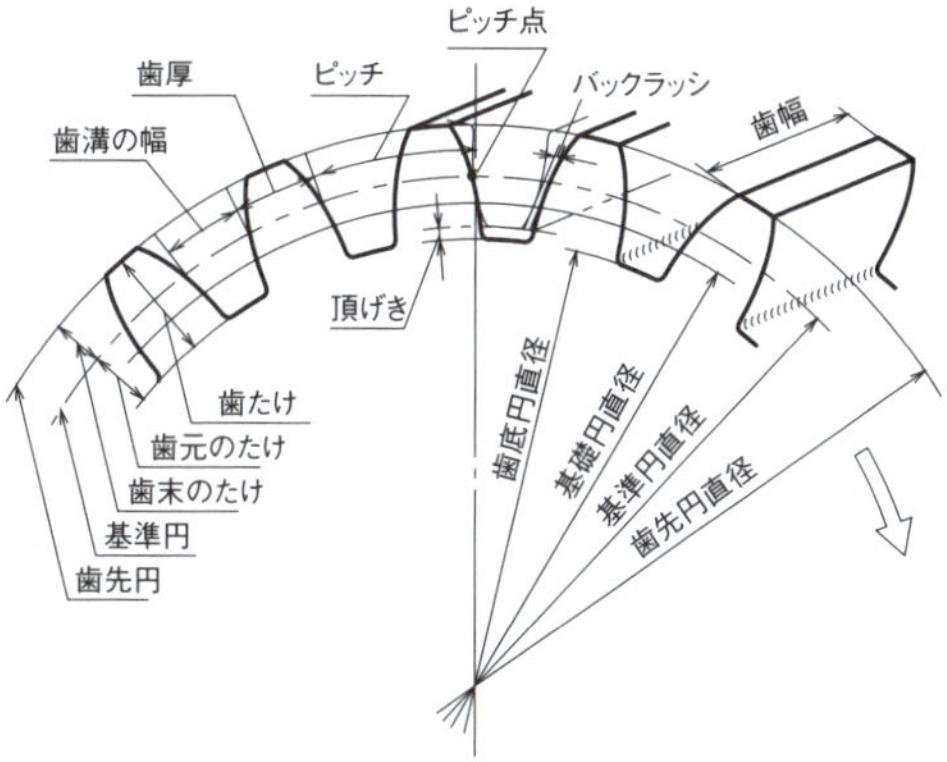

20 歯車による回転数変換と方向変換(1)

必要な回転数を得るには

歯車を使う目的には必要な回転数を得ることがひとつで、それには2枚以上の歯車を組み合わせます。

左の図の2枚の歯車がかみあう場合について回転数と回転方向を考えてみます。歯車aが1回転すると20枚の歯が歯車bとかみあい、歯車bの歯も20枚かみあいます。歯車bの歯数は60枚なので、歯車aは1回転しても歯車bは3分の1回転しかしません。歯車aが3回転し、60枚の歯がかみあってはじめて、歯車bは1回転します。すなわち、歯車aを基準にした回転数の比は三分の一(20÷60)、歯数の比は3(60÷20)となります。この減速の度合いや歯数の比を「速度伝達比」といいます。この二つの歯車のかみあいの場合には、速度伝達比は3となります。

歯車aとbの回転方向に注目すると、歯車aが時計回りに回転すると、歯車aの歯は歯車bの歯を押すので、歯車bの回転方向は反時計回りになります。このように互いの回転方向は逆になります。

1組の歯車a、bの間にもう1枚の歯車cをかみあわせると、歯車cの回転方向は歯車aと逆になりますが、歯車cは歯車bを押すので、歯車bは歯車aと同じ方向に回転します。

この場合の歯車aと歯車bの回転数の比、速度伝達比は歯車cの歯数にはまったく関係せず、歯車aとbの歯数で決まります。たとえば、歯車cの歯数を40とすると、歯車cの回転数は歯車aの1/2になり、歯車bの回転数は歯車cの2/3になります。したがって、歯車bの回転数は歯車aの1/3になり、速度伝達比は3でかわりません。

このような歯車列の速度伝達比は中間の歯車は関係せず、その前後の二つの歯車の歯数比で決まります。中間の歯車cを「遊び歯車」といい、前後の歯車の回転方向を同じにするはたらきと、二つの歯車の軸間が離れている時、それらをつなぐはたらきもあります。

要点BOX

●歯車列の伝達速度比は2つの歯車の歯数で決まる

1組の平歯車による回転運動の伝達

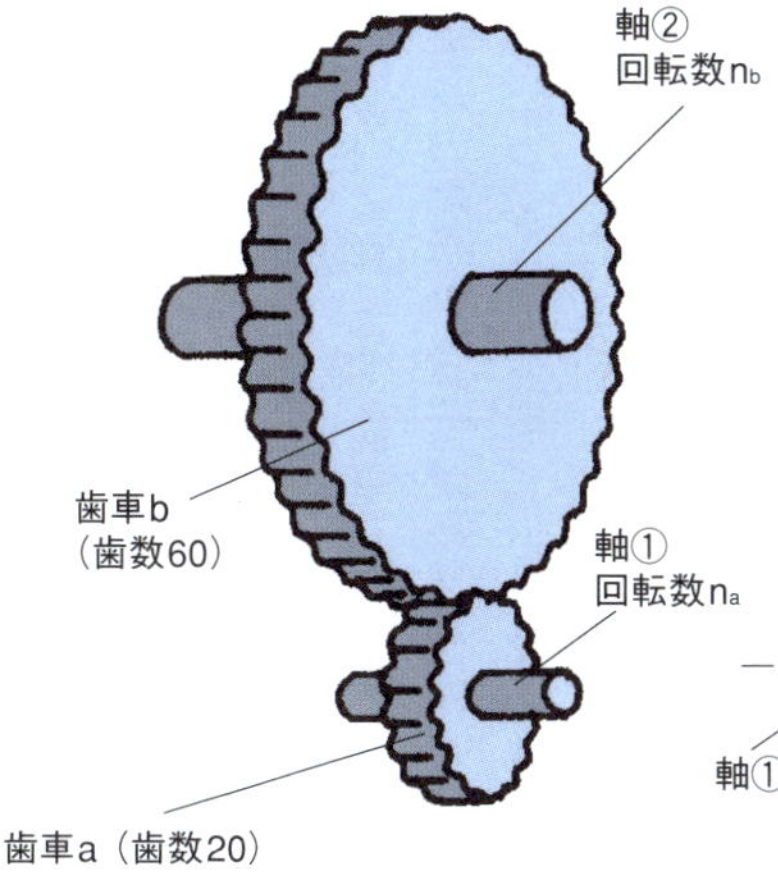

（回転数）（歯数）

$$速度伝達比 = \frac{n_a}{n_b} = \frac{Z_b}{Z_a} = \frac{60}{20} = 3$$

Z_a：歯車aの歯数
Z_b：歯車bの歯数

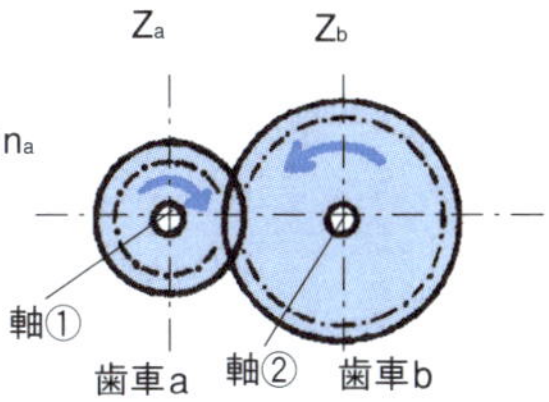

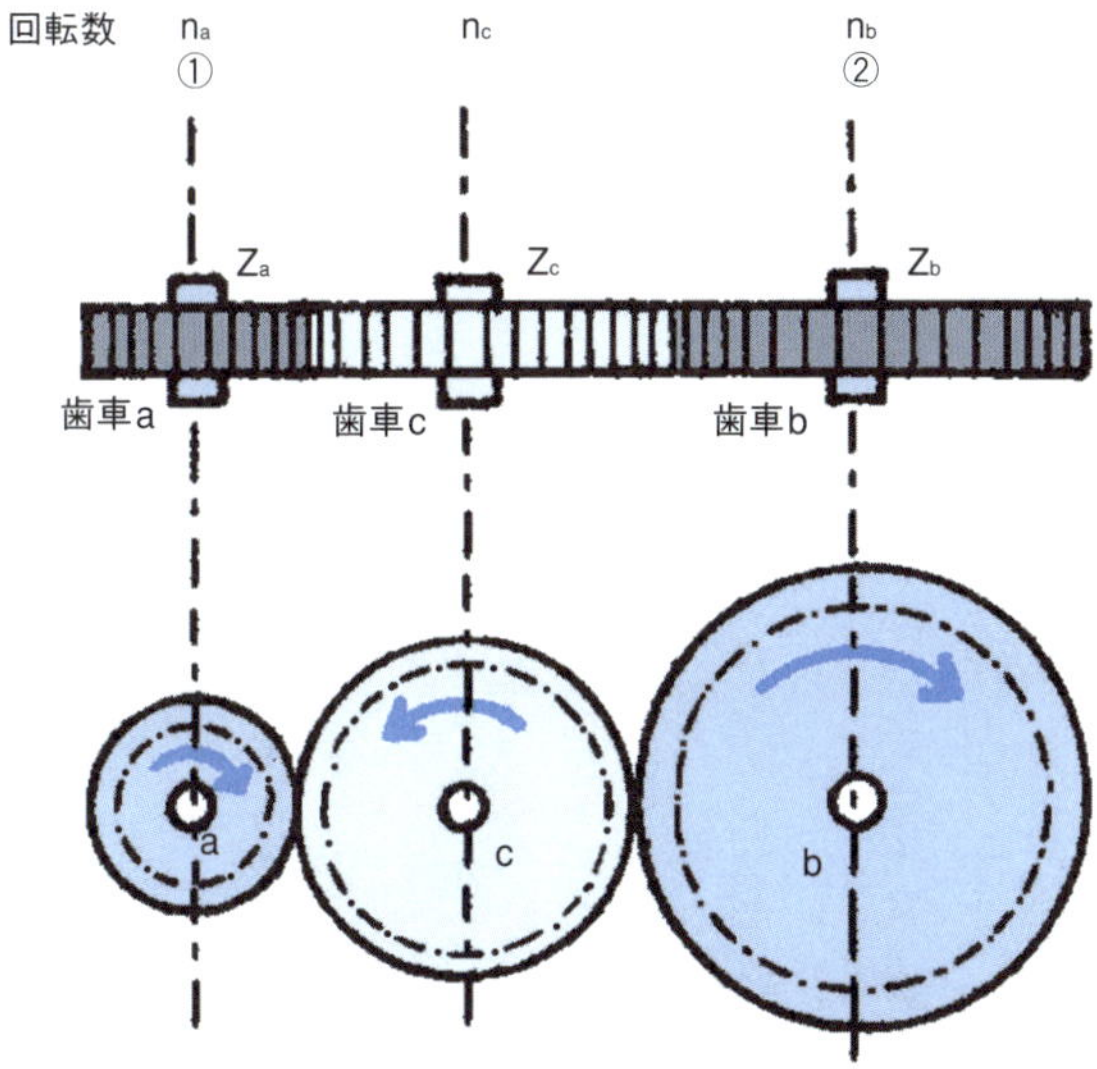

$$速度伝達比 = \frac{n_a}{n_c} \times \frac{n_c}{n_b} = \frac{Z_c}{Z_a} \times \frac{Z_b}{Z_c} = \frac{Z_b}{Z_a}$$

歯車c：遊び歯車

21 歯車による回転数変換と方向変換(2)

平歯車の組み合せとそのしくみ

4枚の歯車、2組の歯車がかみあっている場合、について考えます。これには、歯車を固定する軸の配置によって、歯車のかみあわせ方があります。

歯車を固定する軸は3本で、歯車aは軸①に、歯車bとcは同一軸②に、歯車dは軸③に固定されます。歯車aが歯車bとかみあい、歯車cが歯車dとかみあいます。

軸①をモーターやエンジンで駆動される軸とすると、軸①と②の回転方向は逆になりますが、軸③の回転方向は、軸②の回転と逆になり、逆転、逆転で、軸①と同じ方向になります。この場合の減速の度合、速度伝達比は歯車aと歯車bの歯数比と、歯車cと歯車dの歯数比の積になり、減速の度合は大きくなります。

軸の配置を変え、コンパクトなかみあいにしても回転方向、速度伝達比は同様です。しかし、軸間の距離が決ってしまうので、2組の歯車の歯数は制限を受けます。

次に、歯車の組み合わせを変えて、何段階かに回転数を変えるしくみを考えます。

歯車を滑らせて、かみあう歯車を換えて変速する装置があります。歯車aとbは一体になっていて、スプライン(丸い軸に平行な凹凸を付けた軸)が切ってある軸①を滑らすようになっています。また、これらとかみあう歯車cとdは軸②に固定されています。図のように歯車aとcがかみあうときには軸②の回転は軸①より遅く、歯車bとdがかみあうときには軸②の回転は軸①より速くなります。

機械の動力源であるエンジンやモーターの動力は機械を作る設計段階で決まってしまいます。しかし、自動車では、走り始めるときにはエンジンの回転を減速し、大きな力を出して発進し、走り出してはずみがついたら回転数を上げて走行します。このことはモーターを使った機械でも同じで、使用条件によって回転数や出力する力を変えなければなりません。このようなときには「変速装置」が必要となります。

要点BOX

- ●回転速度・回転方向などを考えた歯車の組み合わせ
- ●歯車変速装置のしくみ

平歯車の組み合せによる減速

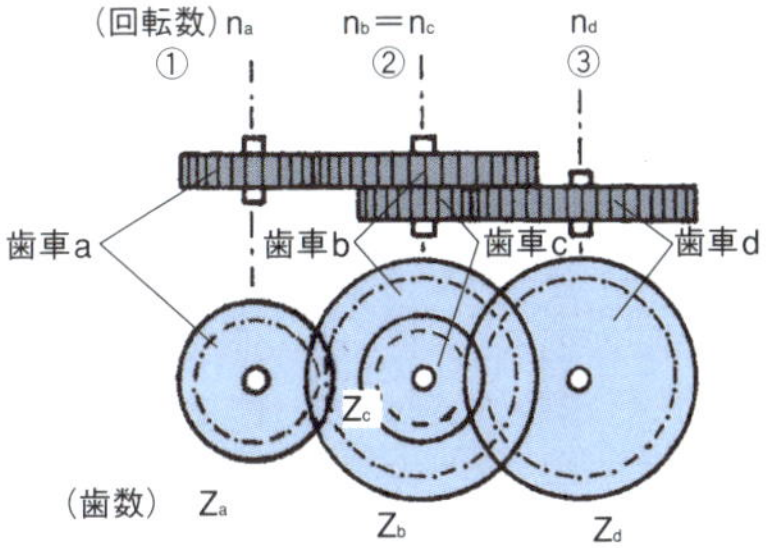

$$速度伝達比 = \frac{n_a}{n_b} \times \frac{n_c}{n_d} = \frac{Z_b}{Z_a} \times \frac{Z_d}{Z_c}$$

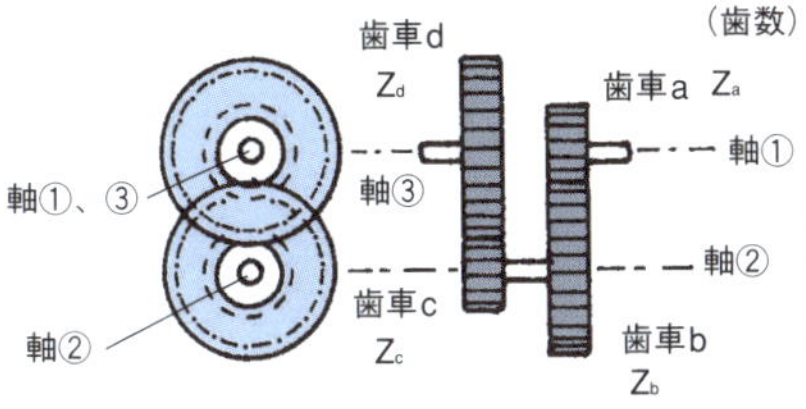

$$速度伝達比 = \frac{Z_b}{Z_a} \times \frac{Z_d}{Z_c}$$

歯車変速装置

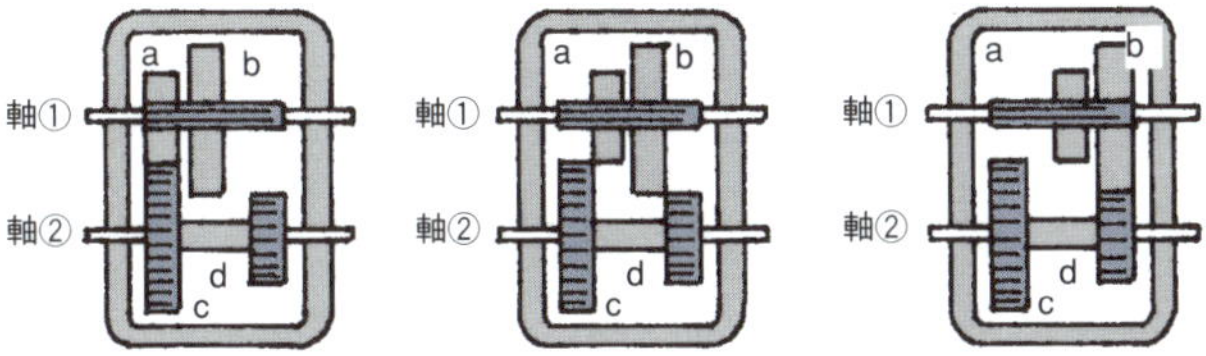

歯車a,b左に滑らす。軸②の回転は軸①より遅くなります

回転は軸①から軸②に伝わりません

歯車a, bを右に滑らす。軸②の回転は軸①より速くなります

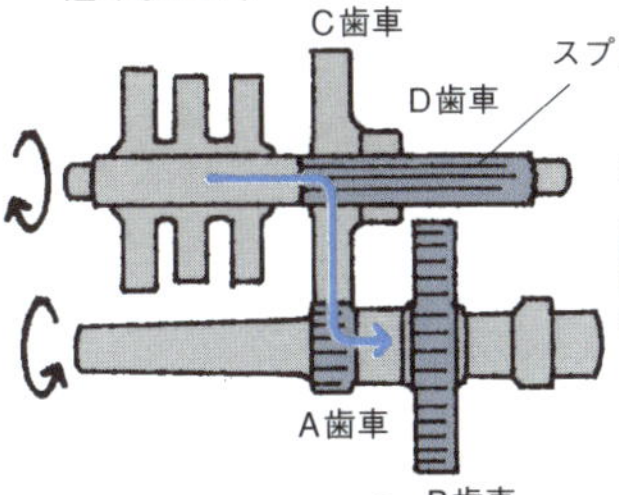

CとDの歯車はスプラインで軸の左右へ移動可能です。ここでは、C歯車からA歯車に回転が伝達されています

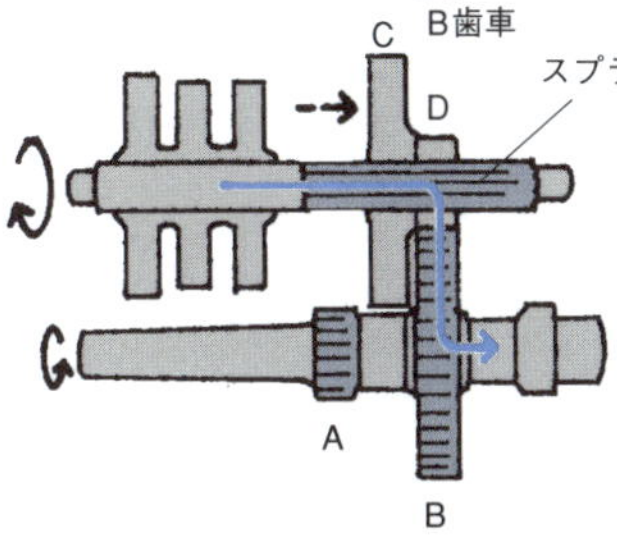

ここではD歯車からB歯車へ回転が伝達されます。スプライン軸の回転数が上と同じであれば、減速されることになります

スプラインによる結合

22 さまざまな歯車機構と応用

大きな減速比を得るには、たくさんの平歯車を組み合わせればよいのですが、スペースをたくさんとってしまいます。そこで、省スペースで大きな減速比が得られるように工夫されています。

その一つが「遊星歯車装置」です。遊星というくらいですから、宇宙をイメージします。もっとも簡単な遊星歯車装置が歯車a、bと、それらをつなぐ腕cで構成された装置です。この装置では、歯車aの周りを歯車bが腕cとともに回転します。これを太陽の周りを自転しながら公転することになぞらえて、歯車aを「太陽歯車」、歯車bを「遊星歯車」といいます。

遊星歯車装置は、自動車がカーブを曲がるときに左右の車輪の回転数を調節し、うまく走行できるようにする「差動歯車装置」としても使わています。自動車が直進するときには、推進軸の回転は歯車aとbを介して歯車bと一体になった歯車箱（腕）hに伝わり、その回転が歯車c_1、c_2（遊星歯車）を介して歯車d_1、d_2（太陽歯車）を回転させて左右の車輪を同じように回転させます。しかし、自動車が曲がるときには左右の車輪の回転に差が生じなければなりません。たとえば、自動車が左に曲がるときには、左の車輪は右の車輪より遅く回転しなければなりません。このとき左の車輪には抵抗力がはたらき、歯車d_1に伝わり、同時に推進軸の回転力は歯車aから歯車bと歯車箱hに伝わります。そこで、直進のときには回転しなかった歯車c_1とc_2が回転し、カーブの円弧の中心から遠い右の車輪は左の車輪より速く回転し、自動車はスムースに左に曲がれます。

歯車は回転数を変えるだけでなく、歯車をかみあわせて、歯と歯の間に液体や気体を封じ込めて、押し出して流動させる歯車ポンプや歯数が2枚のサイクロイド歯形を用いたルーツ送風機などの用途にも使われます。

要点BOX
- ●省スペースで大きな減速比
- ●遊星歯車は差動歯車装置に利用されている

遊星歯車装置

遊星歯車装置

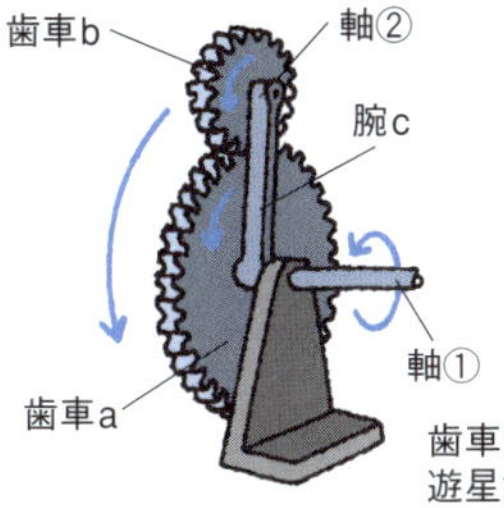

歯車aを太陽歯車、歯車bを
遊星歯車と呼びます

差動歯車装置

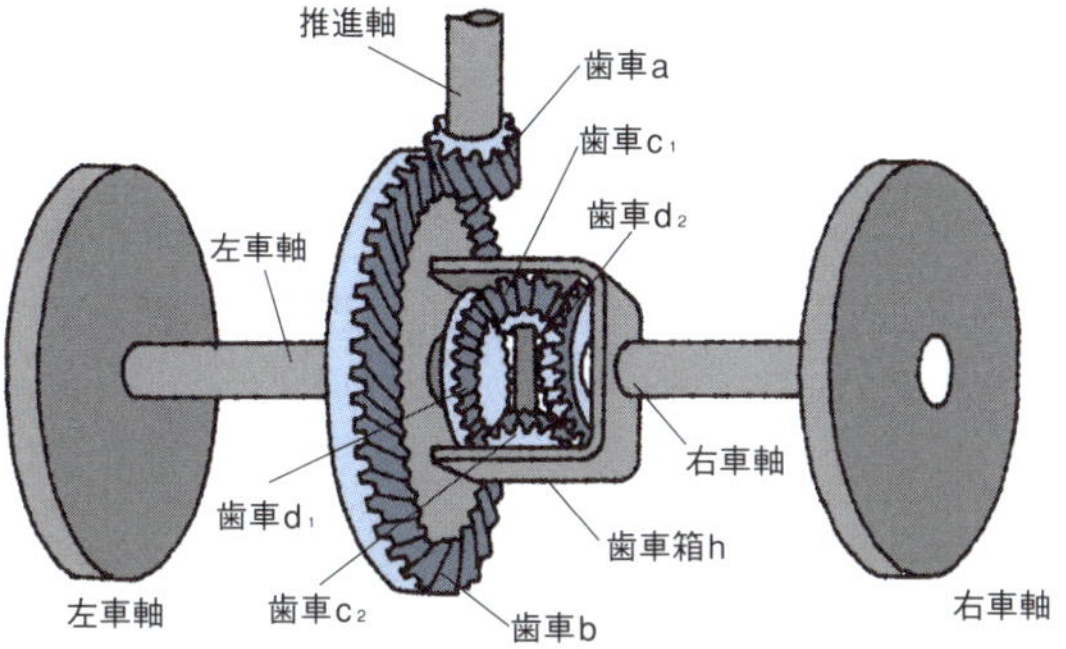

自動車の差動歯車（左旋回）

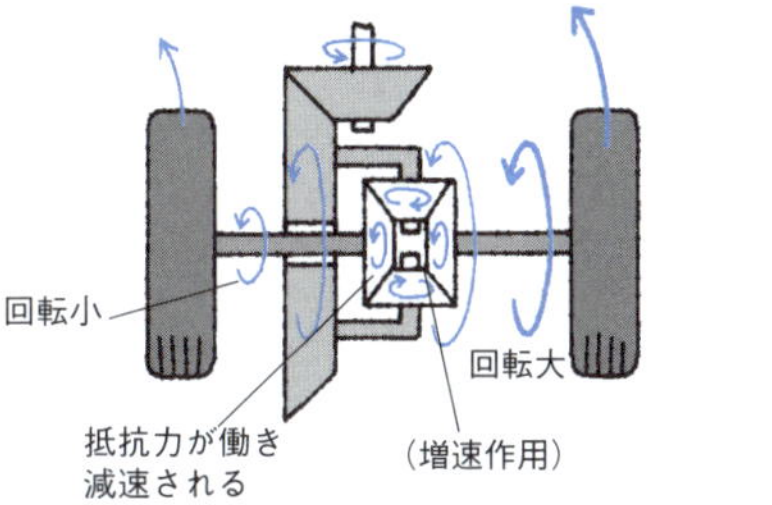

自動車の差動歯車（直進）

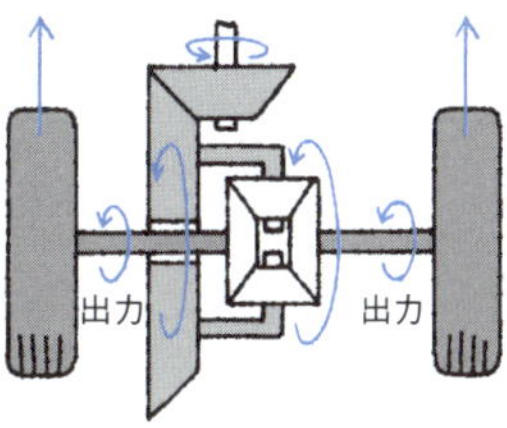

ルーツ送風機

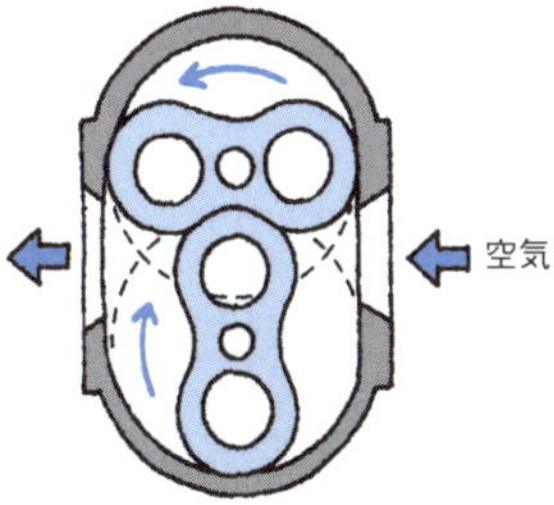

歯車ポンプ

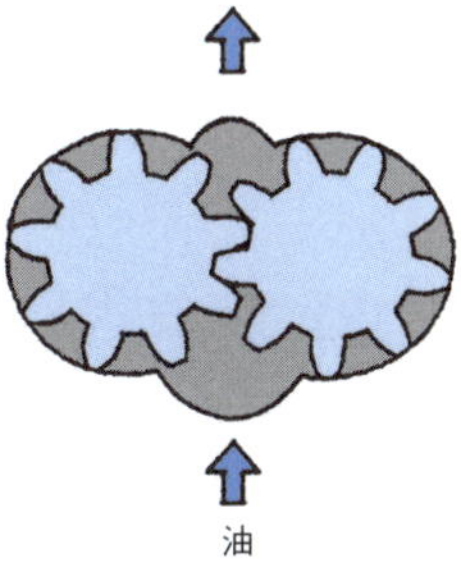

23 ベルト伝動の種類

平ベルト・Vベルト・歯付きベルト

動力を伝えるのに古くから使われている方法がベルトを使った方法です。この方法は歯車による伝動より、原動軸と従動軸との軸間距離を大きくでき、低騒音、潤滑なしで動力を伝えることができます。

ベルト伝動には平ベルト、Vベルト、歯付きベルトによる方法があります。

ベルト伝動でもっとも古くから使われている方法が、皮、ゴムや鋼などで作られた断面形状が平らなベルト（平ベルト）をプーリー（ベルト車）に巻き掛けて、ベルトとプーリーの間の摩擦力で動力を伝達するものです。しかし、平ベルトでは大きな力がかかったときには滑ってしまう可能性があります。

そこで、より摩擦力が大きくなるように台形断面のベルトを、外周にV字溝のついたプーリーに巻きつける方法がVベルトを、使った伝動です。これを使うと、くさびの原理からベルトとプーリーの間の摩擦力を大きくでき、また、ベルトの本数を増やすことができるので、より大きな動力を伝動することができます。Vベルト伝動は基本的に平ベルト伝動と機能が同じですが、ベルトの台形の傾斜面がプーリーのV溝に接触するために摩擦力が大きくなることで、小さな張力で大きな動力が伝達でき、滑りが少ないところが特徴です。

平ベルトやVベルトによる伝動は摩擦を利用していますが、ベルトとプーリーに歯を付けて、滑りがなく、確実に動力を伝えることができるのが歯付きベルトによる伝動です。これを使うと滑りがないので、歯車による伝動と同じように原動軸と従動軸との間のタイミングを正確にとれます。高速でも静かで滑らかな伝動ができ、事務機器・家電機器・自動車などに利用されています。

エンジンでは混合気をシリンダーに吸い込むタイミングはたいへん重要で、自動車の動力性能に大きく影響します。そのため、クランクシャフトとカムシャフトの間は歯付きベルトで正確にタイミングをとっています。

要点BOX

- ●皮、ゴム、鋼などを用いたベルト
- ●より大きな摩擦力を求めるVベルト
- ●正確にタイミングがとれる歯付きベルト

いろいろなベルト伝動

歯付きベルト伝動

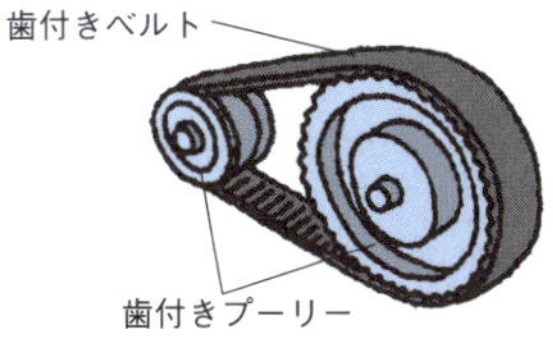

Vベルト伝動

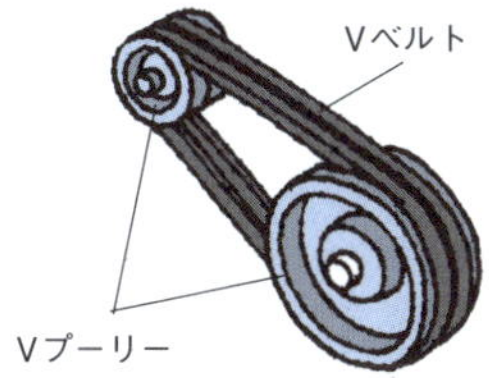

平ベルト伝動

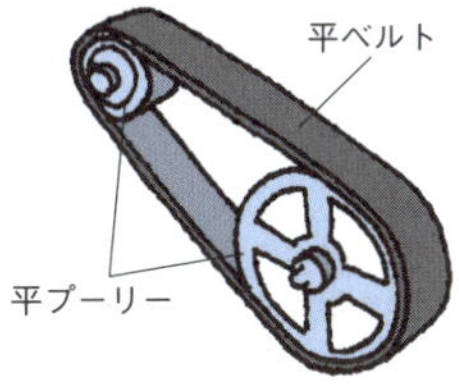

Vベルトの形状

Vベルトの構造

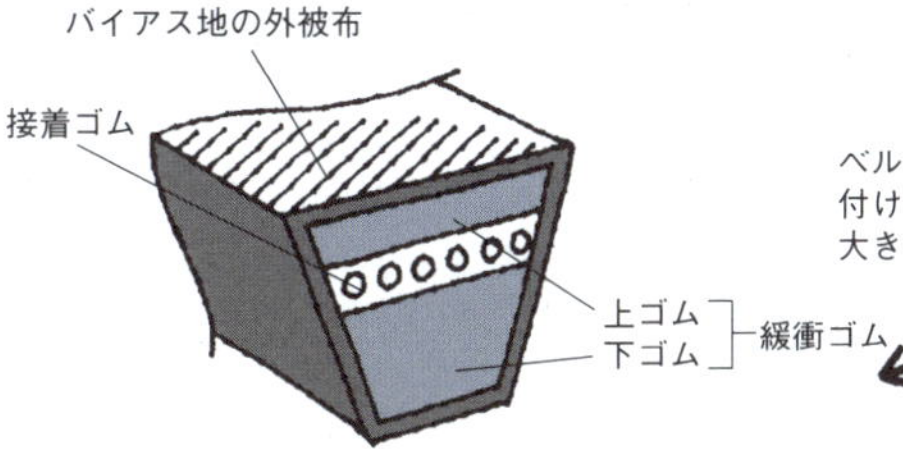

くさびの原理の利用

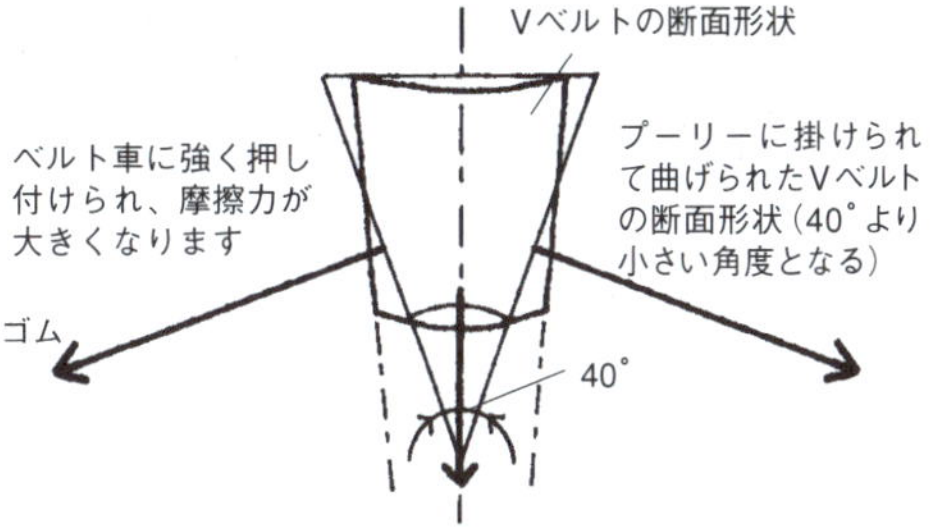

ベルトにおける速度変換

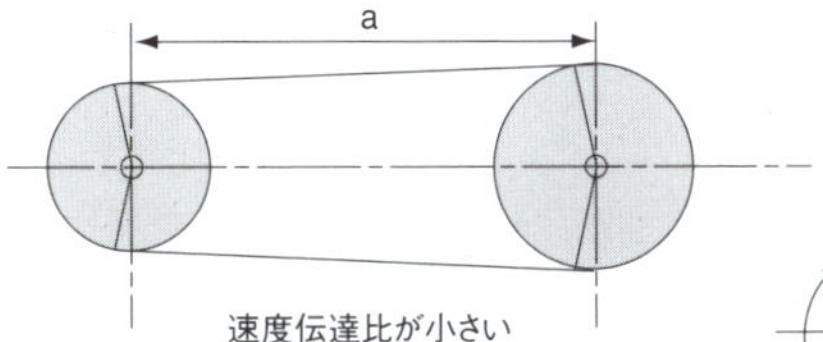

速度伝達比が小さい

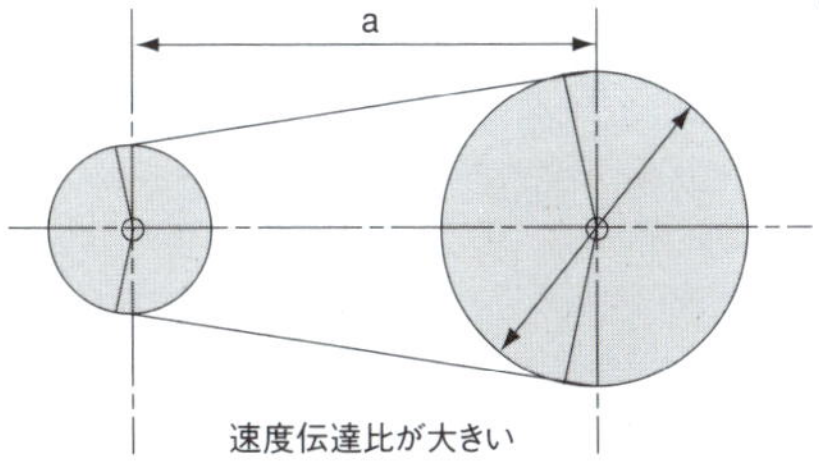

速度伝達比が大きい

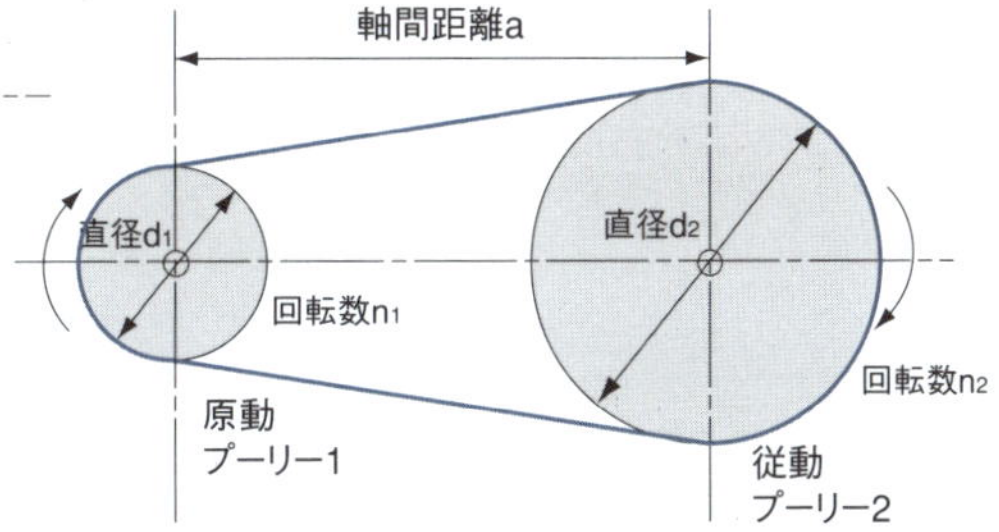

平ベルトによる伝動

$$\text{速度伝達比} = \frac{n_1}{n_2} = \frac{d_2}{d_1}$$

この関係は歯車の場合と同じです

Column

動力を伝えるしくみと潤滑

いろいろな機械のメカニズムを動かすには、動力源（モーターやエンジンなど）の動力をベルト、チェーン、歯付きベルト、歯車などを使い伝えています。また、動力を伝えるには、軸が必要で、軸はなめらかに回転するように軸受で支えられています。このようなメカニズムを使って機械を動かすときに、動力源のエネルギーは100パーセント伝えられ、機械から出力されるわけではありません。

機械では、機械に供給したエネルギーの何パーセントを有効な仕事にとりだせるかを「効率」といい、これは機械の性能を表す重要な指標です。エンジンでは、ガソリンのもつ熱エネルギーの何パーセントを出力できるかを熱効率といいます。モーターでも供給された電気エネルギーの何パーセントを有効な機械エネルギーとして出力できるかが性能上で大切になります。このような動力源の効率のみでなく、機械では各種の部品を使っているため、これらが動くことによって騒音が出たり、発熱したりします。

機械を動かしていると機械が温まってきます。これは部品どうしが相対的に動くと摩擦があり、それが熱となって機械にたまってくるからです。

丸い球が円筒面を転がり、滑らかに回転するボールベアリング（玉軸受）には油、グリースが封入されています。また、歯の面どうしが転がりながら動力を確実に伝える歯車でも、グリースが使われたり、歯車箱といわれるところに潤滑油を入れ、常に油をかけながら回しています。いずれも摩擦を少なくする方策をとっています。

機械を油で潤滑しないと、機械はどんどん温まり、機械の部品が熱で膨張し、例えば、歯車のかみあいがきつくなり、動かなくなってしまいます。潤滑油は摩擦を減らすだけでなく、放熱を助けるはたらきもあります。

「油がなくては機械は機械でなくなる」というように、潤滑油は機械にとってなくてはならないものです。

機械を保守して長く使うには，部品を定期的に交換することだけでなく，定期的に潤滑油の量を調べたり，潤滑の状態を調べることが大切です。

機械を使い始めるときには，機械の潤滑方法と注油箇所を知り，潤滑油があるかどうかを必ず確認しましょう。

第4章

複雑な運動を実現するカムとリンク

24 カムとリンクのしくみ

繰り返しメカニズムの基礎

機械は複雑な動きをしているようですが、実際には同じ動きを繰り返しているものが多いのです。このような繰り返し運動のメカニズムの基礎となるのが「カム」や「リンク」機構です。

エンジンでは、圧縮されたガソリンと空気の混合気に点火すると、混合気は爆発的に燃焼し、大きな圧力でピストンを押し下げ、連結棒（コンロッド）を介してクランク軸を回転させます。また、ピストンの動きに合わせバルブをタイミングよく開閉し、ガソリンと空気の混合気を吸い込んだり、燃え尽きた排気ガスを排気しなければなりません。このようにエンジンでは、ピストンの往復運動をクランク軸の回転運動に変換するリンク機構と、バルブを開閉するカムが使われています。

エンジンのリンク機構はクランク軸、コンロッド、ピストン、そしてこれらを保持するエンジン本体の四つで構成されます。この機構では、ピストンがシリンダー壁を滑りながら往復運動し、クランク軸が回転するので、往復スライダークランク機構と呼ばれています。

エンジンではクランク軸、コンロッド、ピストン、エンジン本体の4つでリンク機構が構成されていますが、一般に、リンク機構は4本の棒状のリンクを回転できるようにピンで固定したメカニズムで、リンクを往復運動や回転運動させて、機械を動かすしくみに使われます。

エンジンのバルブを開閉するカム機構では、丸い形状の一部に突起をもったカムを使います。カムを回転し、カムの突起によって、ばねの力に打ち勝ってバルブを下に押して開きます。カムの丸い突起のないところでは、ばねの力でバルブを戻して閉じます。この動きをピストンの動きに連動して周期的な運動を繰り返します。

カムによる機構は、カムとそれによって所定の動きをする従動節（エンジンのバルブに相当するもの）から構成されます。

要点BOX

- ●リンクを往復運動や回転運動させ、機械を動かす
- ●カムの形状に沿って動くバルブは従動節

エンジンを動かすしくみ

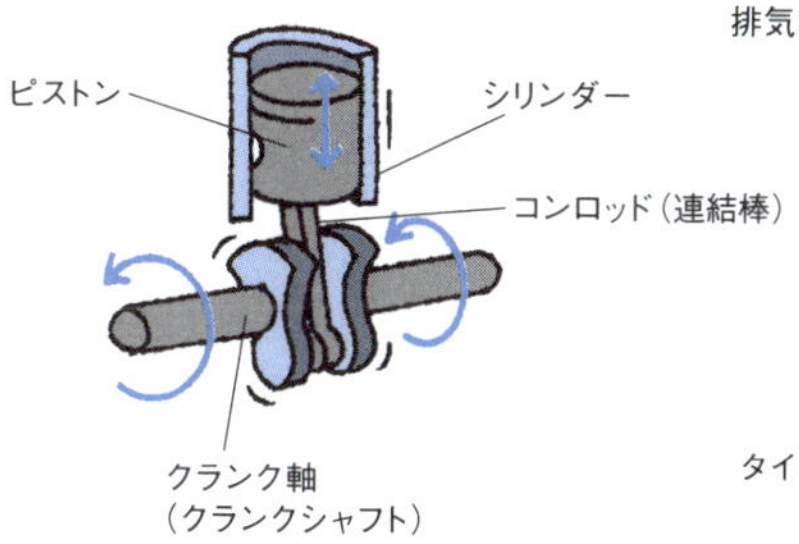

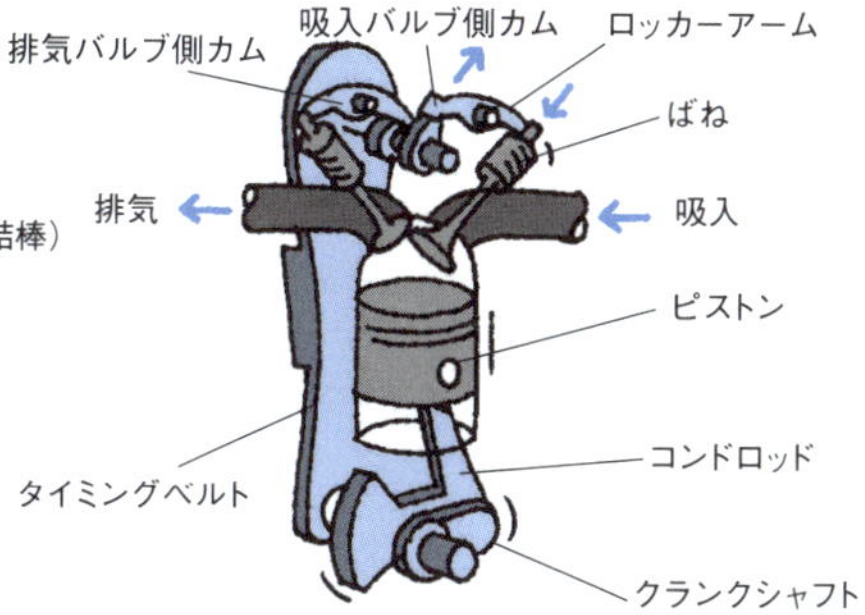

エンジンとリンク機構

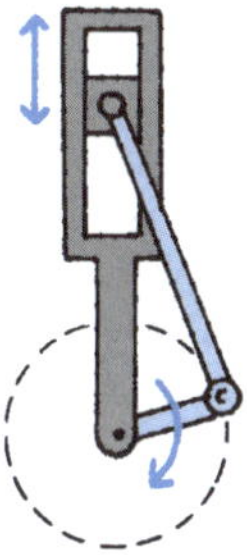

エンジンと往復スライダー
クランク機構

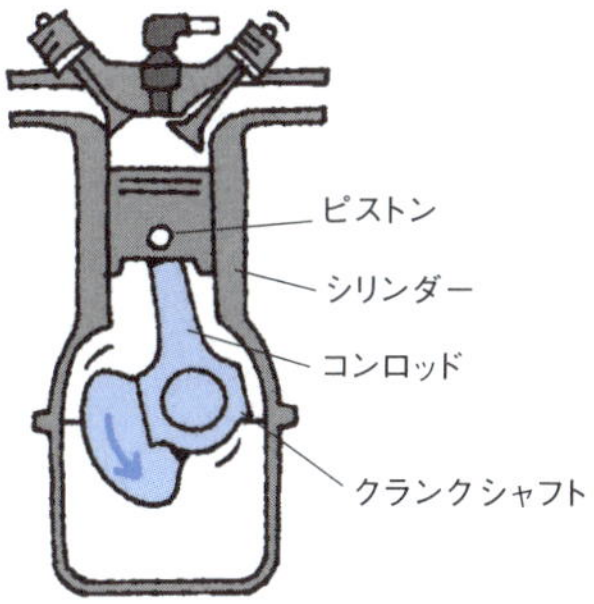

エンジンのカムとバルブの動き

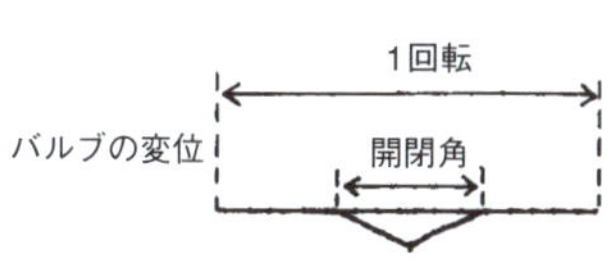

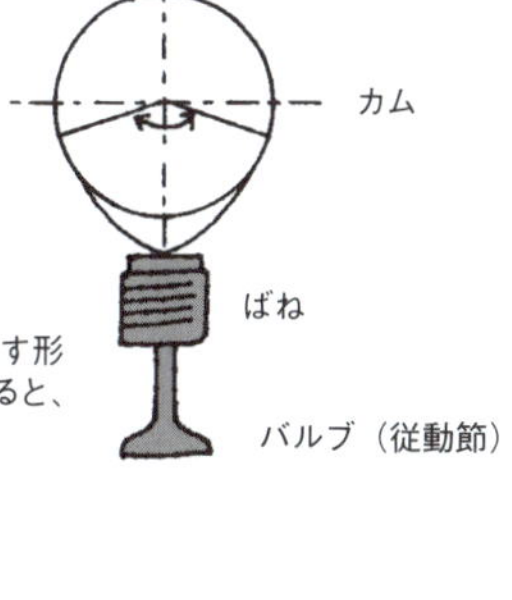

エンジンのバルブを開閉するカムは図に示す形状をしています。この形状のカムが回転すると、バルブは開いたり閉じたりします

25 カムの形状と従動節の運動

平面カム、立体カムによる運動

ヨチヨチ歩きの赤ちゃんが手押し車を押すと車軸が回転し、動物の形をしたものを上下にカタコトと動かすしくみがあります。

これには、板状のカム（板カム）が使われ、これは車軸に取り付けられています。

カムを使った機構では、カムによって動かされる従動節の動きが重要であり、それを希望する動きに動かすにはカムの形状を適切に決めなければなりません。

カムを分類すると、

①　板カムを含めた「平面カム」

②　「立体カム」

に大別できます。

カムとしてもっとも簡単なのは「円板カム」です。丸い円板の中心からずれたところに軸を固定し、それを回すと、静止節で動きを拘束された従動節は上下に動きます。この動きは正弦波（サインウェーブ）のようになります。

また、ハートの形をしたカムが回転すると従動節は三角の波の動きとなります。

このように、カムの形状によって従動節はいろいろな動きをします。

従動節の動き（変位曲線）が決まると、カムの形状が決まります。

従動節の変位からカムの形状を求めるには、従動節の1周期の変位曲線を一定角度で分割し、その変位をカムの板に一定角度ごとに写していく作業が必要となります。

カムが回転し、それにしたがって従動節が動きますが、その変位のみでなく、その速度や加速度も機械の動きでは大切です。変位曲線から従動節の変位の時間的な変化（速度）と、速度の変化（加速度）がわかります。これらの3つの線図を合わせて「カム線図」といいます。

要点BOX

- ●カムの基本形は円板カム
- ●従動節の動きに合わせてカム形状を作成

おもちゃに使われている板カム

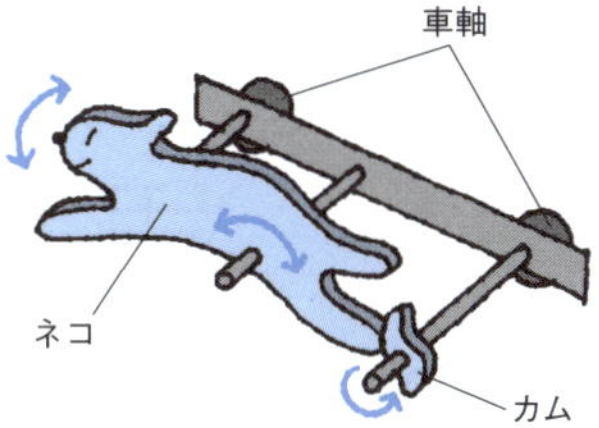

カムによる運動変換機構

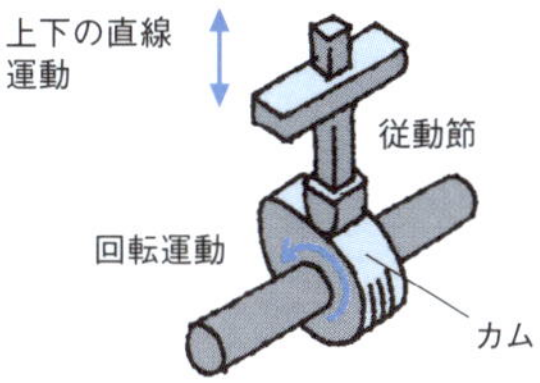

円板カム

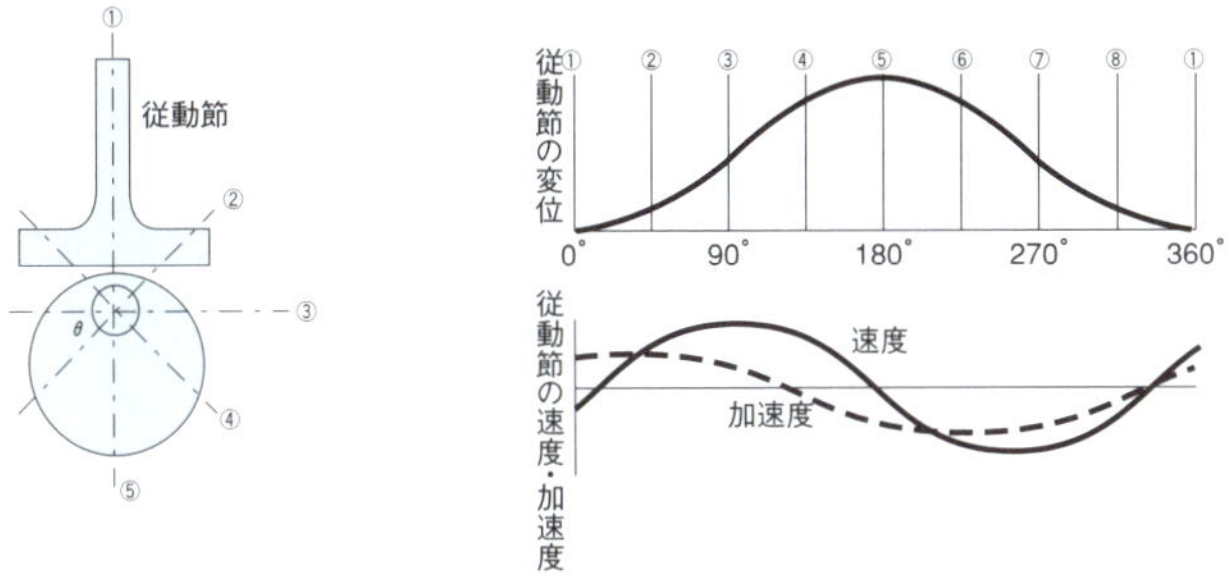

ハートカム

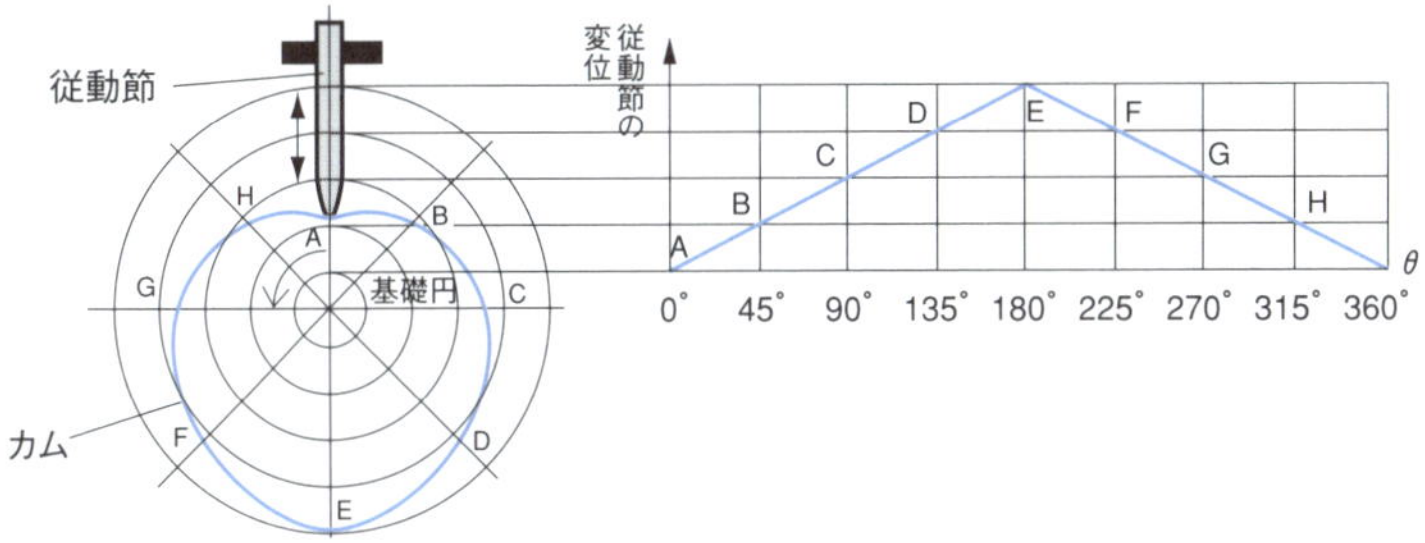

カムの分類

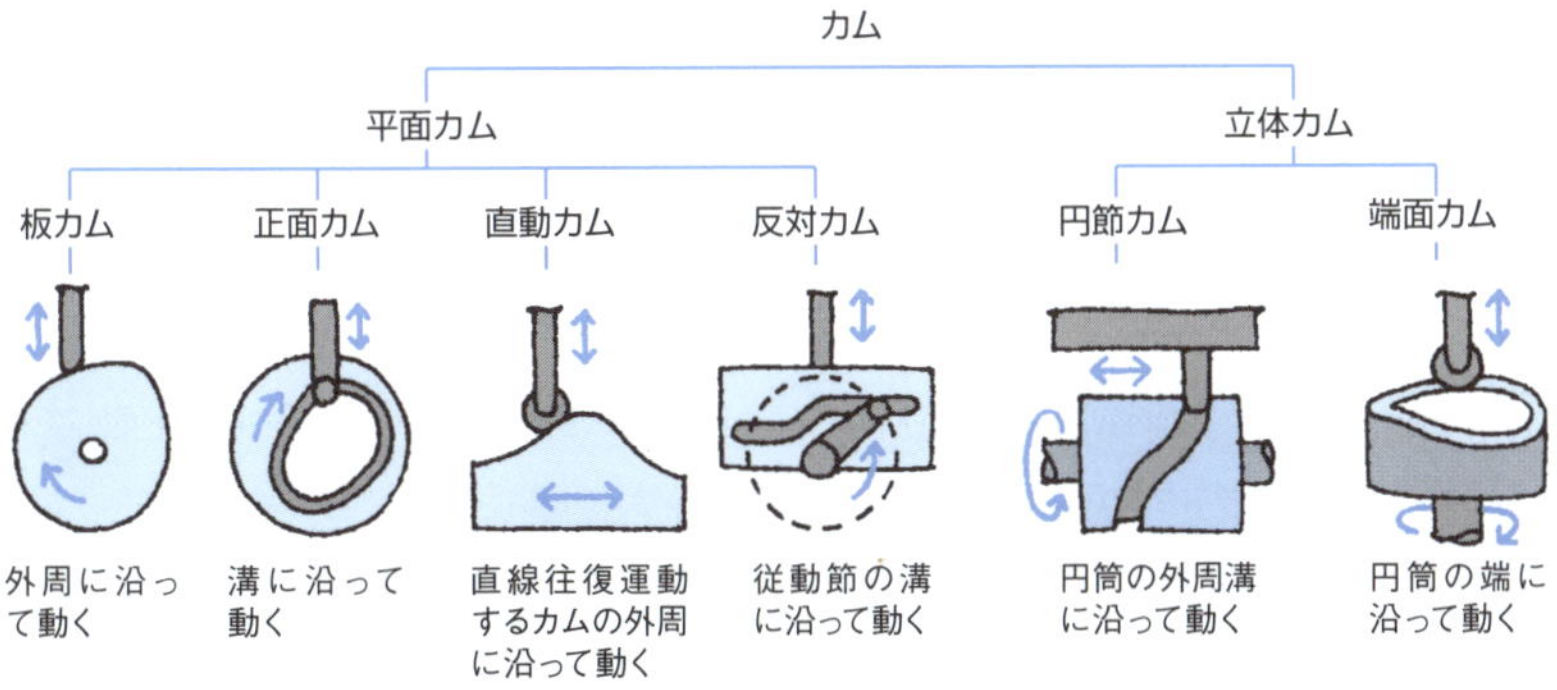

26 リンク機構の種類と運動形態(1)

周期的に同じパターンをさせる

カムは、従動節を動かしたい軌跡に合わせて板や円柱に形状をつくり、周期的に同じパターンの動きをさせるしくみです。

リンク機構は、棒状の部材（リンク）を回転できるようにピンで結合し、一つのリンクを回転し、他のリンクに希望の動きをさせるしくみです。一つのリンクが動いて、他のリンクが動けるようにするには、リンクは最小で四つなければなりません。

三つのリンクでは互いに動くことができません。これを活かして力を分散し、構造物を構成するのに使われているのがトラスで、橋などに使われています。

四つのリンクa、b、c、dで構成された機構では、一つのリンクdを固定し、リンクaを左右に動かすと、リンクbを介してリンクcも動きます。

自転車のペダルをこぐときの脚の動きもリンク機構になります。サドルにすわり、大腿部を関節の周りに往復し、すね部を介して足でクランクのペダルを回転する運動は、それぞれをリンクと対応させると正にリンク機構です。

リンク機構では回転運動するリンクを「クランク」、往復運動するリンクを「てこ」、それらをつなぐリンクを「コンロッド」といいます。

自転車のペダルをこぐ運動は、大腿部をてこ、すね部をコンロッド、自転車のペダルをクランクとした4節のてこクランク機構です。

4節のリンク機構を分類すると、四つのリンクをピン接合し、てことクランクの動き実現する「てこクランク機構」、「両てこ機構」、「両クランク機構」があります。また、ひとつを滑りながら動くスライダに置き換えた「スライダークランク機構」や「早戻り機構」があります。さらには、二つをスライダーに置き換えた「スコッチヨーク機構」や「だ円コンパス機構」などがあります。

要点BOX

- ●リンクは最小で4つ必要
- ●自転車のペダルをこぐのもリンク機構
- ●さまざまな動作を実現するリンク機構

リンクの数

3つのリンク

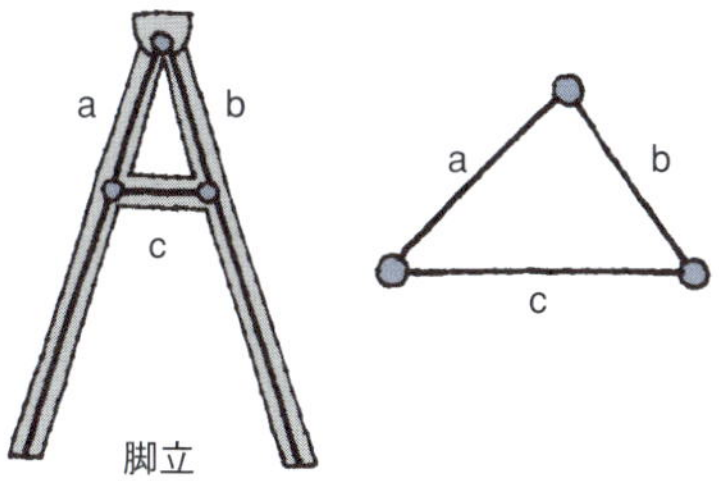

トラス

4つのリンク

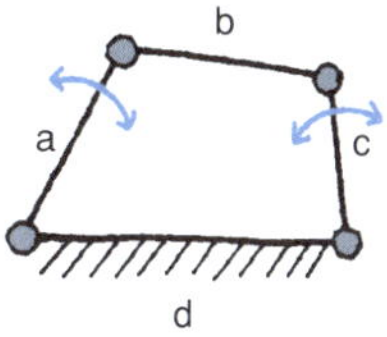

自転車とリンク機構

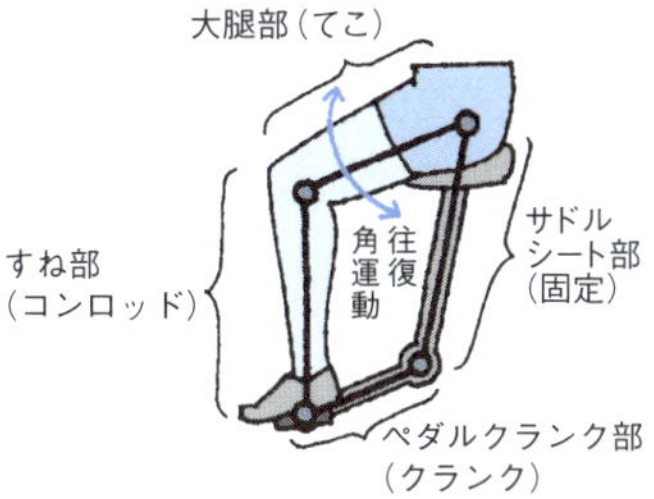

自転車のペダルをこぐ

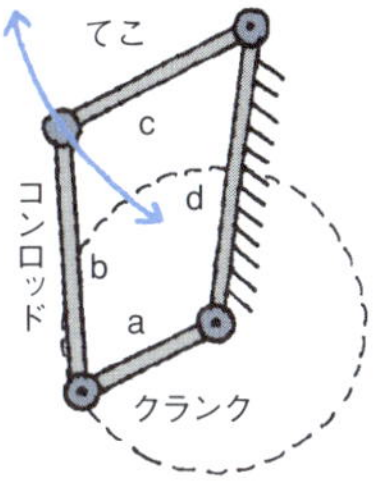

てこクランク機構

リンク機構の分類

4節リンク機構

四つとも回転ジョイント

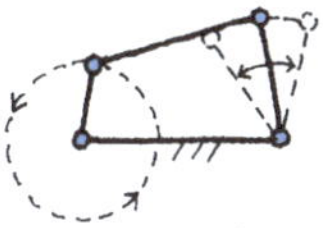

てこクランク機構

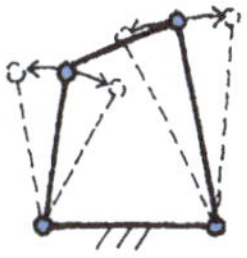

両てこ機構

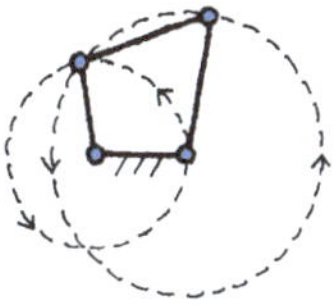

両クランク機構

一つをスライダーに置換

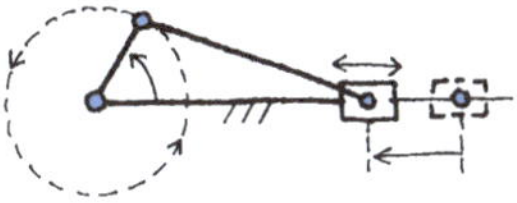

スライダークランク機構

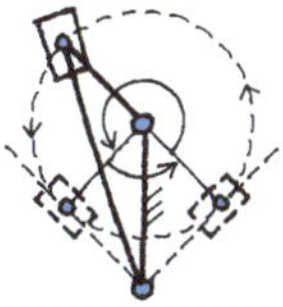

早戻り機構

二つをスライダーに置換

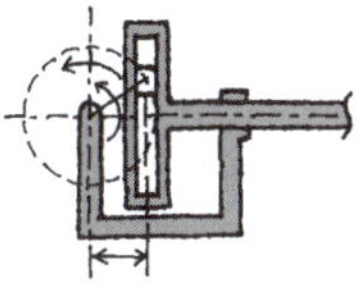

スコッチヨーク機構

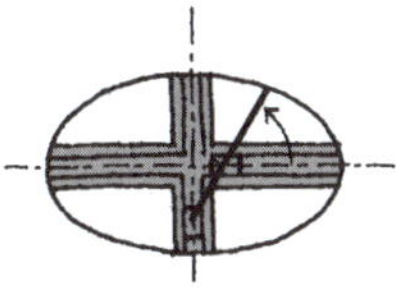

だ円コンパス機構

27 リンク機構の種類と運動形態(2)

4節リンクの応用

4節リンクを構成するリンクの一つを固定し、固定されたリンクの両端に接続されたリンクはもう一つのリンクでつながれ、支点まわりに回転運動したり、往復運動したりします。これらの運動によってリンク機構を分類すると、「てこクランク機構」、「両てこ機構」、「両クランク機構」となります。さらに、てこ長さを0として滑りながら動くスライダーに置き換えた「往復スライダークランク機構」、相対するリンクが平行に動く「平行リンク機構」、小さな力を大きな力に変換する「トグル機構」があります。

両てこ機構はリンクaとcともに支点周りに往復運動する機構で、クレーンに使われています。

揺動スライダークランク機構では、案内bがクランクaの先端に取り付けられており、スライダーcが案内bに沿って往復運動します。この揺動スライダークランク機構は、歩行おもちゃなどに応用されています。

平行運動機構は、4節リンクにおいて、相対するリンクの長さを同じにすると、リンクbが固定リンクdに常に平行に動く機構で、製図機や大型自動車のワイパー、図形の拡大・縮小に使われるパンタグラフ、おもちゃのマジックハンドなどに使われています。

トグル機構は、二つのリンクb、cを同じ長さにして、その連結点を動かすとリンクbとcの先端に大きな力を出すことができる機構です。これは打ち抜き機や傘を開くしくみに使われています。

このように4節リンク機構では、リンクの長さを変えたり、リンクの動きを拘束することによってさまざまな動き、機能を生み出すことができ、リンク機構は同じ動きを繰り返す機械の動きには大切なはたらきをしています。

要点BOX

●自動車のワイパーは平行運動機構の応用
●クレーンなどに使われる両てこ機構

両てこ機構

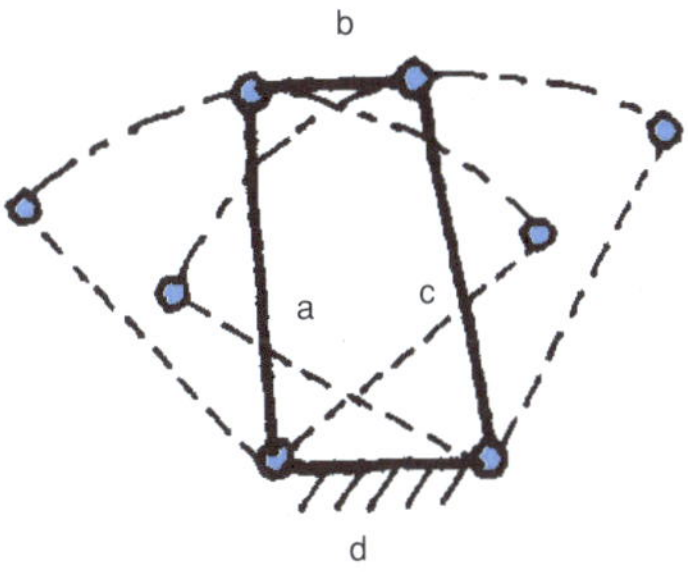

リンクaとcとともに支点周りに往復運動する機構

揺動スライダークランク機構

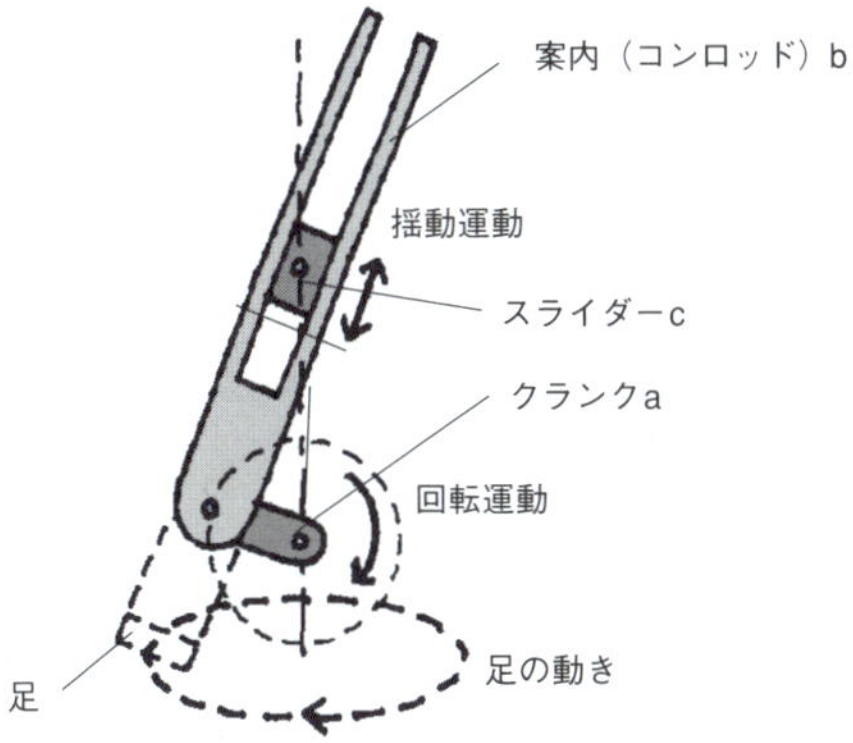

歩行おもちゃに応用され、足を動かす機構

トグル機構を応用

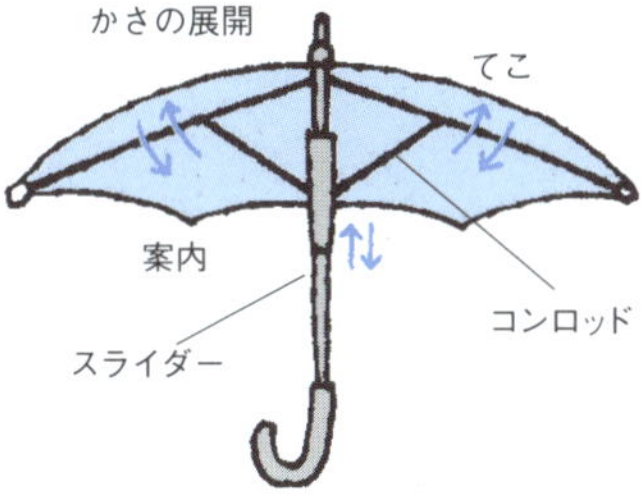

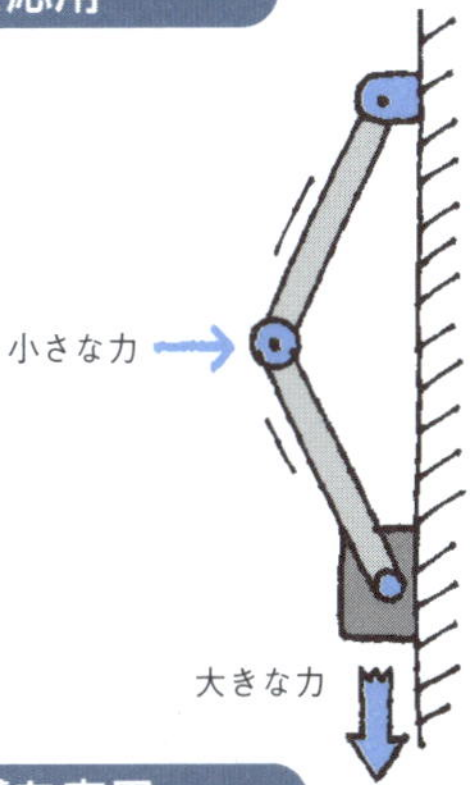

平行運動機構を応用

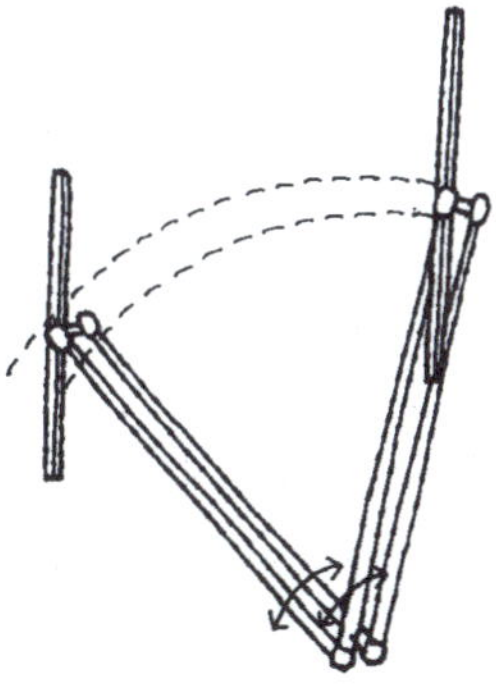

ワイパー

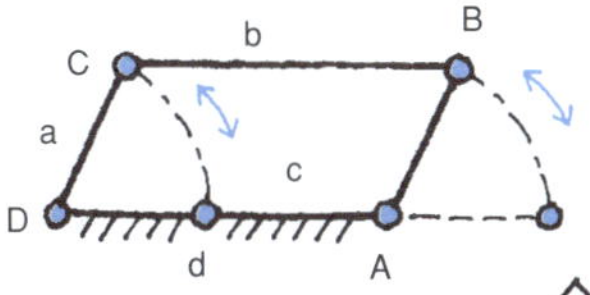

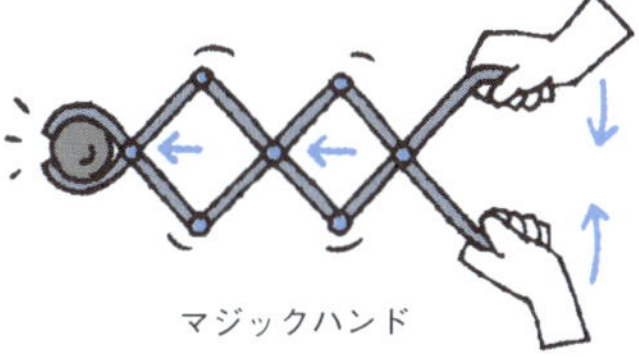

マジックハンド

Column

機構（メカニズム）と死点（デッドポイント）

機構（メカニズム）を使って回転運動を直線運動に変換する、また、その逆の変換をして機械を動かしています。

リンクやカムのメカニズムでは、死点という言葉がでてきます。英語ではDead Pointといいます。この死点とはどのような意味があるかを考えてみましょう。

死点という言葉がよく使われているのは自動車のエンジンのシリンダにおける上死点と下死点です。上死点はシリンダ内を往復運動するピストンがシリンダの最上点に達したとき、下死点は最下点に達したときをいいます。

エンジンのシリンダとピストンの機構は、往復スライダークランク機構です。クランクを回転し、ピストンを直線の往復運動に変換できます。エンジンのピストンの上死点と下死点では、ピストンの直線運動の向きが上向きから下向きに、下向きから上向きに変わり、瞬間的に速度は0となります。同時に直線運動方向の力が出ません。

エンジンでは、上死点付近でガソリンと空気の混合気が点火され燃焼し、急激に混合気は膨張し、シリンダを押し下げます。そして、下死点にきた時には、上死点でのエネルギーをはずみ車（フライホイール）に蓄え、その慣性を利用して、ピストンを上死点に向かって動かします。

自転車でペダルを踏むときの動作を考えましょう。ペダルが最上点にきたときに鉛直下方に踏み込んでもクランクを回転できません。そこで、走り出すときには、ペダルを時計の針の9時の位置あたりにしてペダルを踏み込みますね。このときにもっとも大きな力が出て、走り出すことができます。

円板の中心からずれたところに軸を取り付けて回転し、従動子をサインウエーブ状に動かす偏心カムでも、従動子がサインウエーブの最上点と最下点にきたときには、従動子の速度は瞬間的に0となり、従動子を動かす力は出ません。

このようにメカニズムを使って運動を変換すると、瞬間的に速度が0になり、力が出ない点、すなわち、死点があることがあります。このために、メカニズムを使うと機械を動かせないこともあります。はずみ車を使い、力や速度の変化を平均化するなどの対策が必要となります。

第5章

回転の断続と停止を行うクラッチとブレーキ

28 クラッチってどんな働きをする？

かみ合いクラッチと摩擦クラッチ

動力や回転を伝達するものに軸継手がありました。これに対して「クラッチ」を使えば、原動機の回転を止めないで、従動軸に回転を伝えたり、切り離したり自由に行うことができます。クラッチには回転や動力の伝達機構によって、かみ合いクラッチ、摩擦クラッチ、電磁クラッチ、流体クラッチなどに分類できます。それぞれのしくみと機能を具体的に見ていきます。

「かみ合いクラッチ」は従動側の本体を滑りキーまたはスプライン（2章参照）に沿って移動させることで、原動機のつめにかみ合わせ、原動機の回転を従動軸に伝える構造なっています。構造からわかるように、接続時に滑りがなく効率がよいのが特徴ですが、断続にあたっては高速時や大動力が作用しているときには困難で、停止中や低回転時に行うことになります。かみ合うつめの形状は、伝達する動力に直接影響を与えることになり、さまざまなものが用意されています。

「摩擦クラッチ」は、従動側の摩擦板を軸に沿って移動させ、摩擦側の摩擦板にばねの力で押さえつけ、この時に発生する摩擦力を利用して動力を伝達するクラッチです。構造上、回転中でもスムーズに回転を断続することができます。ただし余り大きい負荷がかかると摩擦板が互いに滑ってしまい、動力を伝達できなくなります。滑りが発生することで逆に安全が確保できることにもなりますし、これを積極的に使えば半クラッチの状態もつくれます。

通常摩擦板は円形をしているので、これを「円板クラッチ」と呼びます。また円板が一つのものを単板クラッチといいます。伝達動力（トルク）を増やすためには、摩擦面積を増やせばよいことがわかります。単板だと円板外形が大きくなってしまいますが、円板を複数枚組み込むことで摩擦面を増やすことができます。摩擦板は長期間使用すると摩耗して薄くなり、伝達トルクの効率が悪くなります。このときは交換ということになります。

要点BOX

●かみ合いクラッチは、確実で小型化可能
●摩擦クラッチは、断続可能

かみ合いクラッチとつめの形状

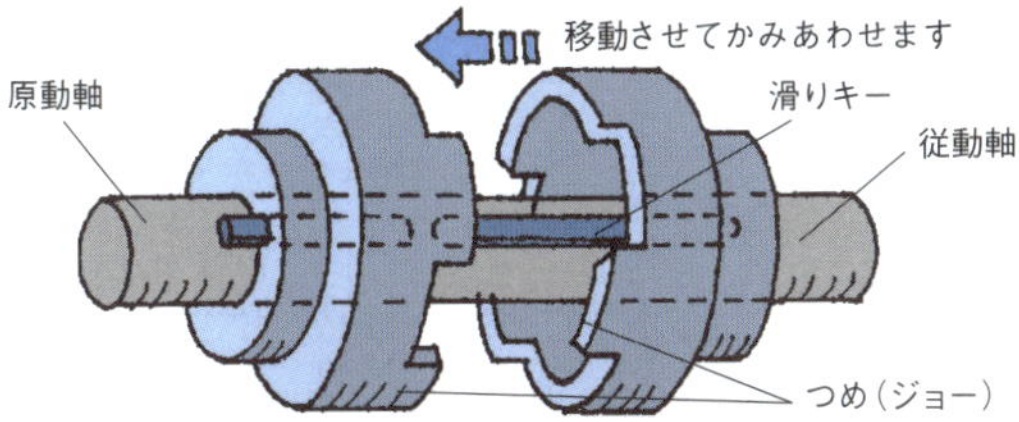

つめの形状

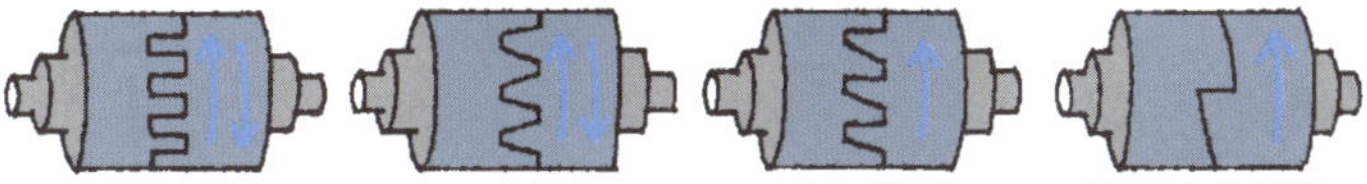

(a)角形　(b)台形　(c)のこ歯形　(d)スパイラル形

(a)(b)は両方向のトルクを伝達できます。(a)は回転中の断続は不可能です。(c)(d)は片方向のトルクのみ伝達することができます

円すいクラッチ

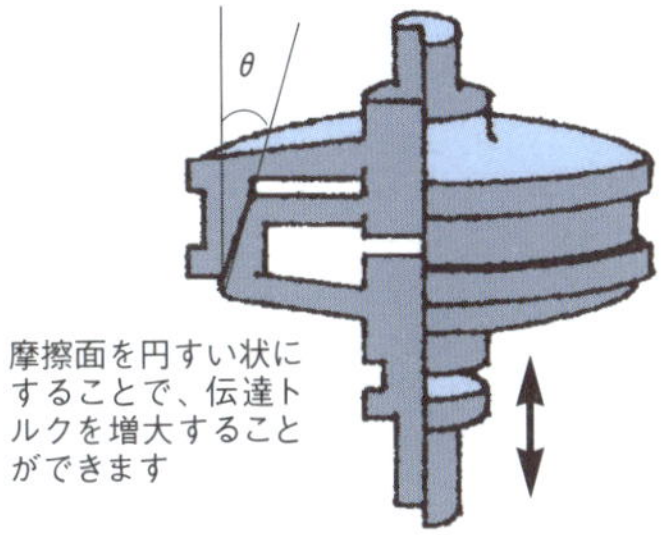

摩擦面を円すい状にすることで、伝達トルクを増大することができます

自動車に利用されているクラッチのしくみ

クラッチが結合された状態

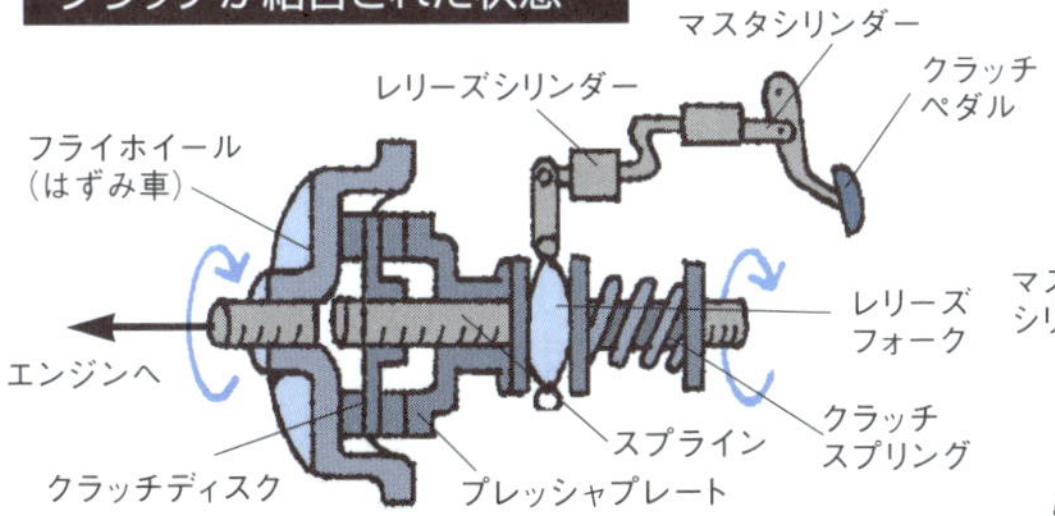

クラッチを切った状態

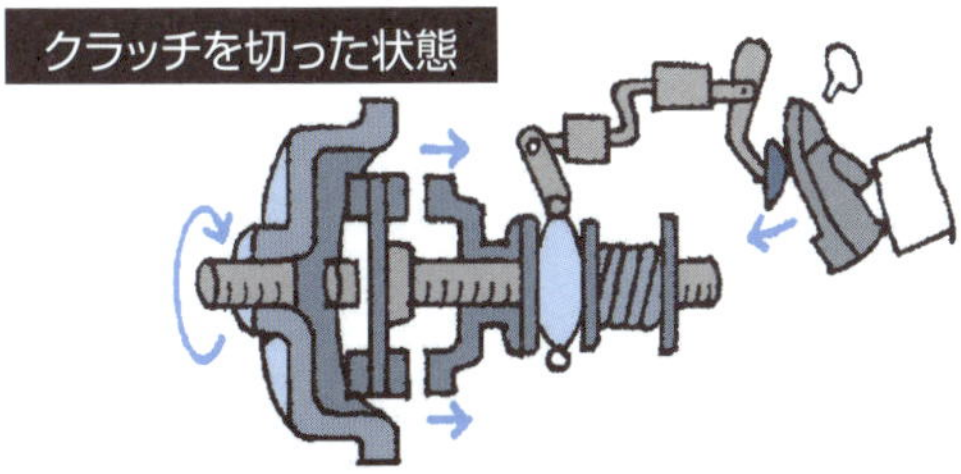

クラッチを切るためのペダルの踏み込み力を軽減するために油圧を利用しています

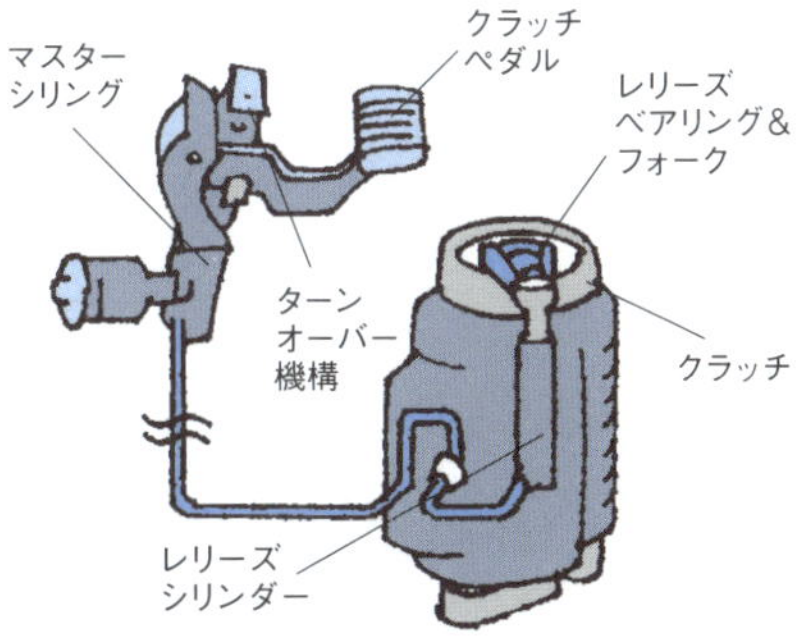

29 回転の断続を自由に行うクラッチ

電磁クラッチと流体クラッチ

クラッチは機械式のものばかりではありません。電磁力を摩擦圧力として利用する「電磁クラッチ」があります。電流を流すとクラッチがつながるので、自動制御機器を遠隔で操作するときに便利です。電磁クラッチの1種類で、磁粉式電磁クラッチがあります。これは駆動側の励磁コイルと従動側の鉄製ローターの間に鉄粉を入れたもので、電流を入れることで磁粉が励磁され、その結合力を利用して動力を伝達する構造になっています。

油を仲介として回転を伝達するクラッチが「流体クラッチ」です。扇風機の前に風車を置くと、扇風機によって送られた風が風車の羽根に当たり、風車は回転します。この原理と同じことで、空気の代わりに油を介在させることで実現したクラッチが流体クラッチです。流体を利用することで、トルク変動があってもより滑らかに回転を伝達することができますが、スリップによるパワーロスが発生することが短所です。

流体クラッチと構造が似ている装置に、「トルクコンバーター」があります。これは自動車の自動変速機（オートマチック）に使われており、このような変速機を持つ車には、クラッチペダルがありません。つまりトルクコンバーターは流体クラッチと同様にクラッチとしての役割を有しているのは当然のことながら、さらにステーターを追加することでトルク増大の役割をする機構を組み込んでいます。

このしくみは以下の通りです。まず、エンジンの回転によりポンプが作動し、ポンプ内のオイルはポンプ内の羽根により回転します。外周に追いやられたオイルはタービンの羽根に当たりタービンを回転させます。ここまでは流体クラッチと同じです。さらに、オイルはステータの羽根に沿って流れ、再びポンプの羽根の背面に当てることでトルクが増大することになります。左の図では①→②→③→④の順の一連の動作によってトルクが増大伝達されます。

要点BOX

- 断続が自由に行える流体クラッチと電磁クラッチ
- トルクコンバータはトルクを増大する流体クラッチ

磁粉式電磁クラッチのしくみ

電源OFF状態（遮断）

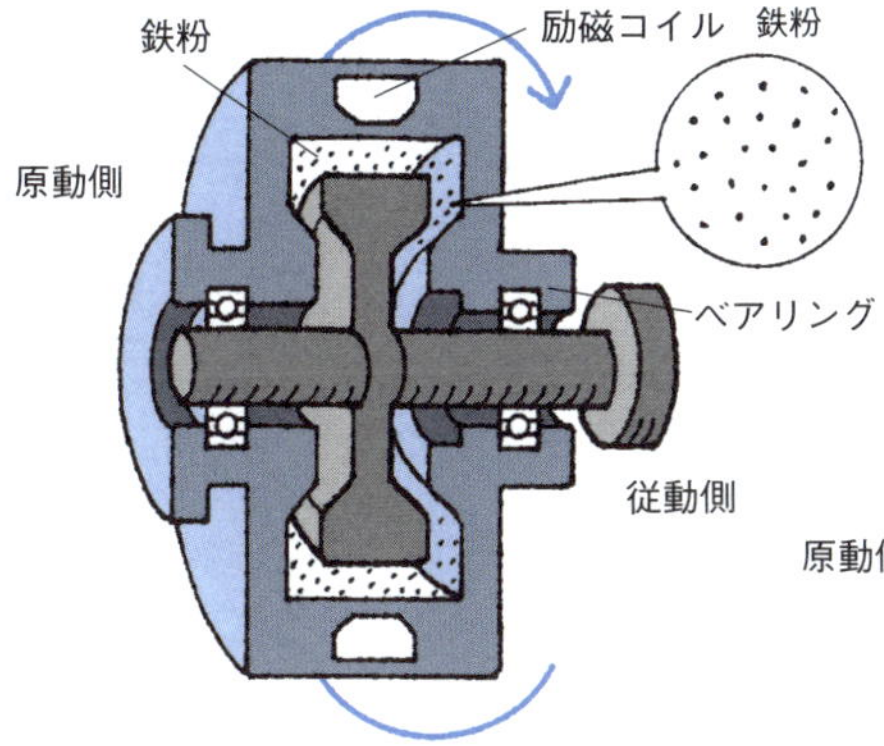

電源ON状態（連結）

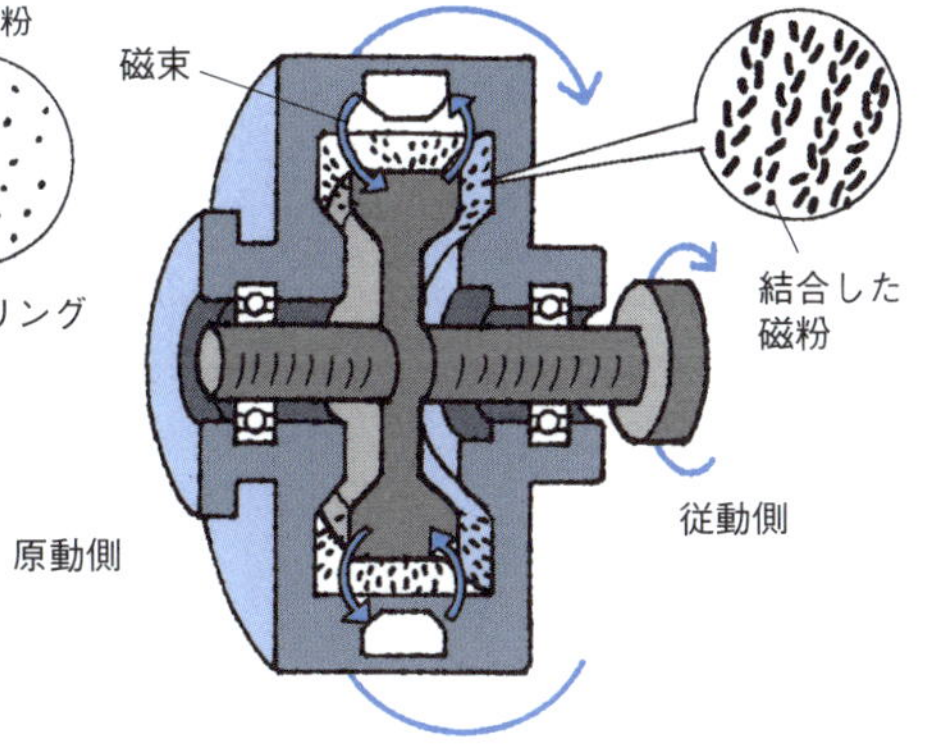

パウダー式電磁クラッチのしくみ

遮断時

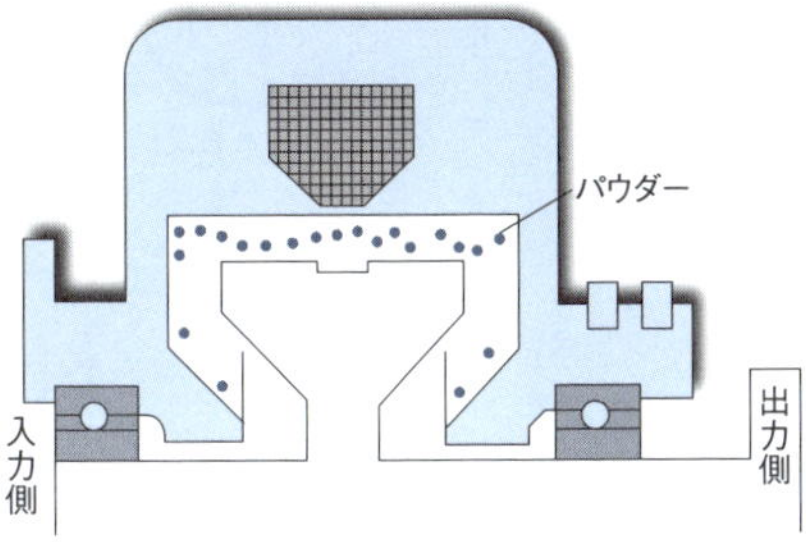

連結時

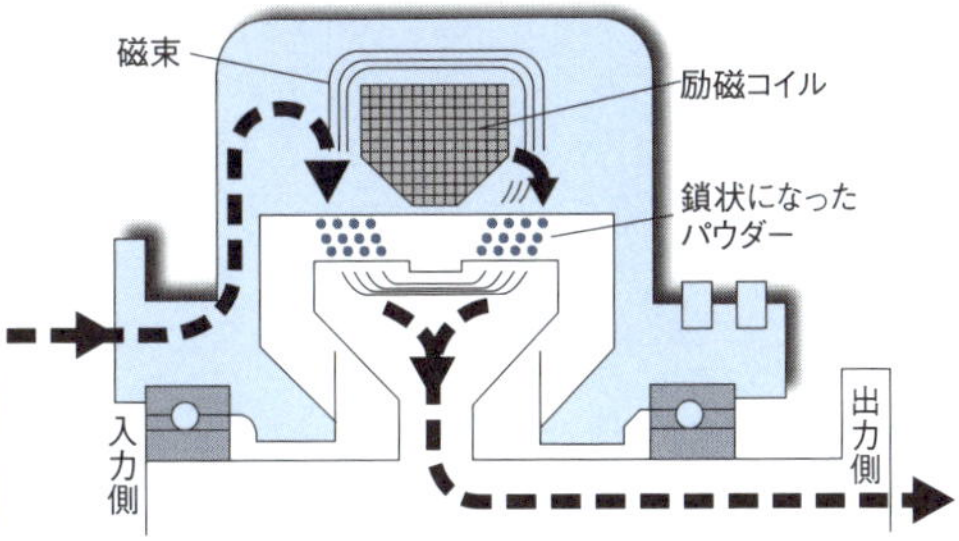

自動車メカニズム図鑑（グランプリ出版）

トルクコンバーターのしくみ

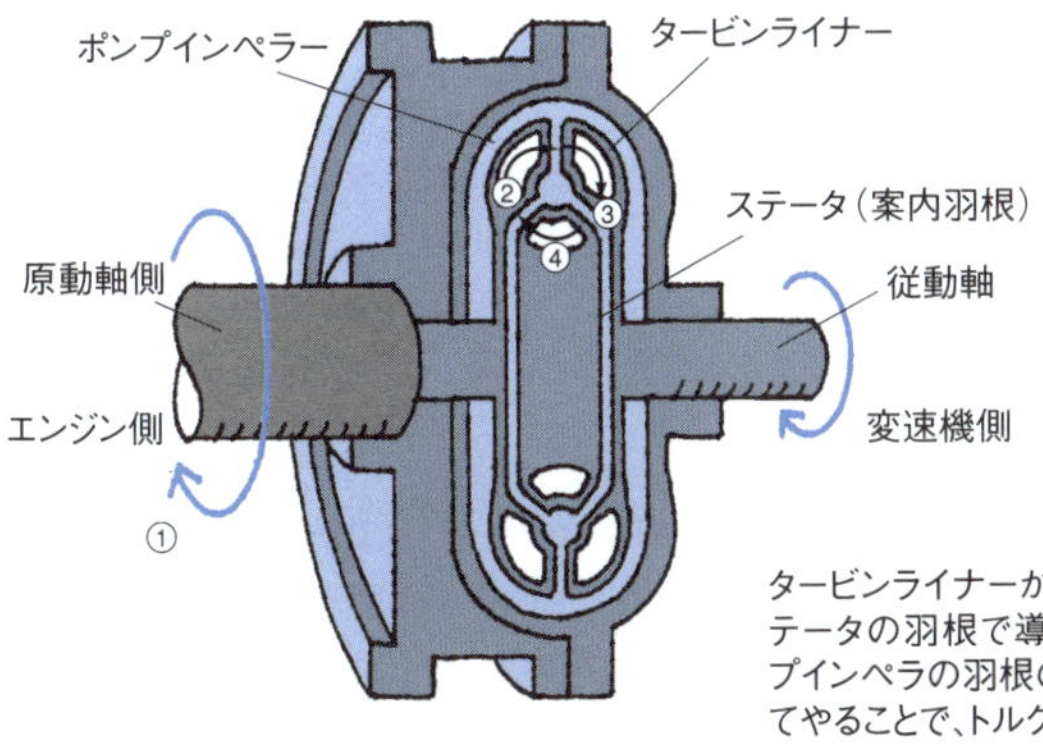

タービンライナーから出た油をステータの羽根で導き、再度ポンプインペラの羽根の背面に当ててやることで、トルクを増大します

30 運動エネルギーを熱エネルギーに変換する摩擦ブレーキ

ブレーキのしくみ

回転をはじめとする運動の速度を減少させたり停止させたりする機械要素が「ブレーキ」です。最も多く用いられているブレーキは「摩擦ブレーキ」で、これは運動エネルギーを摩擦による熱エネルギーに変換し、熱として放出することで減速するものです。したがって、機構自体は摩擦クラッチと同じですが、クラッチが回転を伝えるのに対して、ブレーキは回転を低減する点が違います。

摩擦ブレーキの基本形は「ブロックブレーキ」です。回転ドラムにブレーキシューを押し付けることで発生する摩擦抵抗を利用して回転を制動します。この摩擦抵抗はシューをドラムに押し付ける力とドラム・シュー間の摩擦係数μで決まります。摩擦係数はほとんどドラムとシューの材料によって決まります。

制動力を上げるには摩擦係数の大きな材料を使うことと、シューを押し付ける力を大きくすればよいことになります。そこでブロックブレーキをダブルで配置した「複ブロックブレーキ」が登場します。シューを内側にして配置して、シューを広げることでドラム内面にシューを押し付ける構造のブレーキが「ドラム式ブレーキ」です。小スペースに組み込むことができ、ゴミなども入りにくく、左右の作動力がバランスされることで軸受にかかる負荷が緩和されるなどの長所を有しています。このために自動車用ブレーキとして多用されてきました。

ブレーキシューの押し付け力を増大させ、大きなブレーキ力を得るために、実際の自動車ではカムの代わりに油圧を利用しています。ブレーキペダルを踏む力を、油圧によって倍力しシリンダーに伝達されてブレーキシューを開く力になります。もちろん4輪のブレーキに油圧配管がされているので、4輪同時にブレーキがかかることになります。ペダルから足を離せば、油圧がなくなるためにばねの力でシューはドラムから離れ、ブレーキ力が解除されます。

要点BOX

- ●摩擦ブレーキの原点はブロックブレーキ
- ●最も多用されるブレーキは摩擦ブレーキ

摩擦ブレーキの原点であるブロックブレーキのしくみ

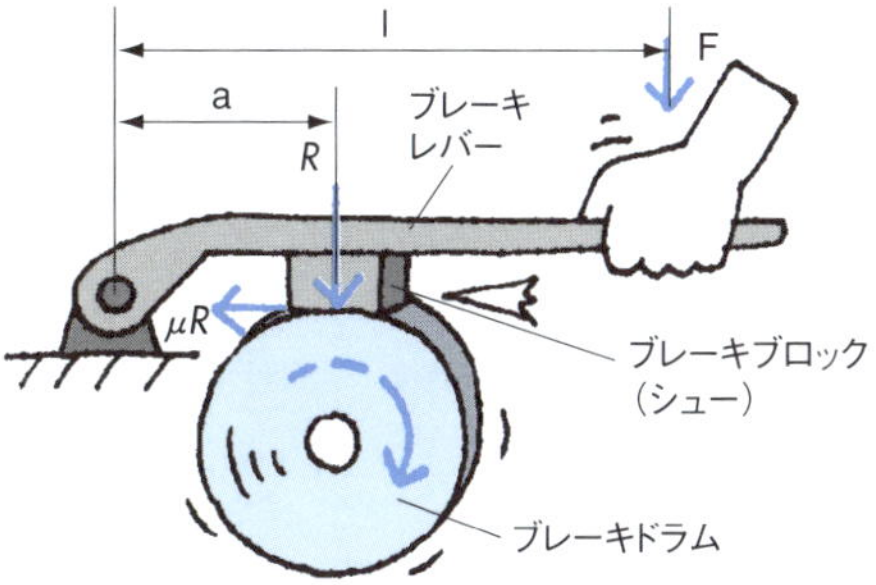

てこの原理によって作動力Fはl/a倍の力Rとなって、シューをブレーキドラムに押し付けることになります。したがって、ブレーキ力はμRとなります。ここでμを摩擦係数と呼びます。使用する材料で決まります

ブレーキ材料の摩擦係数

ブロック材料	ブレーキ押付け圧力 p（MPa）	摩擦係数 μ	備考
鋳鉄	1以下	0.1～0.2	乾燥
軟鋼	1以下	0.1～0.2	乾燥
鋼鉄帯		0.15～0.20	乾燥
		0.10～0.15	少量の油
黄銅	0.8以下	0.1～0.2	少量の油、乾燥
木材	0.2～0.3	0.15～0.25	木目の方向はブレーキ輪の回転方向
皮	0.3以下	0.2～0.3	少量の油、乾燥
ファイバー	0.3以下	0.05～0.10	少量の油、乾燥

ただし　(1) 相手材料（ブレーキドラム）は鋳鉄または鋳鋼とする。(2) 木材は普通、かし、ぶな、にれ、やなぎ、ポプラなどを用いる。

機械設計便覧（日刊工業新聞社）

ブレーキ力を増大させる複ブロックブレーキとドラム式ブレーキの構造

複ブロックブレーキ

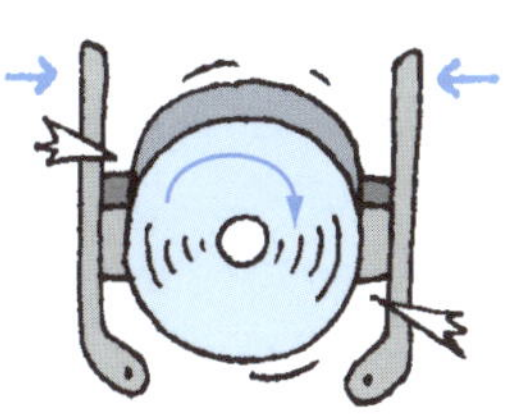

ドラム式ブレーキ

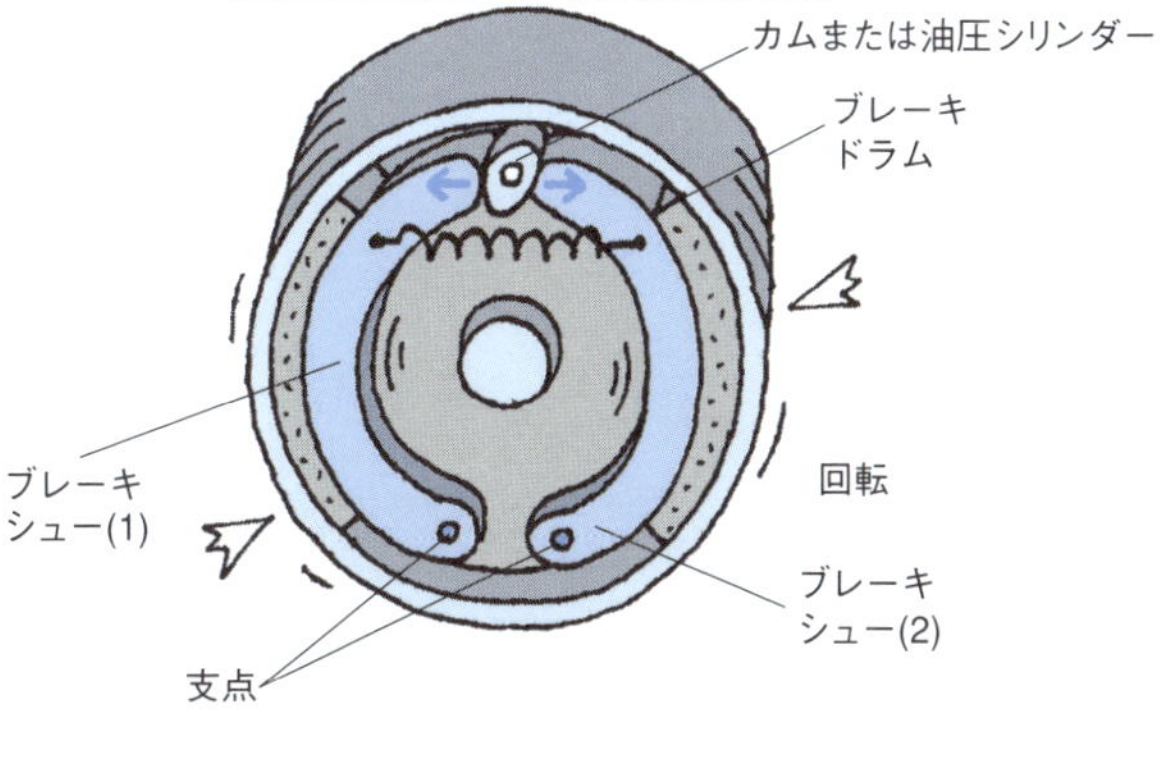

31 ブレーキにはどんな種類があるのか

バンドブレーキやディスクブレーキ

ブレーキシューの代わりに、ドラムに制動材料を裏打ちしたベルトを巻き付け、締め付けることでドラムとの間の摩擦力を発生させて、制動を与えるブレーキが「バンドブレーキ（帯ブレーキ）」と呼ばれるものです。制動力は巻掛け角度や摩擦係数に影響を受けるので、用途に応じて適切な角度（場合によっては多重巻き）や材料を選択します。

「ディスクブレーキ」は、回転する円板（ディスク）の一部または全面に摩擦材であるパッドを押し付けて制動する構造のブレーキです。このブレーキは構造上ディスク表面の清浄化に優れ、熱放散性がよく、摩擦係数の変化に対する制動力が安定しており、さらに整備の容易さもあり自動車や鉄道車両など多くの機械に利用されています。

ディスクブレーキには、片側からディスクを押さえ付けるタイプとディスクをはさむタイプがあります。一般的なものはディスクを両側からパッドで押さえる構造のブレーキです。

制動力（トルク）はパッドの押付け力、摩擦係数、ディスク中心からパッドまでの距離に影響を受けます。ディスクブレーキの欠点として押付け力に対する制動力が小さいために、大きな押し付け力を発生させることが必要となります。そこで油圧などを利用した倍力装置が必要となります。

パッドを動作させる油圧シリンダーの機構もいろいろあります。シリンダ機構を内蔵する部分をキャリパーと呼びますが、片側だけのパッドで押さえつける構造のブレーキでは、ディスクまたはキャリパー自体がしゅう動する機構にしなければなりません。両側から油圧シリンダーで押し付ける機構のものは、両側の圧力が同じになるようにパッドが移動しますので、そのような機構は組み込む必要がなく、構造が簡単になります。自動車においても、ドラム式ブレーキからほとんどがディスクブレーキになっています。

要点BOX

- ●ディスクブレーキの用途は拡大
- ●パッドの押し付け力増大のため油圧を活用

バンドブレーキのしくみ

バンドブレーキの原理

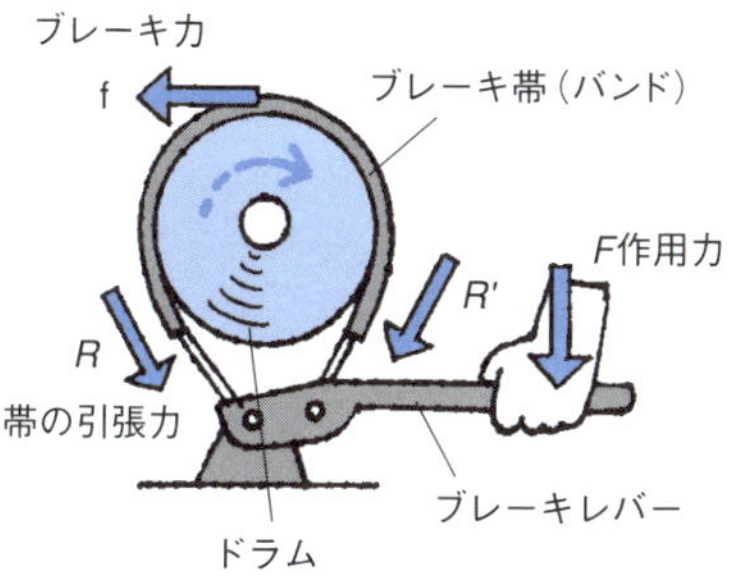

バンドブレーキの実際例

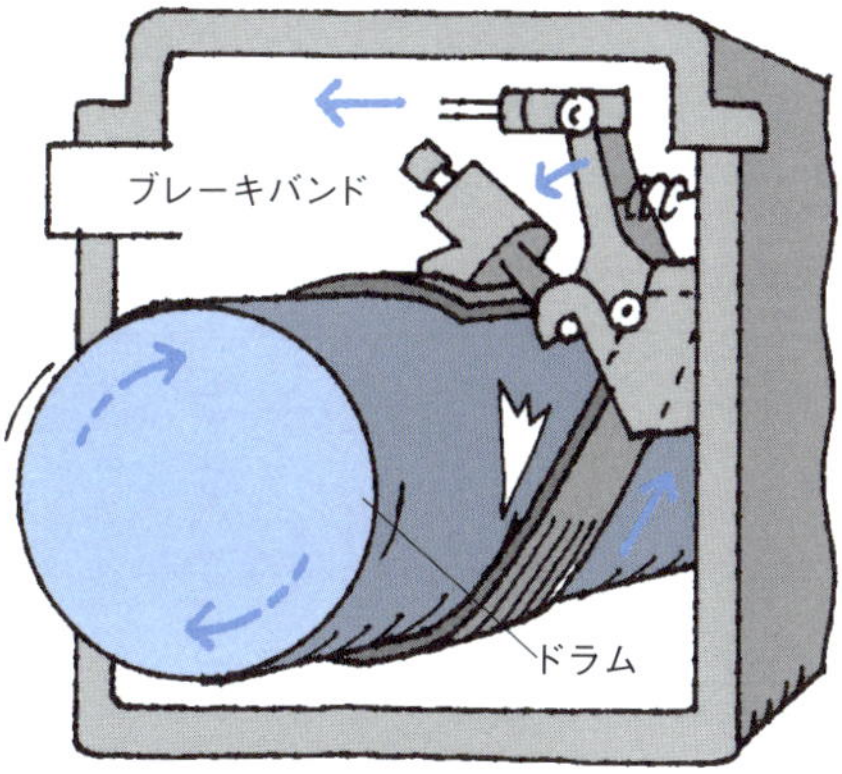

片側から押し付けるディスクブレーキ

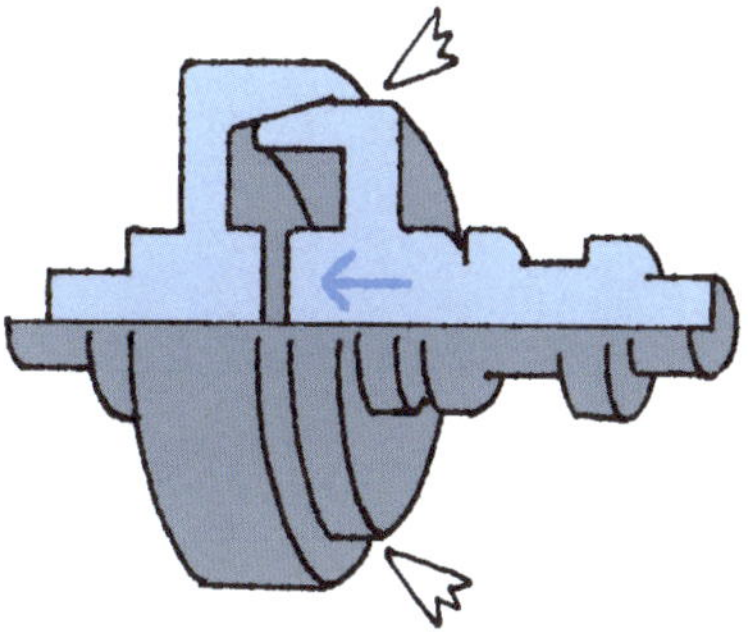

ディスクブレーキのしくみ

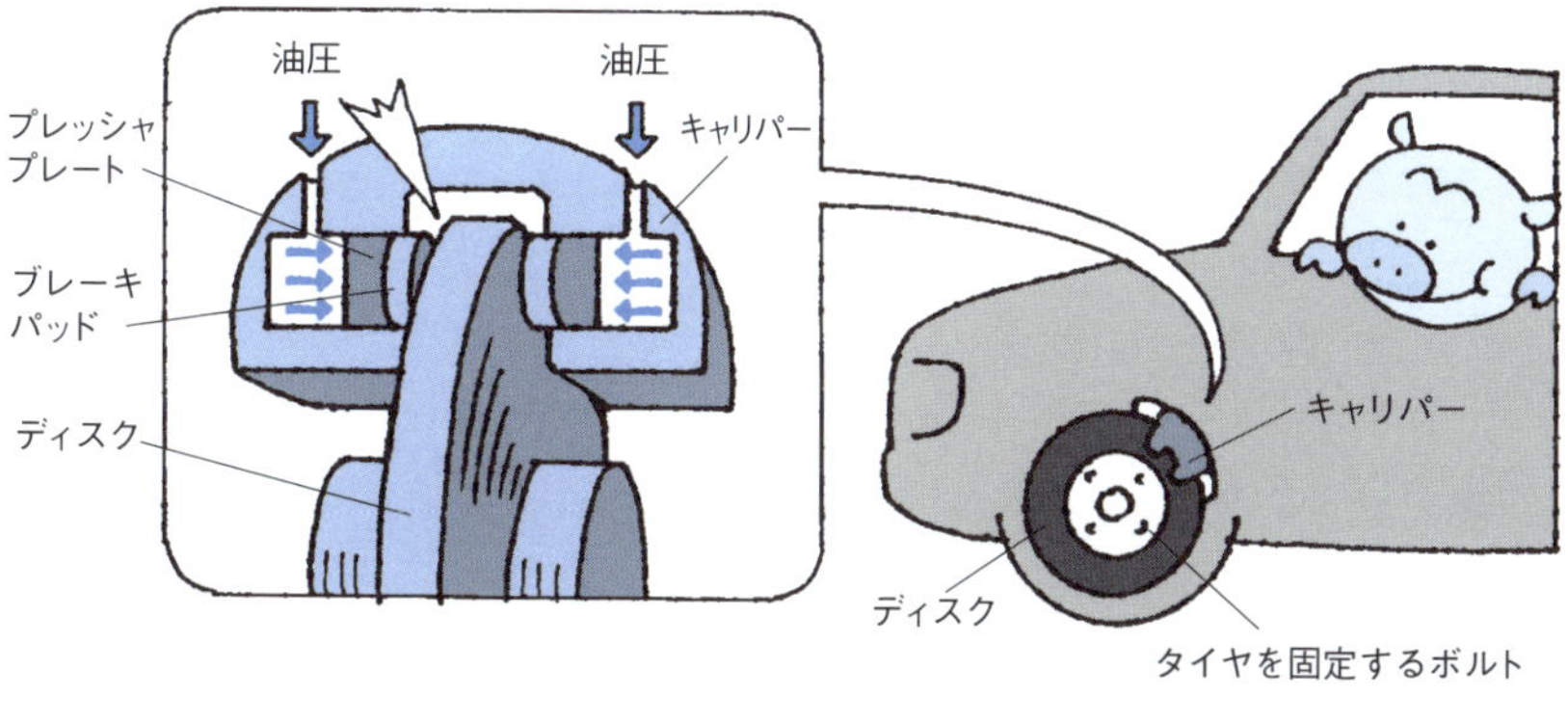

32 ばねの機能と用途

はかり、安全弁、ダイヤルゲージへの利用

「ばね」はなじみのある機械部品ですが、難しく言うと「弾性変形を積極的に利用してエネルギーを蓄積したり、これを放出したりすることで仕事をする」機械要素ということになります。実際のばねの利用事例を見ると、ばねのさまざまな機能を活用していることがわかります。そこでばねを活用しているいくつかの事例を見てみましょう。

線材をコイル状に巻いた「コイルばね」と呼ばれるばねの先端に、荷物をつり下げてその荷重を測定するはかりが「ばねばかり」です。あまり重い荷重をかけるとばねは伸びきって元に戻らなくなってしまいますが（この変形を塑性変形と呼ぶ）、弾性限度内の伸びであれば荷重Wと変形量δは比例しますから$W=k\delta$の関係があります。この関係（フックの法則と呼ぶ）によって変形量から荷重が測定できます。ここで比例定数であるkは「ばね定数」と呼ばれます。

管やタンク内の圧力を一定に制限するバルブ（弁）に「リリーフ弁」と呼ぶものがあります。圧力流体の圧力が高くなると、ばねが押し上げられ弁が開き流体が漏れることで圧力が下がります。圧力が下がると再びばねの力で弁が戻り、流体を一定の圧力に保ちます。これもばねの変形と荷重の関係を利用したものと言えます。

以前、おもちゃや時計の動力源として使われていたゼンマイもばねの一種で、「渦巻きばね」と呼ばれます。これはばね材を渦巻き状に巻き上げることで、ばね内部に弾性変形によるエネルギーを蓄積するもので、もとに戻るときにはエネルギーを放出することで仕事をすることになります。おもちゃの動力源以外に、微小な寸法を測定するダイヤルゲージ内の歯車のバックラッシュ（ガタ・すきま）除去に利用されています。

さらにばねは自動車の車輪などに組み込まれて、路面の凹凸による車を突き上げる衝撃を吸収するために使われています。

要点BOX
- ばねは、フックの法則、弾性エネルギーなどを活用
- ぜんまいはかつてはおもちゃの動力源

ばねばかりのしくみ

自然な状態のばね

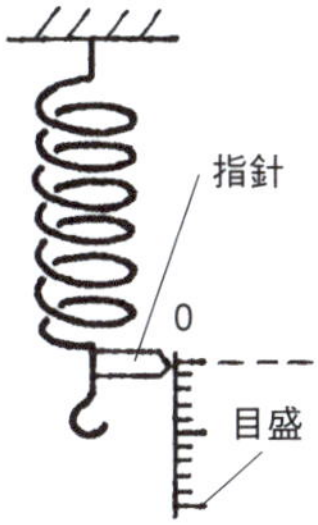

荷重W[N]のおもりをぶら下げた状態のばね

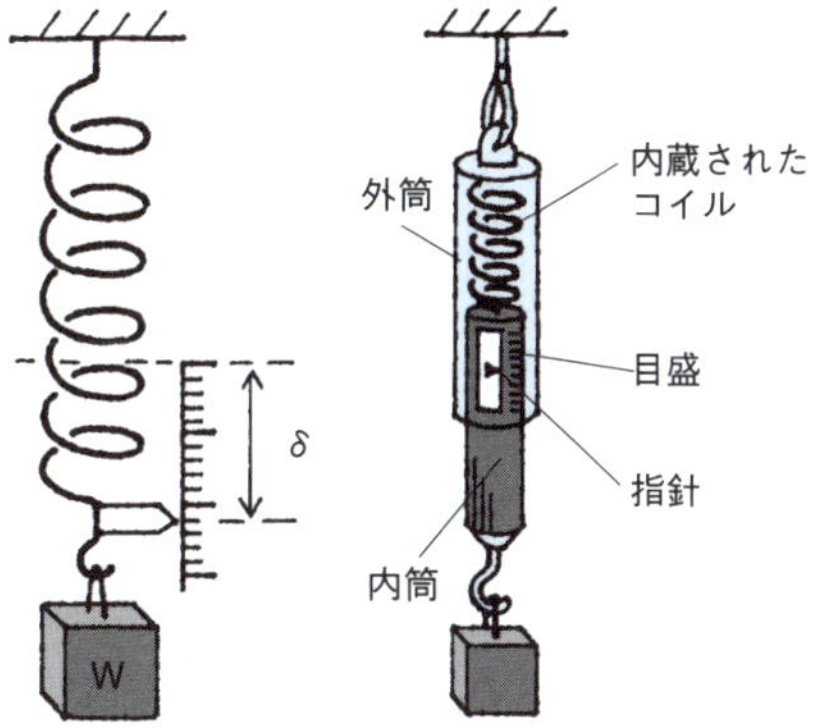

Wとδの間には比例関係（フックの法則）が成り立つ

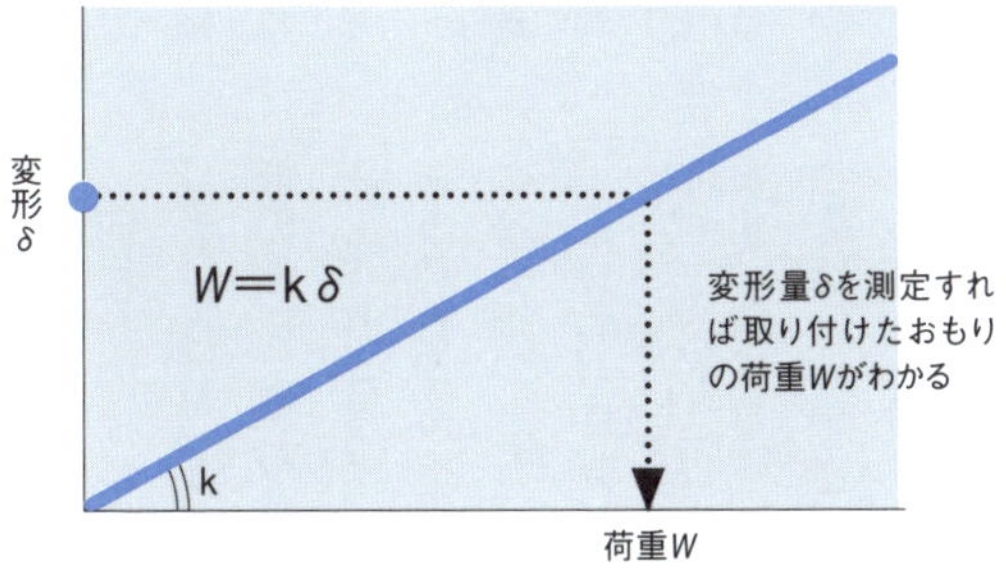

ダイヤルゲージのしくみ

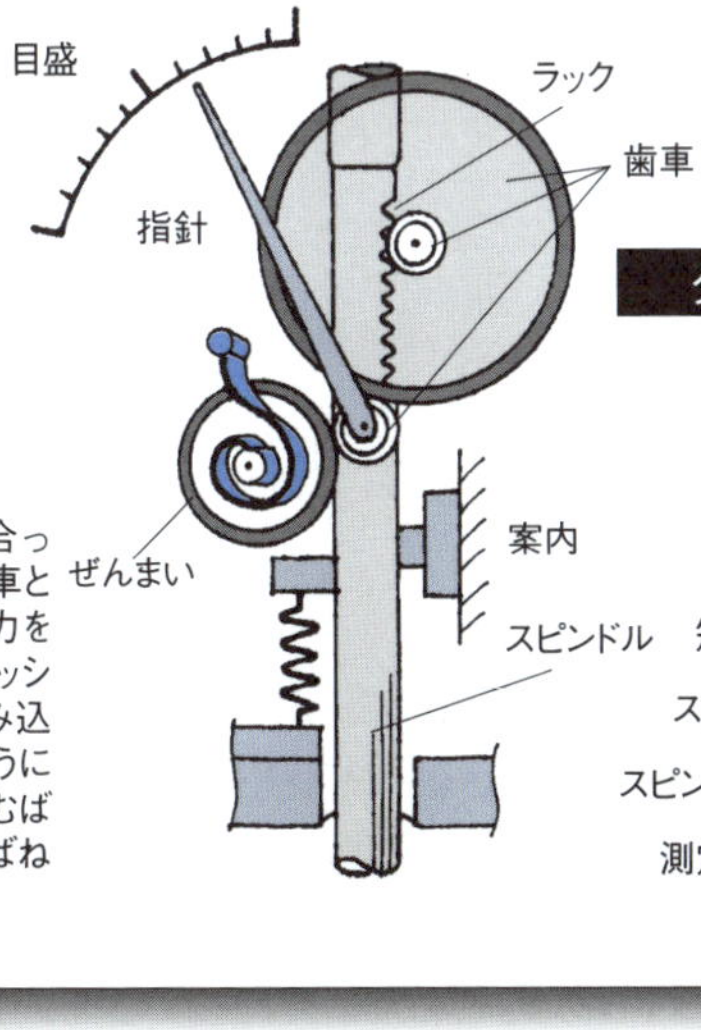

指針の歯車にかみ合った歯車を、指針の歯車とは反対方向に回転力を与え、歯車のバックラッシを除去するあめに組み込まれています。このように小スペースに組み込むばねとしては、この種のばねが適しています

ダイヤルゲージの外観

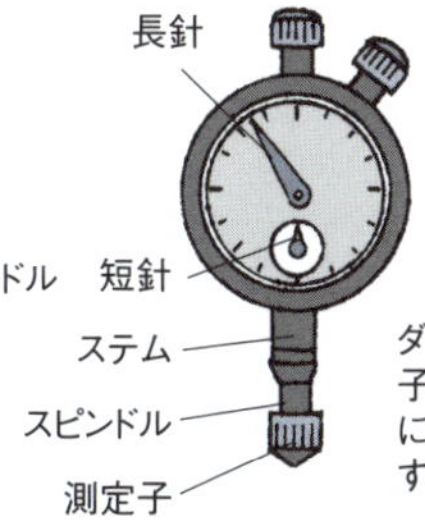

ダイヤルゲージは、測定子の動きを指針の動きに拡大して変位を測定する測定具です

33 いろいろなばね

コイルばね、トーションバー、板ばね

最も広く用いられているばねは、「コイルばね」です。これは小形のばねから大きなサイズのばねまで製作できること、エネルギー効率がよいこと、比較的低価格で製作できることなどが特徴となります。コイルばねには力の作用方向により、圧縮コイルばね、引張コイルばね、ねじりコイルばねに大きく分類できます。

通常のコイルばねは、コイル径とピッチが一定であり、作用する荷重とばねの変形量が比例する線形ばねです。これは円筒コイルばねですが、コイル径を連続的に変えた円すいコイルばね、つつみ形コイルばね、たる形コイルばねやピッチを変えた不等ピッチばねなどの特殊なコイルばねがあります。これらは非線形の特性を示すばねです。

以上は円形断面の線材（素線）を巻いたものでしたが、長方形断面の板材を円筒状に巻いたばねを特別に竹の子ばねと呼んでいます。小さなスペースで大きなエネルギー吸収が可能となることや板間摩擦による減衰効果も期待できます。

何枚かのばね板を重ねて中央部を固定したばねに「重ね板ばね」があります。ばね板は、ばねとしての機能の他に、重ね合わせた板間の摩擦が振動時の減衰力として作用することになります。比較的構造が簡単であることから、トラックや鉄道車両（貨車）の懸架装置に多く用いられています。

皿ばねは中央に穴のあいた皿のような形状をしていて、小スペースで大きな負荷荷重を受けることができます。皿ばねは何枚かを重ねて使用することが多く、この時には用途に応じて並列組み合わせと直列組み合わせを採用することが可能です。

トーションバーは棒状の形状を持つばねで、ねじりによる復元力をばねとして利用するものです。形状が簡単でばね特性が見積もりやすく、軽量でエネルギー吸収量も大きいことから、自動車車輪の懸架装置や安定装置（スタビライザ）などに利用されています。

要点BOX

●最も使われているコイルばね
●何枚かのばね板を重ねて中央部を固定した重ね板ばね

いろいろなばね

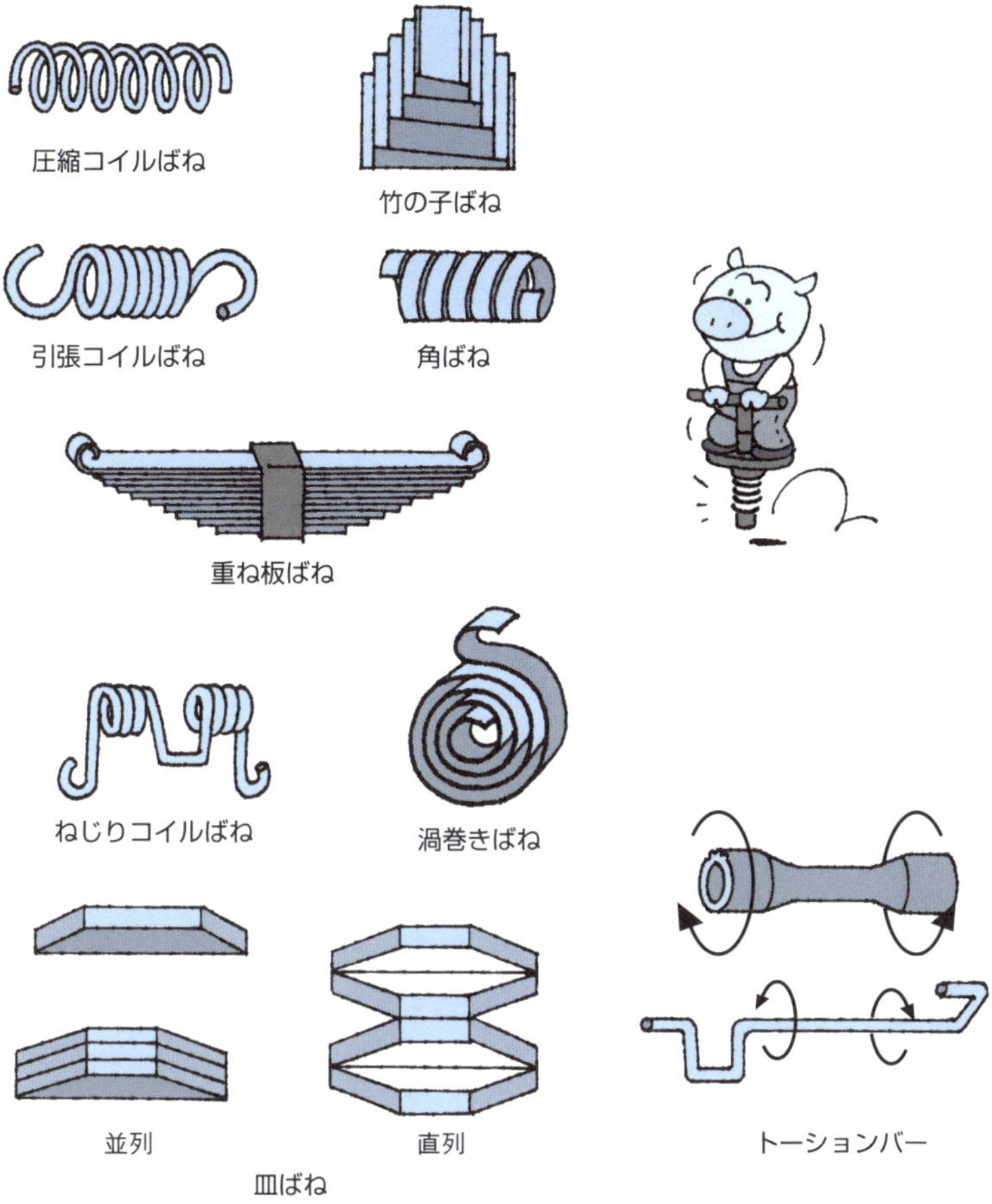

コイルばねの名称

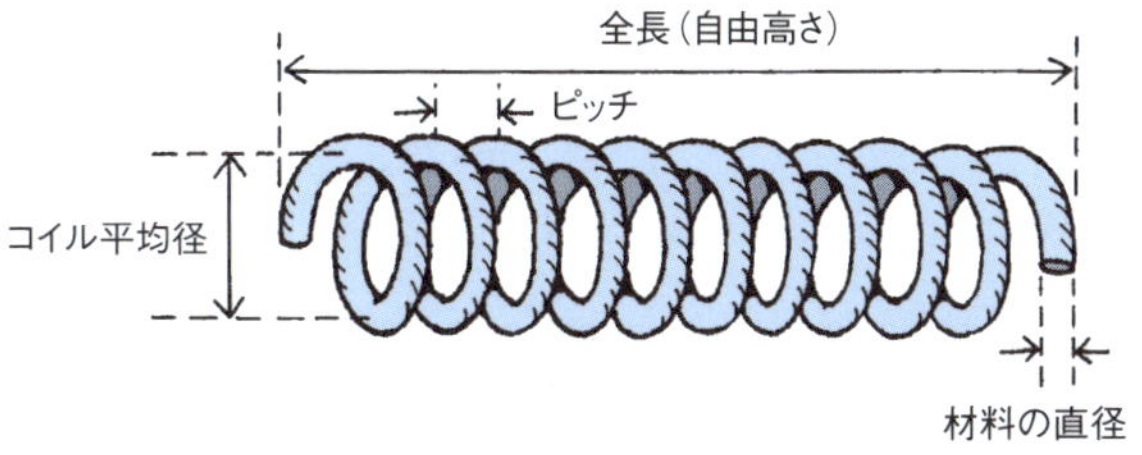

その他の仕様項目

総巻数
巻方向
指定荷重時の高さ
ばね定数
初張力
コイル端部またはフック形状
材料

34 ばねの特性とは

こわさ、弾性エネルギーそして振動

機械に組み込まれてたばねの特性を考えてみます。そのひとつがすでに述べたばね定数です。ばね定数とはばねに作用する力と変形量は比例し、その比例定数ということでした。ばね定数が大きいと言うことは、同じ力が作用しても変形が小さいことであり、たわみにくいばねになります。これを硬いばねと呼ぶこともあります。逆にばね定数が小さいばねは、たわみやすく、軟らかいばねということになります。硬いとか軟らかいとかの程度を「こわさ」といいます。つまり、ばねのこわさはばね定数で表せることになります。

引張コイルばねのばね定数はすでに見ましたので、ここではトーションバー（ねじりばね）について考えてみます。トーションバーではトルクT（N・m）の作用によってねじり角θ（rad）が生じ、それらの関係は比例なので$T=kt\delta$という式が成り立ちます。ktの比例定数をねじりのばね定数と呼びます。

2番目の特筆すべきばねの特性は「弾性エネルギー」です。ぜんまいのところで出てきたように、ばねが外力によって変形を受けると、この間に加えられたエネルギーがばね内に蓄えられることになります。これを弾性エネルギーと呼びます。荷重を0からWまで加えて変形δが生じたとすると、弾性エネルギーUは次の式で求められます。

$$U=1/2W\delta=1/2k\delta^2$$

ばねが戻るときには、このエネルギーが外部に仕事をすることになります。

コイルばねを天井からつるし、その下端におもりをつけると伸びてある位置で止まります。さらに下方に引っ張って離すと、おもりは上下に往復運動を繰り返します。このように物体が一定の時間ごとに同一の運動を繰り返す現象を「振動」と言います。ばねにつるしたおもりの振動は、時間に対して正弦波状の運動をします。この時のおもりが一往復する時間を周期と呼び、ばね定数から求められます。

要点BOX

- ばね固有のばね定数と弾性エネルギー
- ばねの振動における振動数と周期

トーションバー（ねじりばね）におけるばね定数

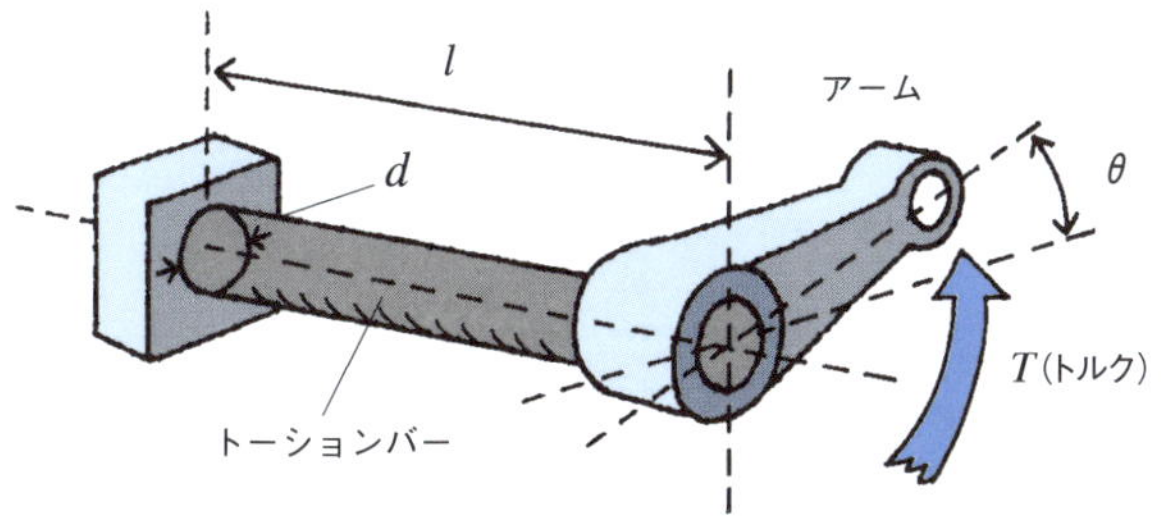

トーションバーではトルクTとねじれ角θが比例するために、次の式が成り立ちます

$$T = k_t \theta$$

ねじりのばね定数

ねじりのばね定数k_tは、トーションバーの直径dや長さℓによって影響を受けます

ばねの弾性エネルギーとは

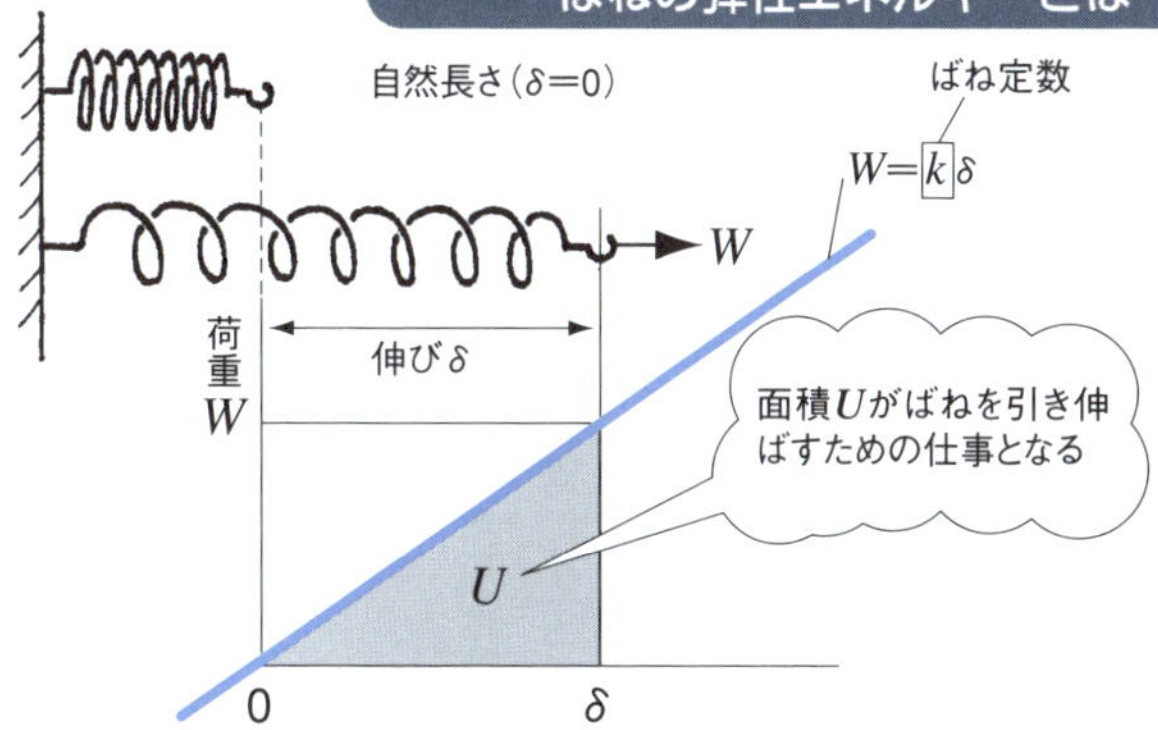

$$\text{面積}\ U = \frac{1}{2} W\delta$$

$$W \rightarrow k\delta$$

$$U = \frac{1}{2} k\delta^2$$

コイルばねによる振動の特性

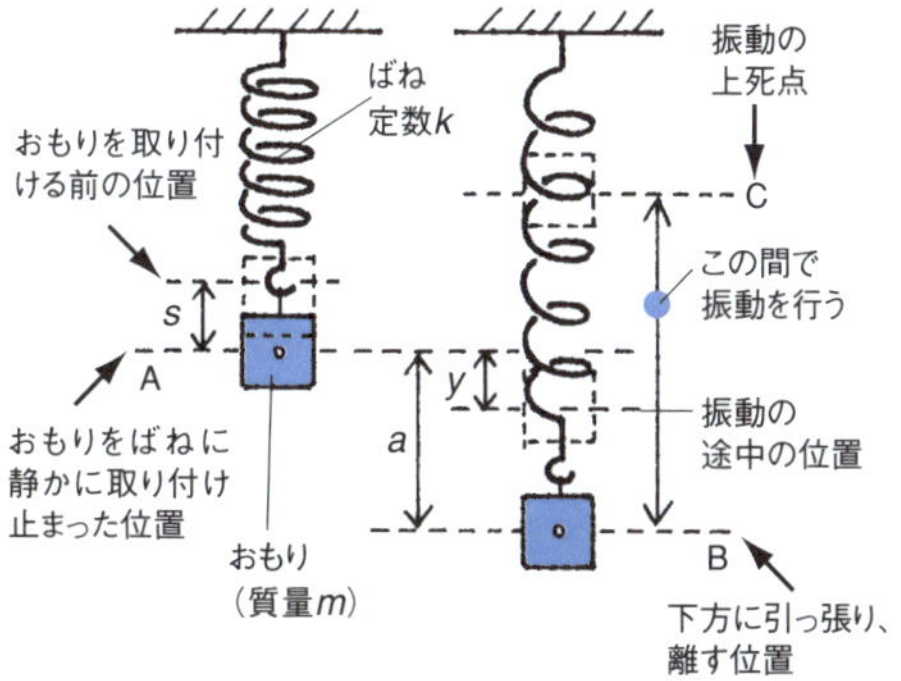

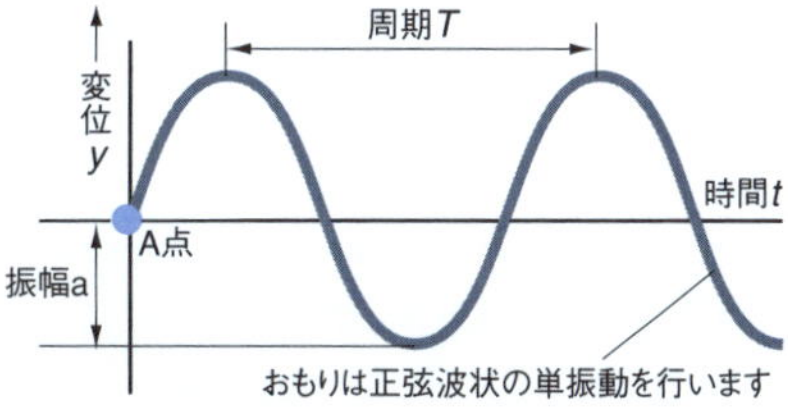

周期Tは、ばね定数kから次の式で求められます

$$T = 2\pi\sqrt{\frac{m}{k}}$$

1秒間あたりの振動回数を振動数fといい、次の式で求められます

$$f = \frac{1}{T} = \frac{1}{2\pi}\sqrt{\frac{k}{m}}$$

35 防振と緩衝

共振、防振そして緩衝

コイルばねによる振動現象は、弾性のある支持体で支えられる一般の機械にもそのまま通用します。たとえば、ばねや防振ゴムによって支えられる機械やタイヤで走る自動車などで発生する振動はおおよそこの種の振動です。

機械構造物に対して質量とばね定数が求められると、前に示した式によって振動数が決められてしまいます。この振動数は対象とする構造物に固有の値で、「固有振動数」と呼んでいます。外部から一度エネルギーが与えられれば、物体はこの振動数で振動することになります。固有振動数は機械や構造物の振動特性を評価するうえで、大変重要なファクターになります。

前のコイルの振動の事例では、振幅は時間に関係なく一定としましたが、実際には時間と共に小さくなりいずれは消滅してしまいます（ただし振動数は変わりません）。このような振動を減衰振動といいます。

外部から周期的な力を振動体に与えると、一定の振動が持続します。これを強制振動といいます。強制振動の振動数が対象機械の固有振動数に等しくなると、振幅は極端に大きくなります。この現象を「共振」と呼んでいます。共振になると振幅が増大するために大変危険ですので、一般的には共振振動数を避けるように構造体は作られています。この事例として回転軸の「危険速度」があります。

精密機械は振動の影響を避けなければならないし、反対に振動する機械は振動が外部に伝達しない対策を講じなければなりません。自動車は乗り心地を向上するために、路面の凹凸に起因する振動が内部の人間に伝わらないような工夫が必要となります。

ばねは機械に伝わる振動を緩和したり、衝撃エネルギーを吸収したりするための「防振」に利用されます。さらにばねと併用して油圧ダンパーをショックアブソーバとして活用することで、防振や衝撃緩和に効果を発揮することができます。

要点BOX

- ●ばねを使うときには、共振を避ける
- ●防振、緩衝には金属ばねの他にさまざまな要素を活用

回転軸の危険速度のしくみ

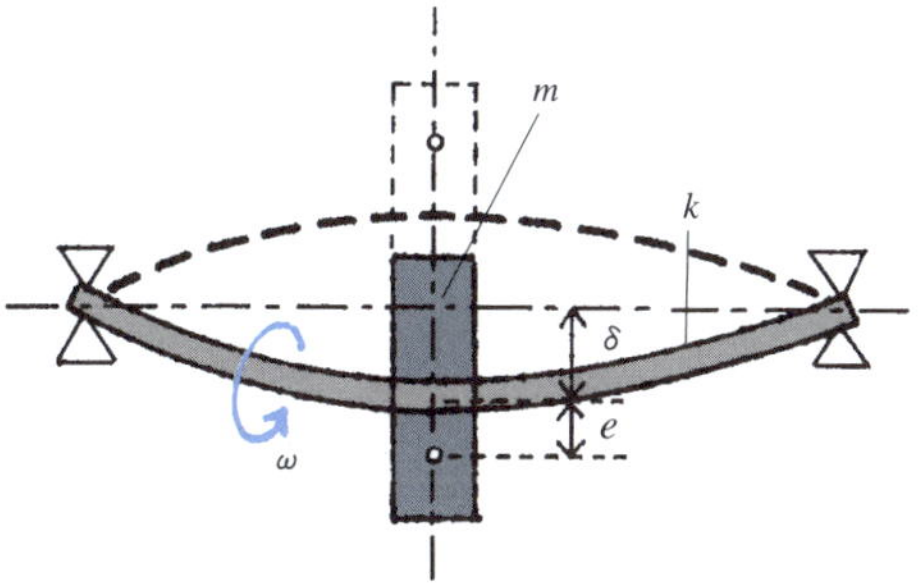

m：軸に取り付けた物体の質量（kg）
δ：質量mによるたわみ（m）
e：重心の軸心からのズレ（m）
ω：軸の角速度（rad/s）

$$\omega=\frac{2\pi N}{60}$$ ただしNは回転数（rpm）

k:軸のばね定数（N/m）
ω_n:固有円振動数

$$\omega_n=2\pi f=\sqrt{\frac{k}{m}}$$

共振の事例として回転軸の危険速度があります。上の軸の角速度ωがω_nに等しくなると共振を起こし、たわみが大きくなって大変危険になります。そこで、この回転数を避けて運転をするか、回転数が決まっているときには構造を変える（具体的にはmとkの値を変える）ような設計の見直しを行います

ばねとショックアブソーバの併用

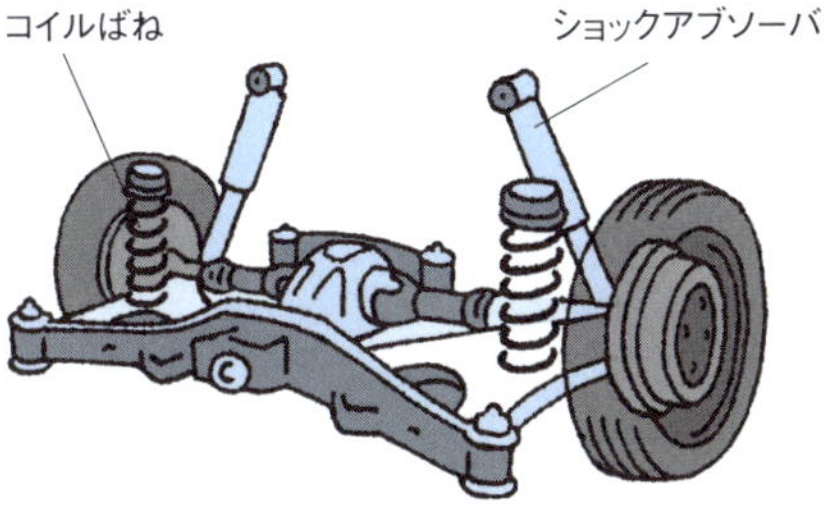

車の乗りごこちを向上するためにばねの他にショックアブソーバが併用されています

ショックアブソーバの種類としくみ

下方にピストンが降りようとするときは、弁が開いて、大きな穴のオリフィスから油が上方に速やかに流出します。上方にピストンが移動するときは、弁が閉じるために小さな穴のオリフィスを通過します。したがって、オイルの抵抗でピストンの動きも遅く、ゆっくりと戻ることにります。これによって衝撃のエネルギーを吸収します

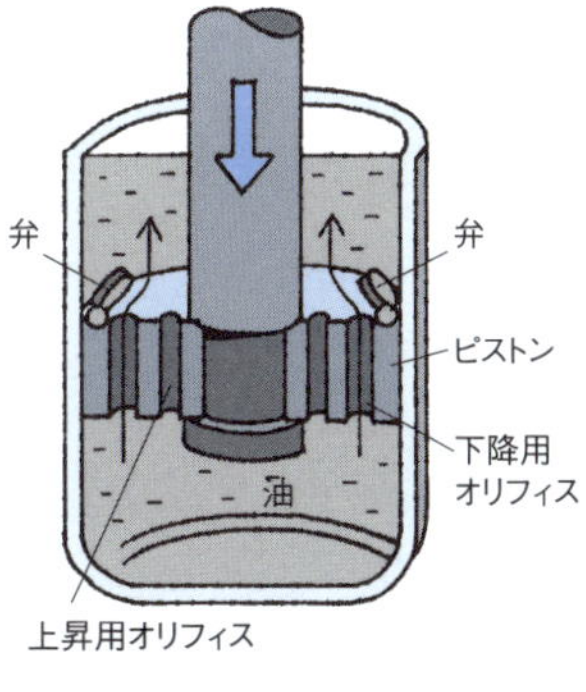

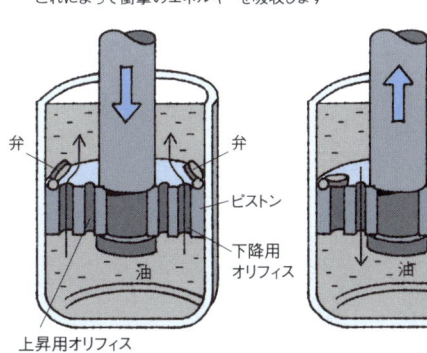

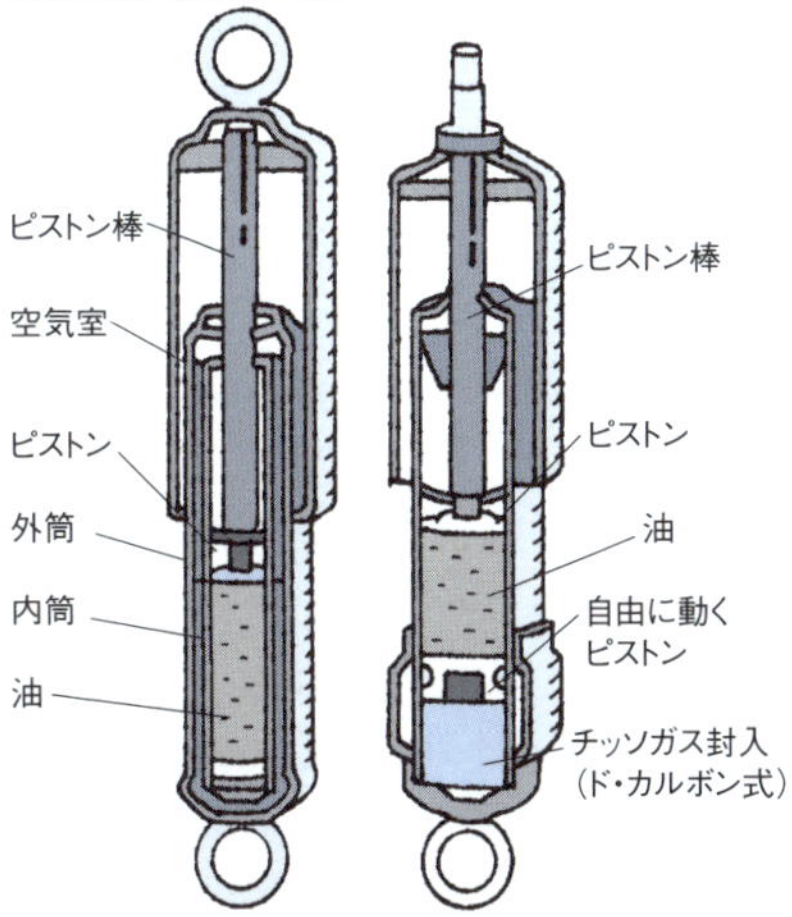

ツインチューブ　モノチューブ

Column

新素材が機械の性能に影響を与える

機械を構成する部品に使われている材料は、その機能や使用条件を考慮して的確なものが選択されているはずです。しかし工業的に使われる材料もまた、年々新しい高性能なものが開発されています。これらが新素材として機械に利用されることで、機械自体もまたより高性能、高効率になっています。

自動車エンジンの出力（パワー）を上げるのにターボチャージャー（過給機）が一部使われています。これは排気ガスでタービンを高速で回転させ、同軸に固定されたコンプレッサーによって、より多くの空気をエンジンに供給することで、多量の燃料を燃焼させてパワーを上げるものです。コンプレッサーの羽根は空気を圧縮するだけですから軽ければよいのですが、タービンの羽根は900℃という排気ガスの温度に耐えられなければなりませんので、当初はインコネルという耐熱合金が使われていましたが、鋼なので重いのです。重いということは、これを回転させるのに力が必要で、定常の回転数（10万rpm）になるまでに時間がかかるということで、結果アクセルを踏んだときの応答性が悪いということになってしまいます。

現在のタービンの材料は、窒化物系セラミックスが使われています。実用化にいたるまで信頼性の観点から様々な苦労があったようですが、セラミックは熱に強く、なによりも重量が鋼の2・5分の1ということでスムーズな車の発進加速を得られるようになったのです。工業用材料の貢献は大きいのです。

●ターボチャージャー

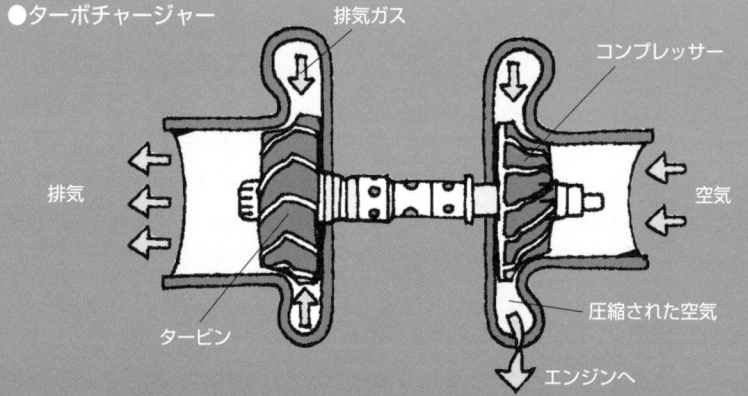

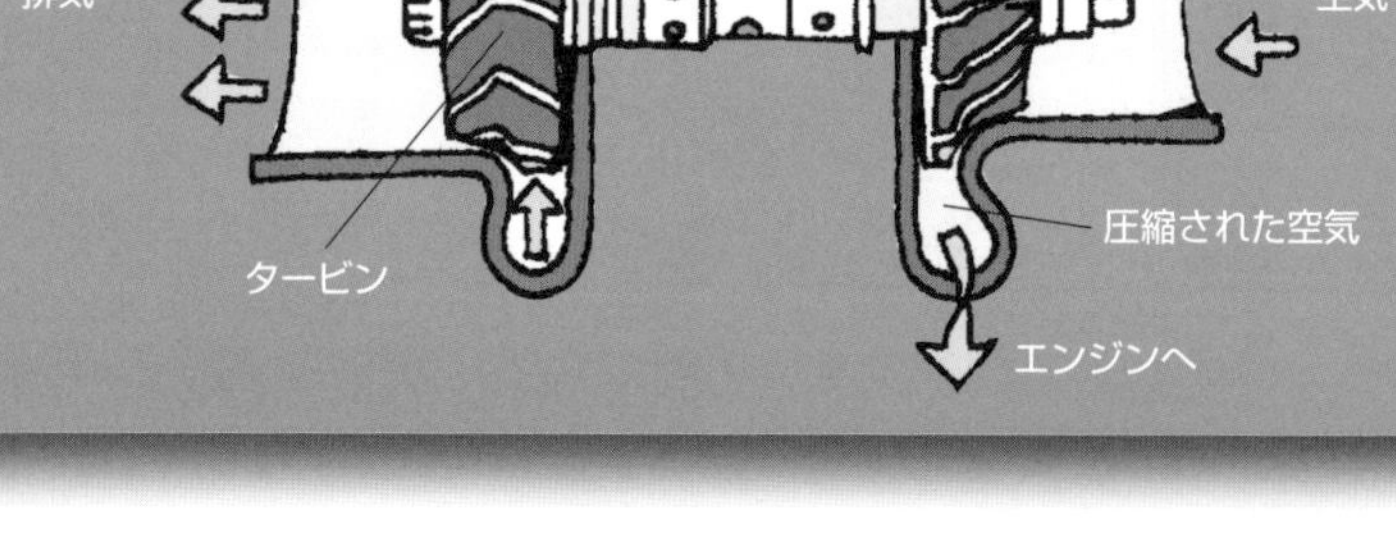

第6章

機械を動かす源

36 広く使われている直流モーター

おもちゃから自動車まで

モーターというと一般的に電気式モーターをさすといってよく、回転運動するものを「モーター」、直線運動するものを「リニアモーター」と呼んでいます。モーターは位置、速度、力の制御のしやすさ、エネルギーの得やすさ、コンピュータやエレクトロニクス技術との融合しやすさなどから、いろいろな機械に使われています。

使用する電源の種類によって、直流（DC）を電源とするモーターをDCモーター、交流（AC）を電源とするものをACモーターといいます。DCモーターはおもちゃをはじめ、自動車などに、ACモーターは家庭の電化製品をはじめ工作機械などにたくさん使われています。

モーターは基本的に回転する回転子（ローター）と固定子（ステーター）からできています。DCモーターでは、モーターのケースに永久磁石を固定して固定子とし、回転軸に固定された鉄心に導線を巻いて回転子としています。これらのほかに回転子の巻線（コイル）に流す電流を切り換えるために、回転子といっしょに回転する整流子と、直流電源から整流子を通じてコイルに電流を流す固定子側に固定されたブラシがあります。

DCモーターには次の特長があります。

①モーターの回転数はモーターに加える電圧によって容易に変えられ、広範囲の速度で使える。

②モーターの回転方向はモーターに加える電圧の極性を変えることによって容易に変えられる。

このような長所がありますが、一方ではブラシや整流子があるためメインテナンスが必要であったり、高速運転や大トルクでの使用ができないなどの短所もあります。

ブラシのついたDCモーターでは、ブラシの保守、ノイズの発生などの問題があり、ブラシと整流子のない「ブラシレスモーター」が開発されています。

要点BOX

●回転運動するものをモーターと呼ぶ
●直線運動するものがリニアモーター
●モーターは回転子と固定子からなる

DCモーターのしくみ

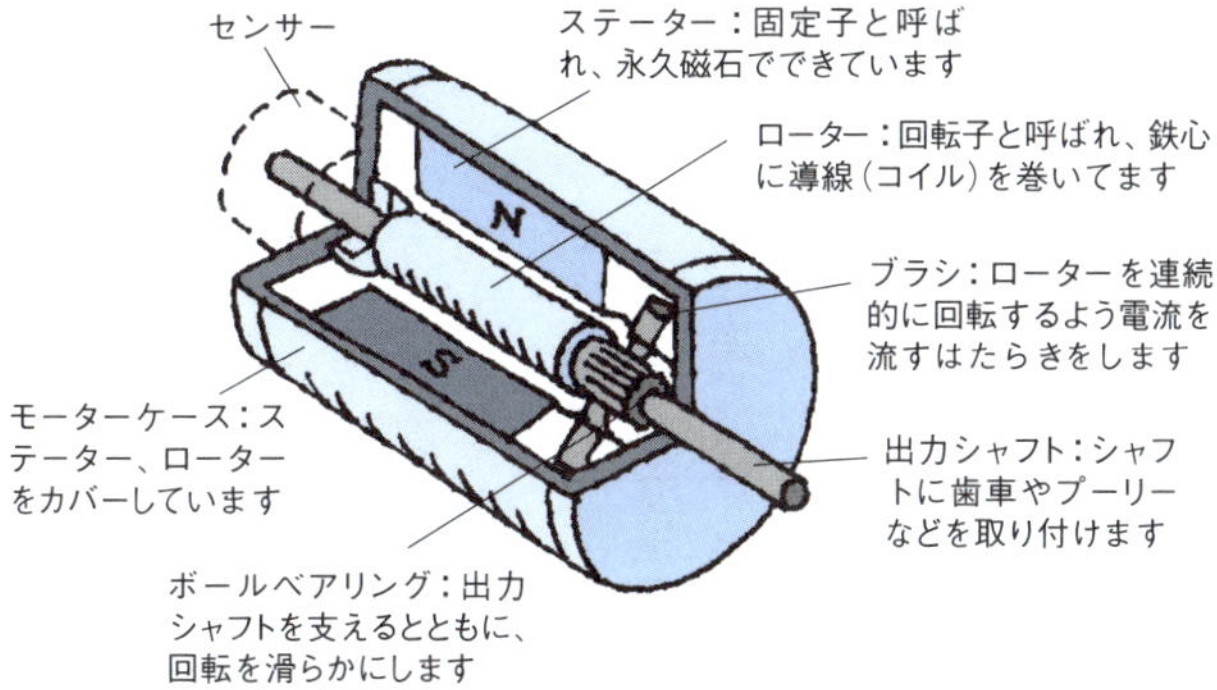
センサー
ステーター：固定子と呼ばれ、永久磁石でできています
ローター：回転子と呼ばれ、鉄心に導線（コイル）を巻いてます
ブラシ：ローターを連続的に回転するよう電流を流すはたらきをします
N
S
モーターケース：ステーター、ローターをカバーしています
出力シャフト：シャフトに歯車やプーリーなどを取り付けます
ボールベアリング：出力シャフトを支えるとともに、回転を滑らかにします

フレミングの左手の法則

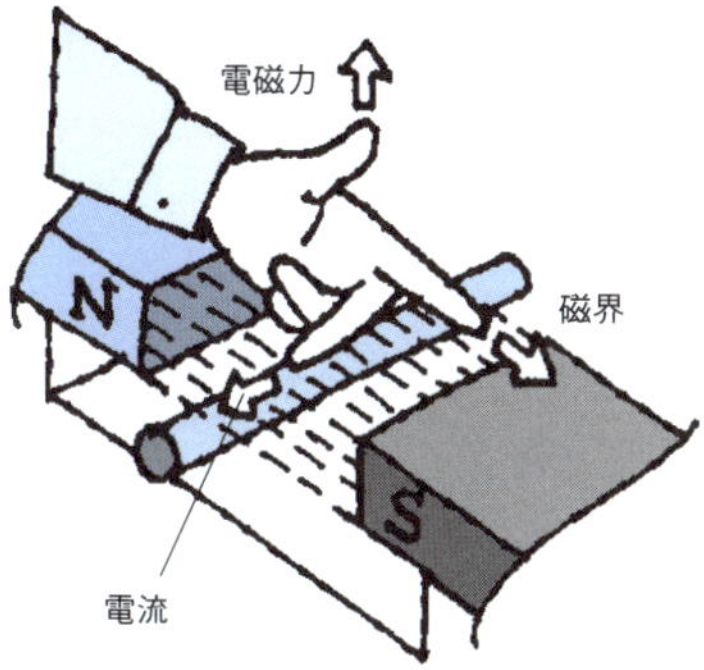
電磁力
磁界
N
S
電流

直流モーターの回転原理

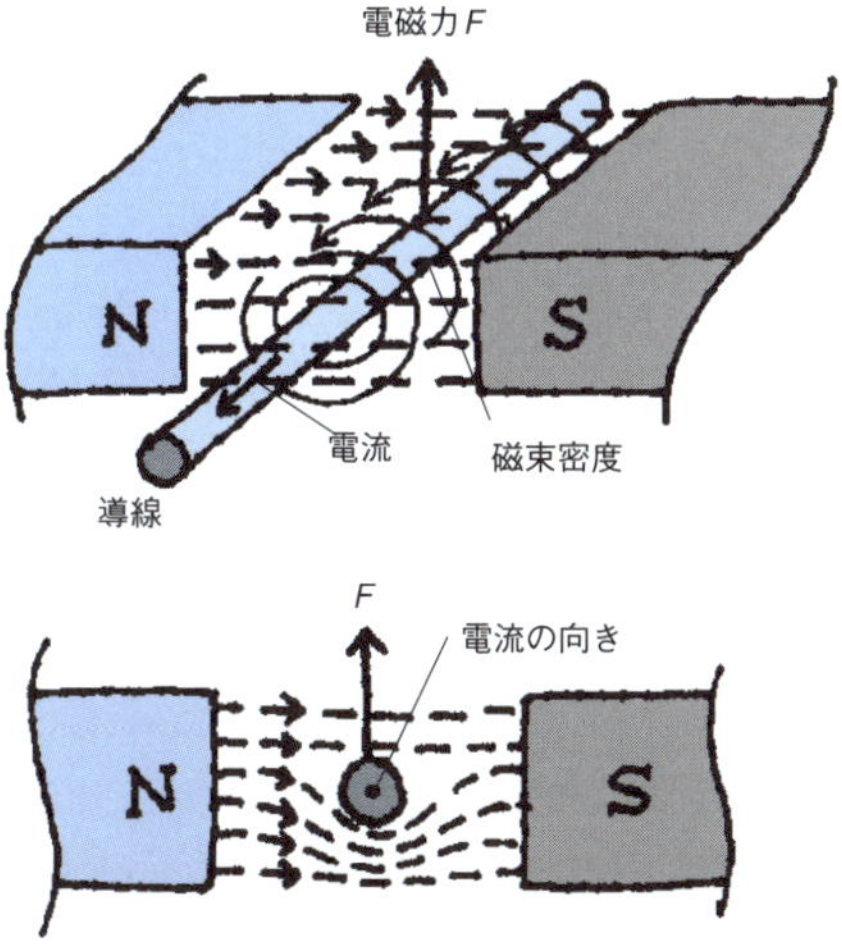
電磁力F
N
S
電流
磁束密度
導線
F
電流の向き

37 交流モーターのしくみ

交流モーターの代表である三相誘導電動機

家庭では、コンセントにプラグに差し込んで、スイッチを入れればモーターが回り、機械が動き出します。家庭のコンセントにきているのは、乾電池とは異なり電流方向が一定ではなく、＋－を繰り返すサインウェーブの交流です。その電圧は100Vです。

また、工場などの製造現場でも、いろいろな設備は床や壁のコンセントにつなぐことで動かすことができます。このコンセントには交流200Vがきています。家庭のコンセントは通常、差し込み口が二つですが、工場などのコンセントの差し込み口は三つあるいは四つ（うち一つはアース線）です。

工場で使われている機械のモーターを動かすには、通常、120度（これを「位相」という）ずつずれた正弦波交流200Vが三つ必要となります。この交流を加え回転するモーターは、鉄心に導線を巻いた固定子と、導線をかご状にし、それを鉄心に埋め込んだ回転子（これを「かご形回転子」といいます）、回転子を支える軸受（ベアリング）などで構成されています。直流モーターのように整流子やブラシはありません。このようなしくみのモーターの3組の固定子に位相差120度の3つの交流を加えることで回転する磁界ができ、その変化によって回転子の導線には電流が流れ、それが固定子の磁界から力を受けて、回転子は回転します。これを「三相誘導電動機」といいます。

家庭の洗濯機や冷蔵庫に使われているモーターのしくみも工場などで使われているモーター同様、回転子と固定子で構成されています。一つの波の正弦波交流を固定子に加えると回りますが、交流一つでは回転する磁界をつくれません。そのために、コンデンサーを使って、一つの交流から、それと90度位相がずれたもう一つの交流をつくり、90度ずらして配置された2組の固定子のコイルに、それらを加えて回転子を回します。このようなモーターを「単相誘導電動機」といいます。

要点BOX

- ●家庭電圧は100V、工場などでは200V交流
- ●工場で使われる三相誘導電動機
- ●家庭などで使われる単相誘導電動機

三相誘導電動機のしくみ

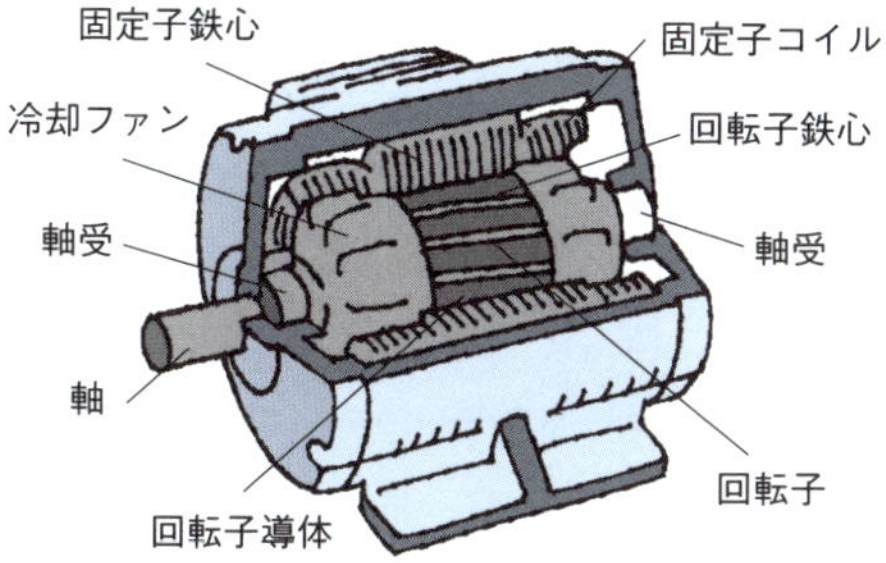

三相誘導電動機の回転子を回す回転磁界

三相誘導電動機の固定子

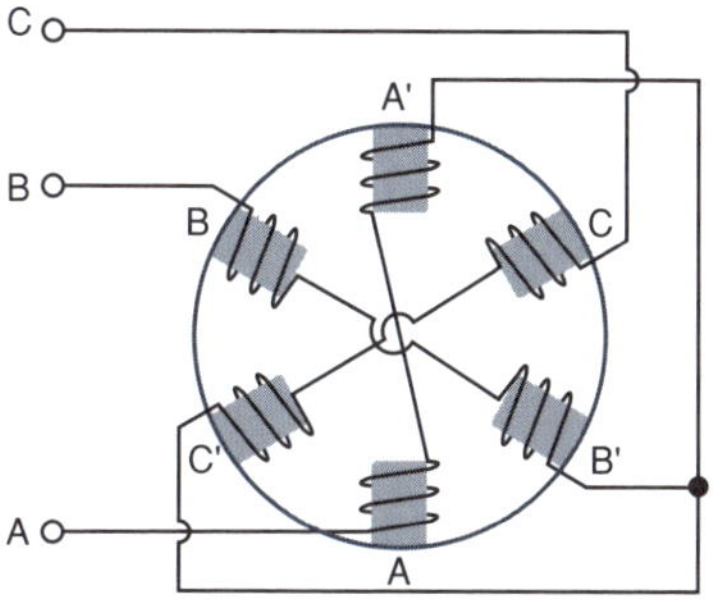

三相誘導電動機の回転磁界

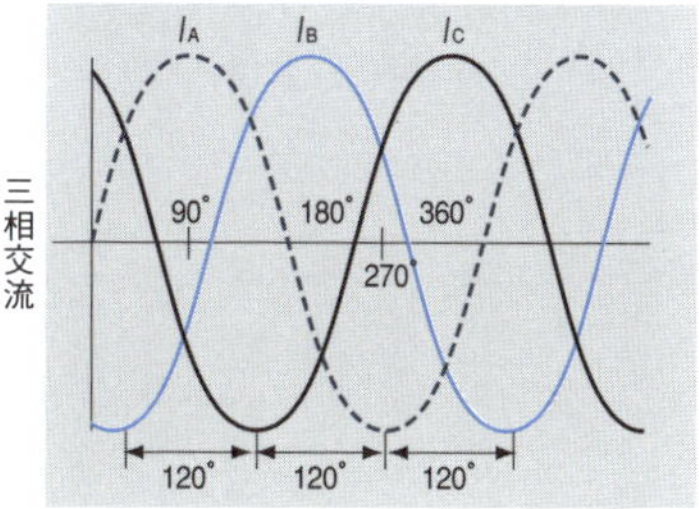

一つの交流から回転磁界をつくる

単層誘導電動機のしくみ

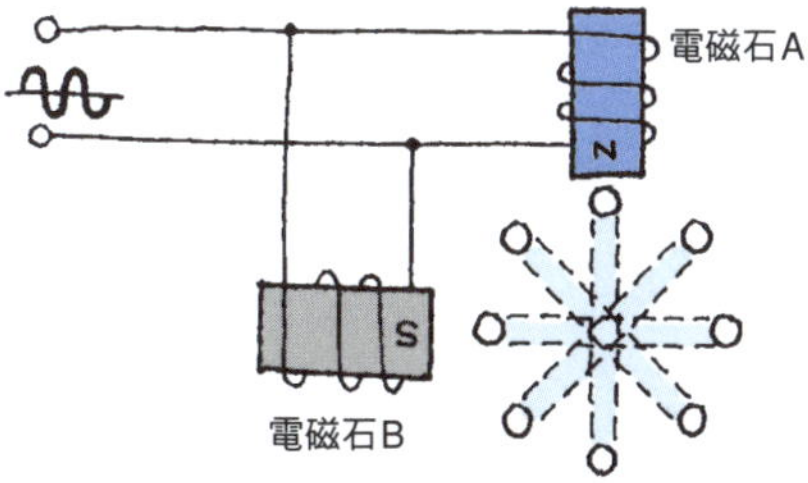

電磁石A、Bには同相の電流が流れ、回転磁界を得られません

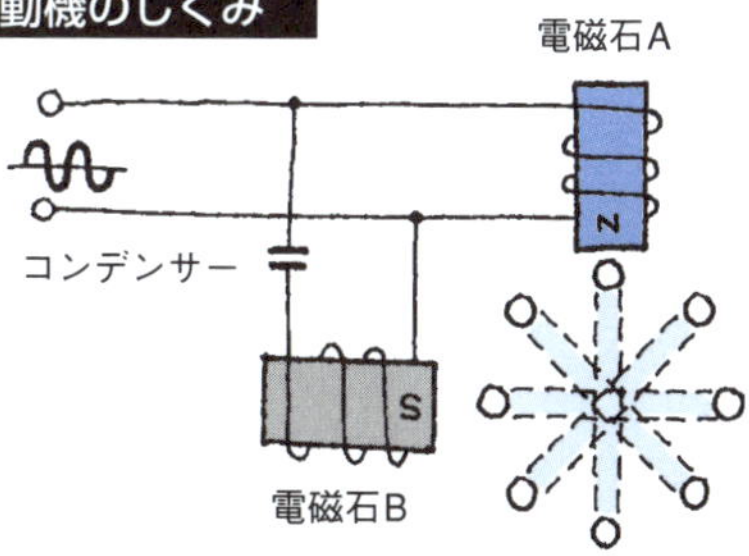

電磁石A、Bにはコンデンサーによって位相の異なる電流が流れ回転磁界が得られます

38 機械を制御するサーボモーター

広く使われている交流サーボモーター

便利な機械、正確な動きをする機械はコンピュータによって制御されています。機械を制御するのに使われているモーターには、直流や交流で回転するモーターがありますが、これらのモーターは制御のために使われるので、「サーボ」という名称をつけ、直流サーボモーター、交流サーボモーターと呼びます。

サーボモーターのしくみは直流モーターや交流モーターのしくみと同じです。しかし、これらのモーターは急加速や急停止を繰り返して、正確に動く必要があり、回転子を細長くし、慣性を小さくして行き過ぎをしないように工夫されています。

ロボットやNC工作機械などの自動機械の駆動源として、これまで制御性に優れた直流サーボモーターが多く用いられてきましたが、近年では、交流サーボモーターに替わっています。その主な理由は、直流サーボモーターは整流子とブラシをもっているため、最大回転数と最大トルクに制約をうけ、また、ブラシの交換などの定期的なメインテナンスが必要になることです。それに対して交流サーボモーターはブラシがなく、メインテナンスの必要も少なく、高速、高トルクで使用できます。

交流サーボモーターには、交流モーターと同様なしくみのモーターもありますが、直流モーターの回転子と固定子を逆にし、回転子を永久磁石、固定子を鉄心に導線を巻いた構造にしたしくみのモーターもあります。このモーターでは固定子に位相差のある交流を加え、回転磁界をつくり、それに同期して永久磁石でできた回転子が回転します。

交流サーボモーターの回転速度を変えるには、回転磁界をつくりだすために加える交流の周波数を変えます。また、回転方向を変えるには加える交流のの順番を変え、回転磁界の向きを変えます。このように、交流サーボモーターを制御するには複雑な制御装置が必要となります。

要点BOX

- ●交流サーボモーターは高速・高トルク
- ●ロボットやNC工作機械などの駆動源

制御用に使われるモーターのしくみ

DCサーボモーター

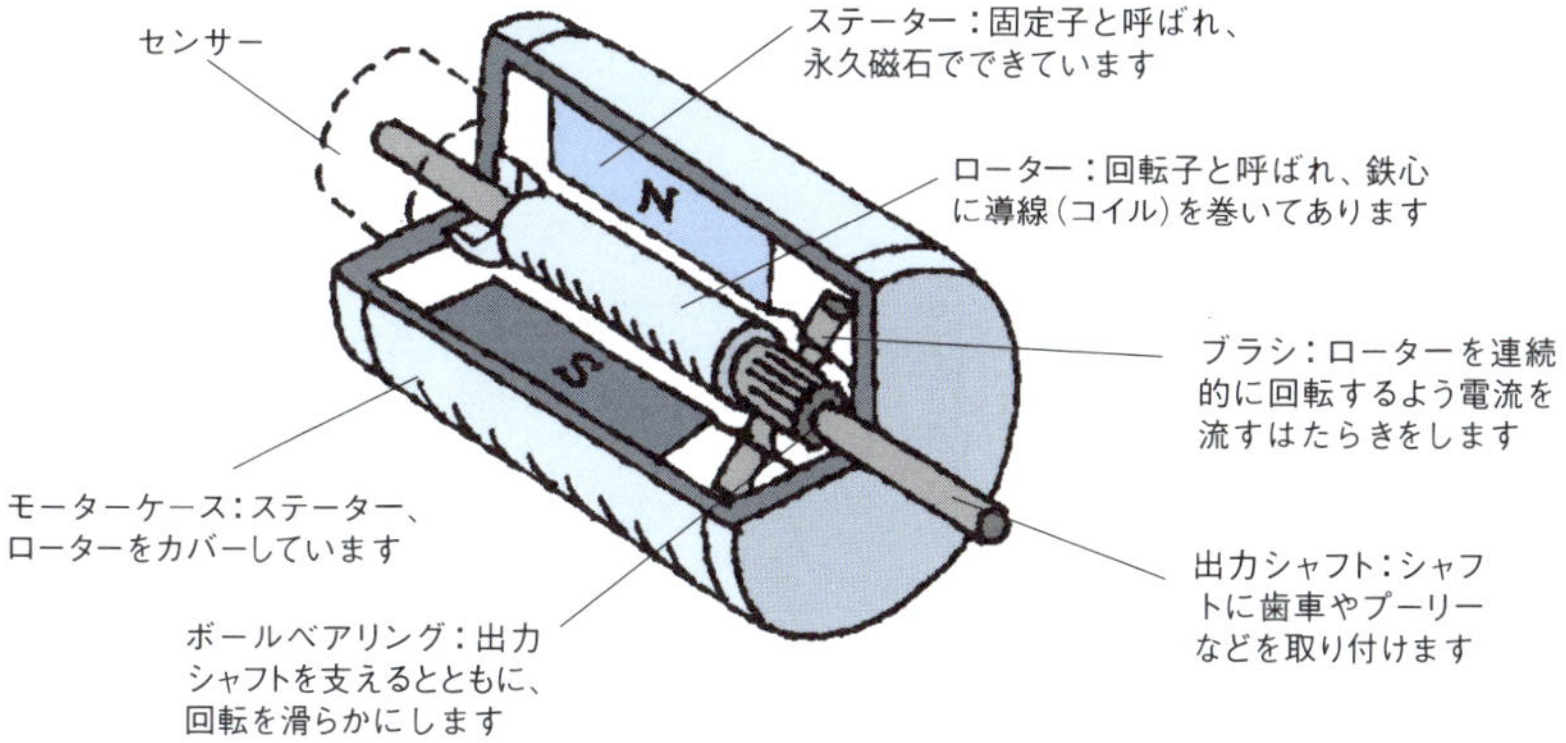
センサー
ステーター：固定子と呼ばれ、永久磁石でできています
ローター：回転子と呼ばれ、鉄心に導線（コイル）を巻いてあります
N
S
ブラシ：ローターを連続的に回転するよう電流を流すはたらきをします
モーターケース：ステーター、ローターをカバーしています
出力シャフト：シャフトに歯車やプーリーなどを取り付けます
ボールベアリング：出力シャフトを支えるとともに、回転を滑らかにします

ACサーボモーター

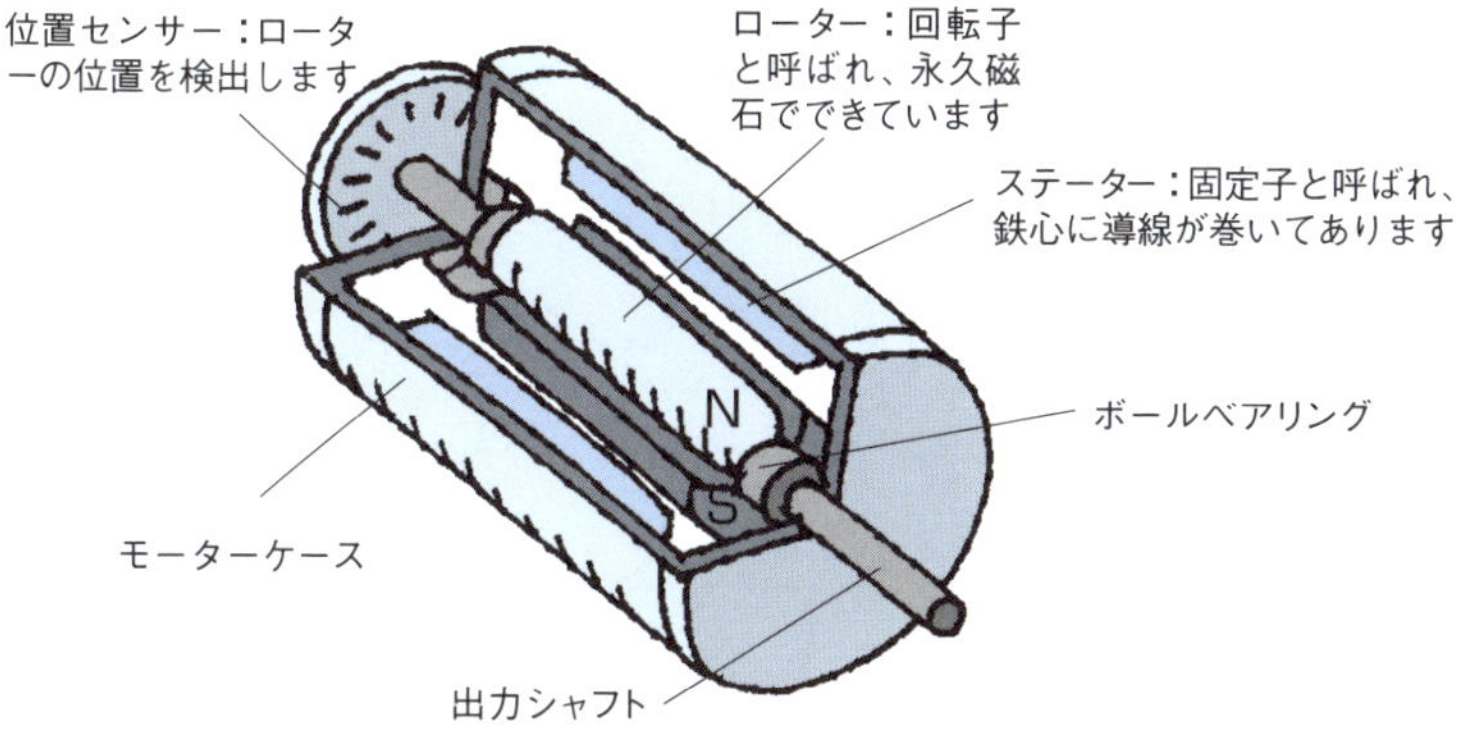
位置センサー：ローターの位置を検出します
ローター：回転子と呼ばれ、永久磁石でできています
ステーター：固定子と呼ばれ、鉄心に導線が巻いてあります
N
S
ボールベアリング
モーターケース
出力シャフト

交流サーボモーターの回転方向

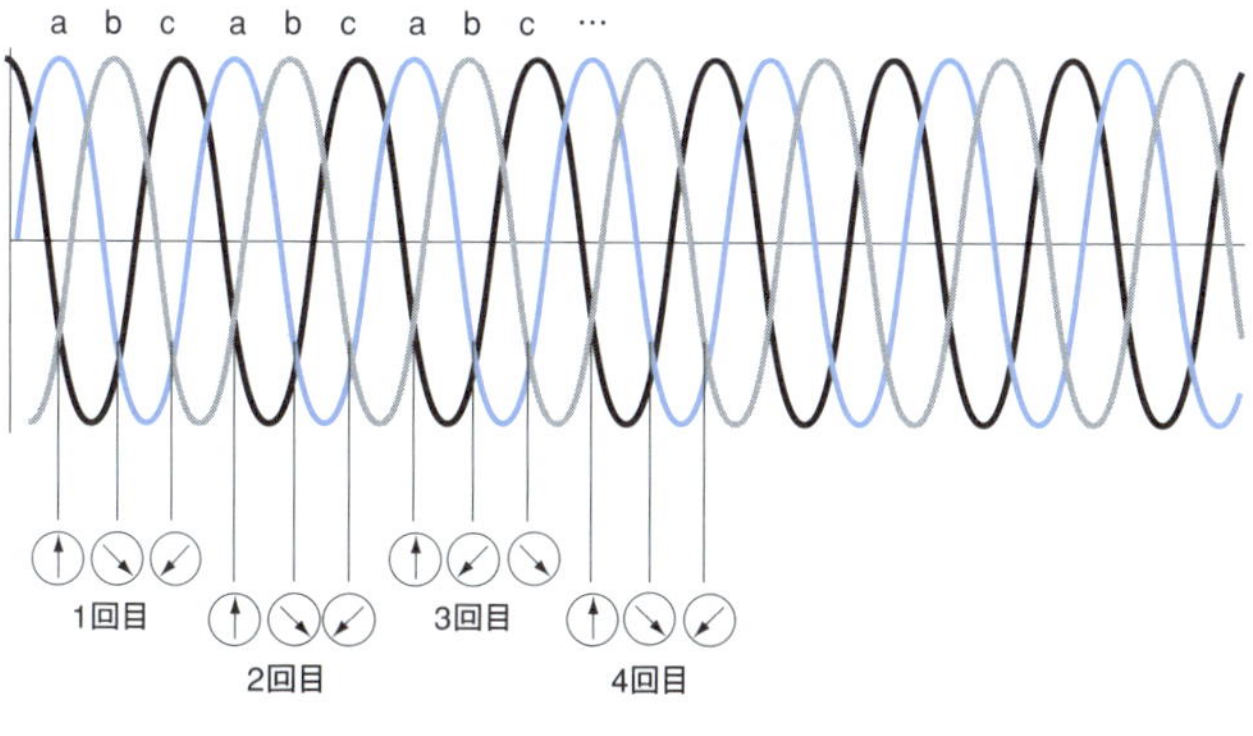
a b c a b c a b c …
1回目
2回目
3回目
4回目

39 簡単な制御に使われるステッピングモーター

パルスモーターとも呼ばれる

「ステッピングモーター」は一定角度ずつ階段（ステップ）状に回転するモーターで、機械の動きを容易に制御できるので、プリンターなどの制御に使われています。

ステッピングモーターのしくみは回転子と固定子で構成され、固定子は円周を等分割した突起状の鉄心に導線（コイル）が巻かれています。回転子は永久磁石や鉄心、鉄心に永久磁石を埋め込んだものと、さまざまです。

ステッピングモーターでは、固定子コイルに順番に電流を流すと、固定子の鉄心が磁化され、回転子の突起を引き付けて、一定角度ずつ回転します。パルス状の電流を固定子のコイルに順番に流すことから、「パルスモーター」ともいわれます。

直流モーターでは電圧を加えれば回転しましたが、ステッピングモーターを駆動するには、一定周波数のパルス信号を発生し、それを固定子のコイルに順番に加える回路が必要となります。さらに、次の特長があります。

①ステッピングモーターに加えるパルス信号の周波数を変えることによって、回転の速さを変えることができます。

②ステッピングモーターは1パルスで回転する角度が決まっていますので、加えるパルスの数によって回転角が決まります。このことからステッピングモーターに送るパルスの数と周波数を制御することによって、位置や速度のセンサーがなくても容易に機械の位置と速度が制御できます。

③固定子のコイルに電流を流し、鉄心を磁化する順番を変えることによりモーターの回転方向を変えられます。

④ステッピングモーターでは、固定子コイルに電流を流しておくと、そこでモーターを止め、その状態を保持できます。交流モーターや直流モーターではブレーキがないと止めておくことはできません。

要点BOX

●ステッピングモーターの回転角はパルス数で決まる
●パルス信号の周波数により回転速度を調整する

ステッピングモーターのしくみ

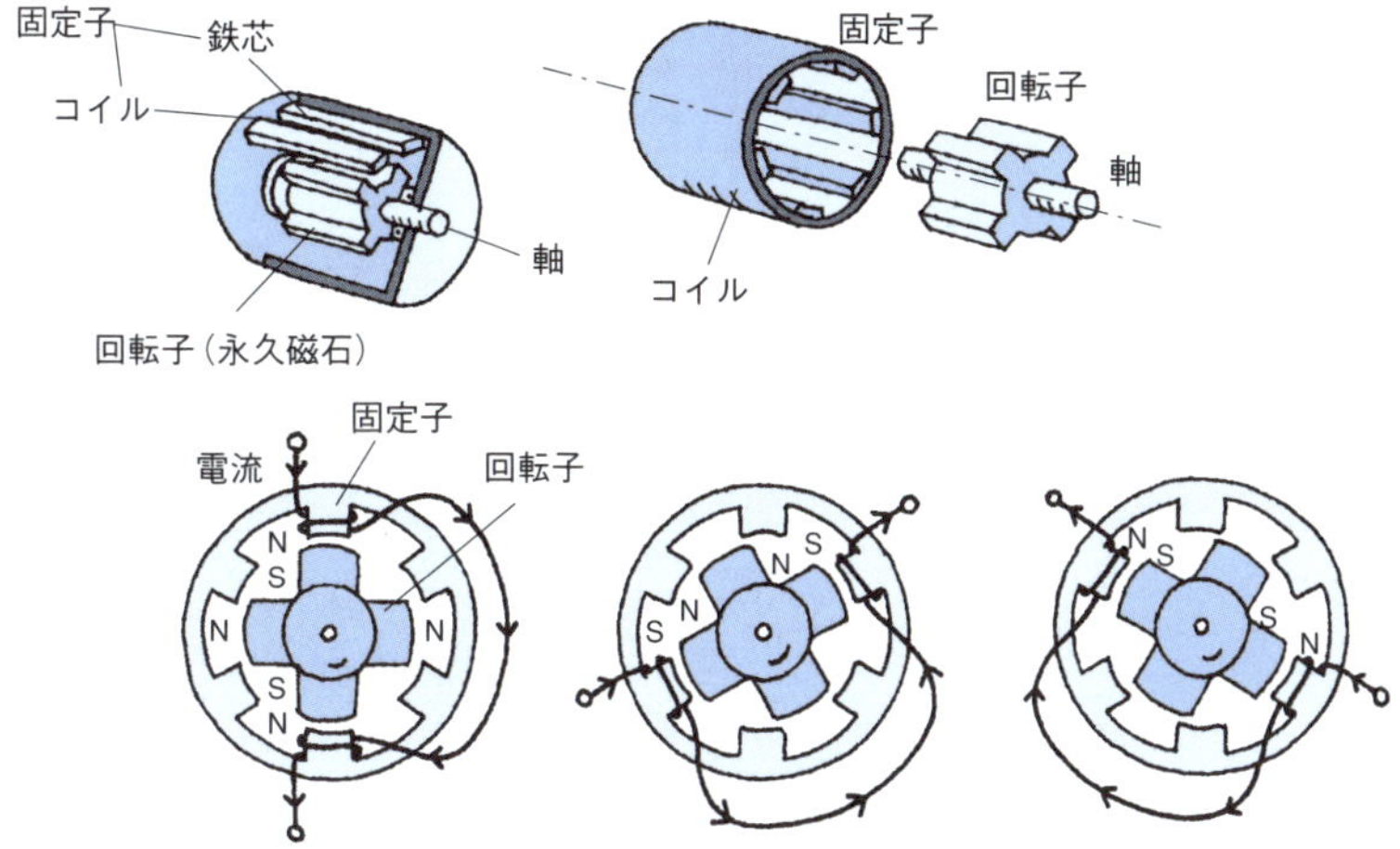

バリアブルリラクタンス形

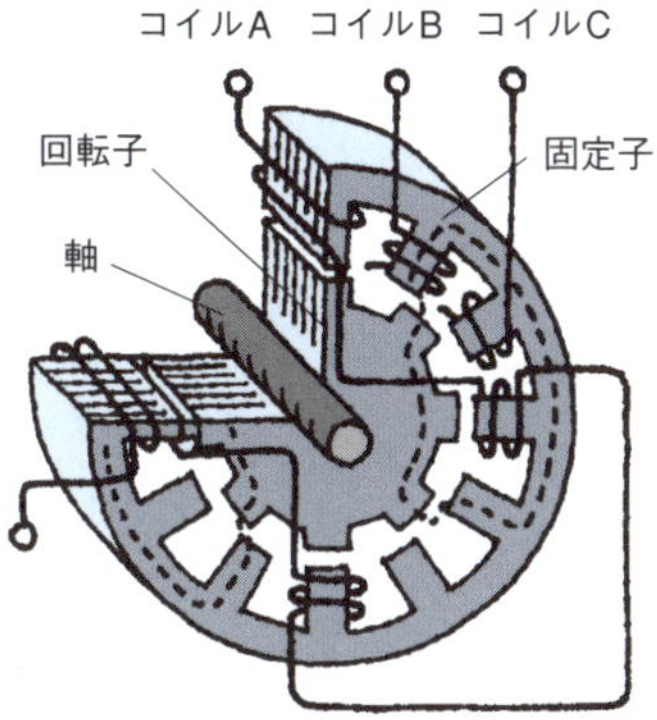

ハイブリッド形

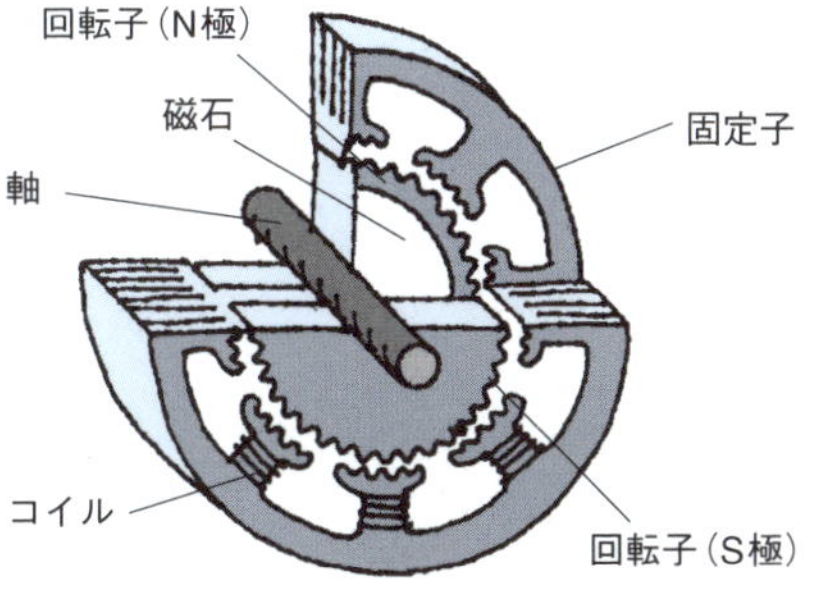

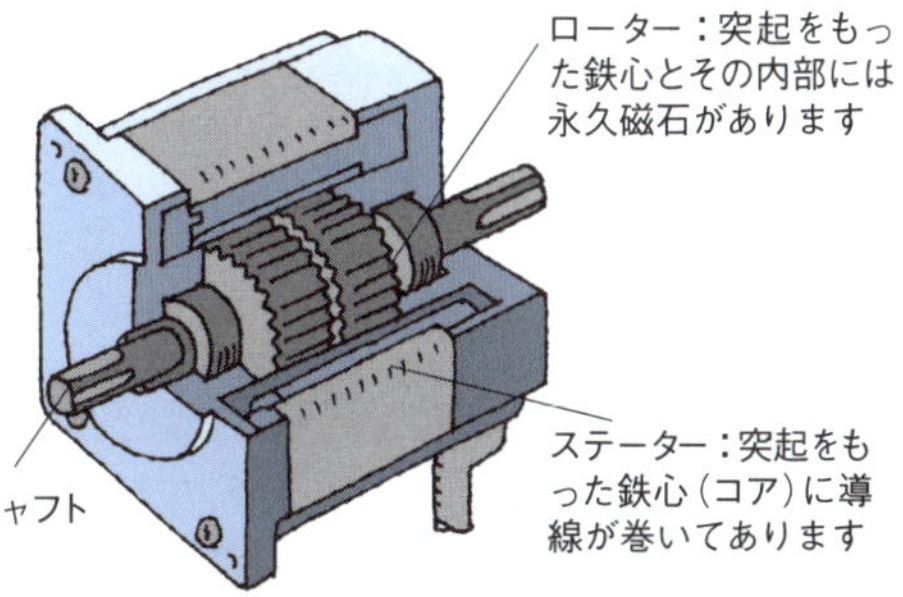

40 磁石を使わないモーター

超音波モーター

DCモーター、ACモーター、ステッピングモーターのいずれのモーターでも磁気を使っていますが、磁石を使わないモーターとして「超音波モーター」があります。

超音波モーターの原理となっているのが、振動によって物を動かす振動搬送の原理で、古くから使われている技術です。身近な例では、厚紙の上に土俵を描き、その上に紙で作ったお相撲さんを置いて、厚紙を振動させて楽しむ、紙相撲があります。

超音波モーターは周波数20kHz以上の振動を発生させるステーターと、その上を動くローターで構成されています。ステーターは金属の片面に圧電セラミックが接着されています。この圧電セラミックに特定の高周波電圧を加えると、圧電セラミックが伸び縮みします。この振動でステーターがたわみ、約2/3ミクロンという小さな高さの波が連続的に一方向に進みます。ローターとステーターは強い圧力を加えられて、密着していています。そのステーターの円周上を、進行波は、くねりながら駆けめぐっています。進行波の波の各頂点だけがローター面に接触し、その各頂点ではだ円回転運動が生じています。ローターは、そのだ円回転運動によって突き動かされるように回転します。だ円運動の軌跡は進行波とは逆の方向ですので、ローターも進行波とは逆の方向に回転をします。

超音波モーターは、①歯車による減速機構を使わずに、低速で高トルクを得ることができる、②電源を切ったあとも保持力（ホールディングトルク）を持ち続けるというブレーキ機能を備えている、③精度の高い速度と位置の制御が可能である、④磁気の影響を受けずに作動する、⑤単純な構造で、軽量、コンパクトである、⑥作動音がきわめて静かであるなどの特長を有しています。

超音波モーターは、カメラレンズのオートフォーカスや半導体製造装置などの位置決めに使用されています。

要点BOX

- ●振動により物を動かす原理を応用
- ●カメラレンズのオートフォーカスや半導体製造装置、核融合装置、自動車などで使用

振動搬送と紙相撲

振動で移動する紙相撲

超音波モーターの原理

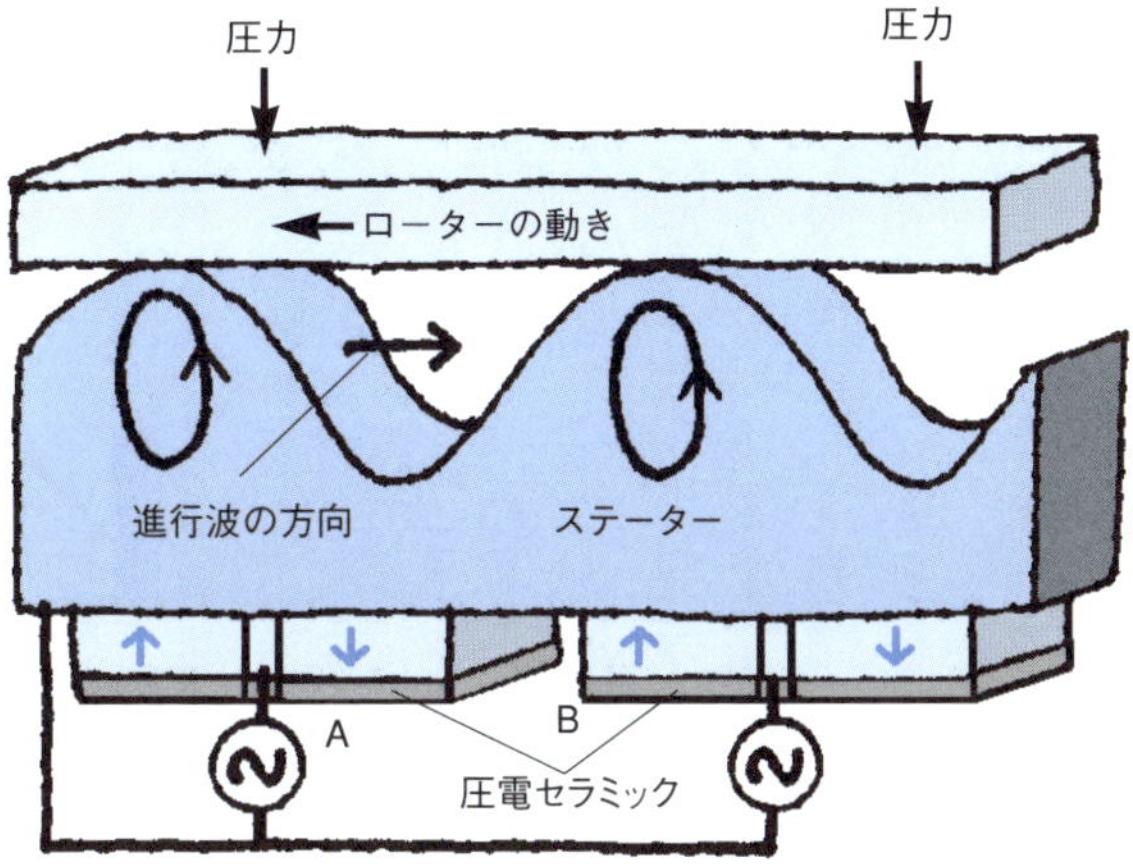

ステーターの円周上を右方向に進行波が進むとき、ローター面に接触した波の各頂点には、左回りのだ円回転が生じています。それに接触しているローターは左回りのだ円回転運動に引きずられ、左方向へ回転します

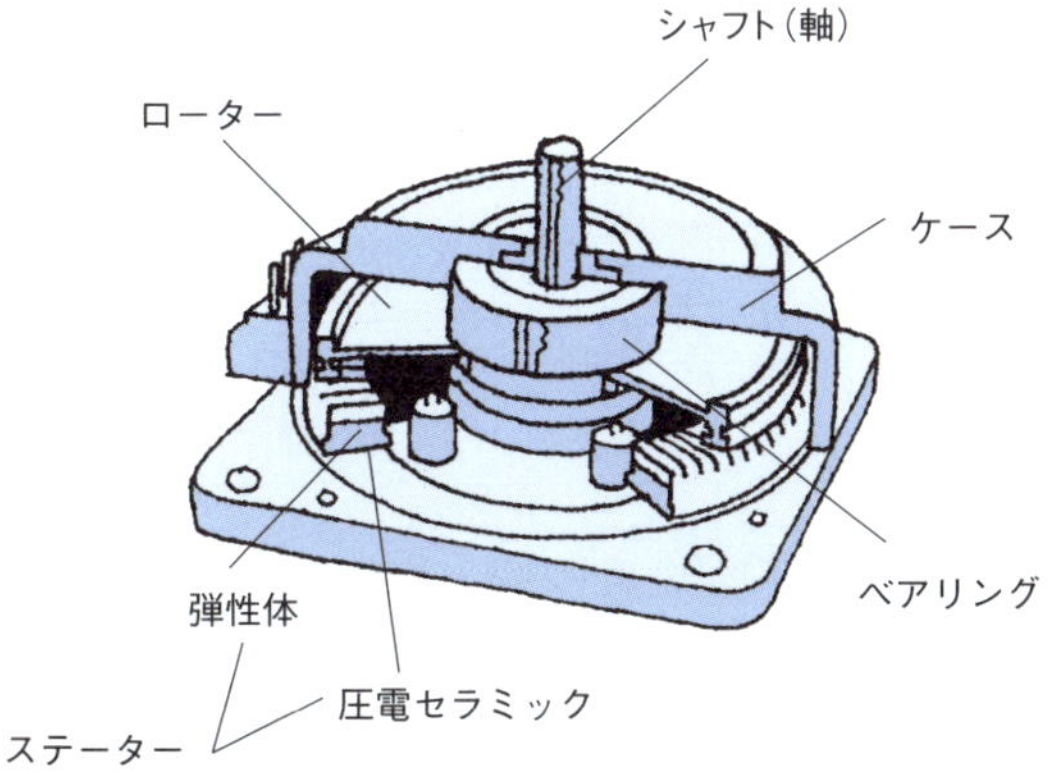

41 直線的に動くリニアモーター

回転運動を直線に

リニアモーターというと、すぐに高速で走行する乗り物、「リニアモーターカー」を思い浮かべます。

現在の乗り物を動かす駆動源は回転運動するモーターやエンジンが主です。自動車では、エンジンのピストンの上下往復運動をクランクによって回転運動に変えて、車輪を回し、直線走行します。このように、ピストンの往復運動→車軸や車輪の回転運動→自動車の直線走行というように運動が変換されています。このことはモーターを使った各種の機械でも同じで、モーターの回転運動を歯車やねじなどの機構部品を使って直線運動に変えています。

地上を走行する乗り物は平面上を走るわけで、直線的に動きます。しかし、その駆動源は回転運動するモーターやエンジンが使われています。これは回転運動するモーターやエンジンは小型にでき、どこにでも移動できることを活かした使い方です。

電車のように走行する軌道が決まっている乗り物では、軌道や車体に直線運動するしくみを組み込めばよいわけです。そこで使われるのがリニアモーターです。

リニアモーターの身近な例はスピーカのコーン紙を動かすしくみです。磁石に平行に置かれたコイルに電流を流すと、コイルは磁界から力を受けて往復運動し、コーン紙を振動させて音を出します。

リニア地下鉄に使われている推進機構は、回転運動する交流モーターを直線上に展開し、2次側の導体を軌道上に並べ、1次側のコイルを車体に取り付け、それに電流を順番に流して車体を推進します。

夢の乗り物と言われているリニアモーターカーでは車体に「超伝導コイル」を搭載し、これで磁極を作ります。これと地上に設置された推進用コイルによる磁極の吸引と反発を利用して車体を推進するしくみとなっています。推進コイルに流す電流の向きを変え、磁極の極性を変えて連続的に推進し、車体の速度は推進コイルに流す電流の周波数でコントロールします。

要点BOX

- ●回転運動するモーターを直線上に展開
- ●夢の乗り物を支えるモーター

スピーカのしくみ

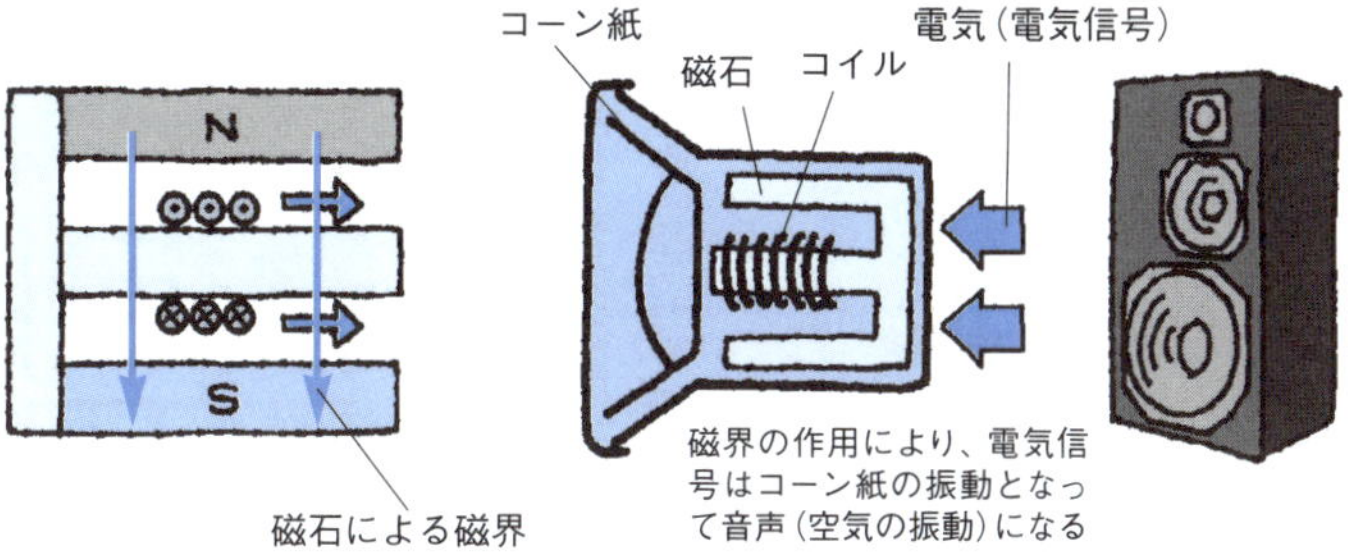

リニアモーターのしくみ

リニア地下鉄

リニアモーターカーの推進原理

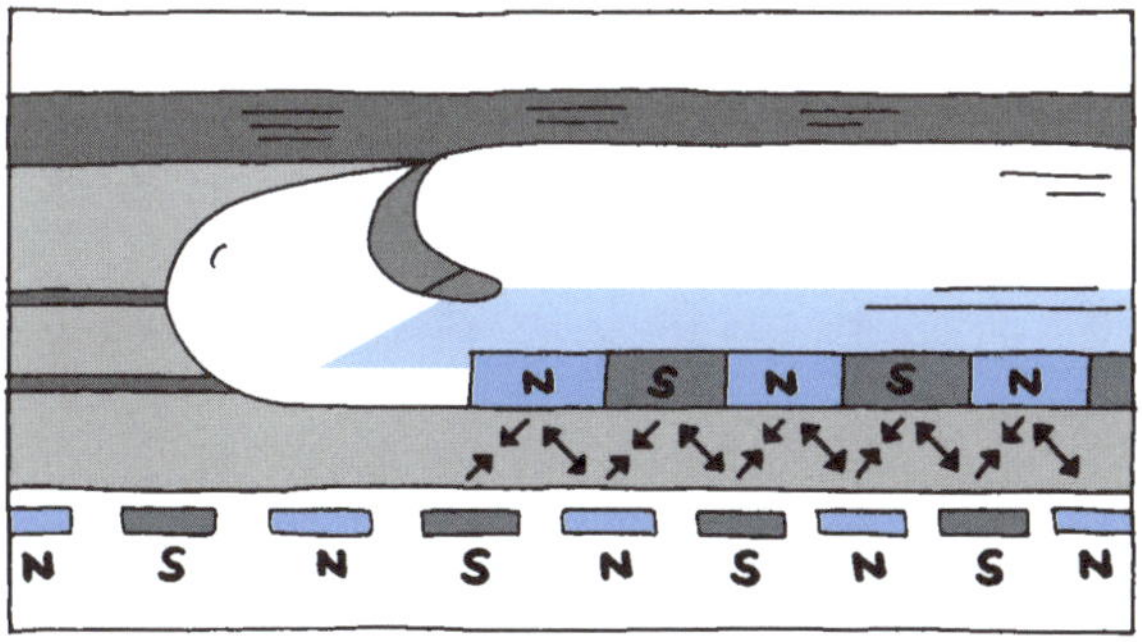

地上の推進コイルに電流を流すことにより磁界（N極、S極）が発生し、車両の超伝導磁石との間で、N極とS極の引き合う力と、N極どうし・S極どうしの反発する力により車両が前進します

42 流体の圧力を利用する機器の原理

パスカルの原理の利用

機械は電気で動くモーターだけで動いているわけではありません。高いところから落下する水や空気の流れ（風）によって電気を起こすことができます。空気や水も仕事をする能力があるということです。

水や空気を容器に閉じ込め、それに力をはたらかせ、水や水を含ませた紙玉をいきおいよく飛び出させるおもちゃとして水鉄砲や紙鉄砲があります。水鉄砲では、ピストンを押すとピストンが移動しただけの体積の水がピストンを動かす速度の何倍もの速度で小さい穴から飛び出します。また、紙鉄砲では、後から筒に詰めた後玉をピストンにして押すと、前玉と後玉の間の空気が圧縮され、前玉にはたらく力が前玉と筒との摩擦力より大きくなると、前玉が急に飛び出します。

容器に流体を閉じ込めておき、その一部に力を加えると、その力は容器内のあらゆるところに伝わる性質があります（これを「パスカルの原理」と言います）。直径の小さいピストンを小さな力で押しても、大きな直径のピストンには大きな力が出ます。これは、直径の小さいピストンを押すと、シリンダーやパイプに閉じ込められた流体には、直径の小さいピストンの断面積でそれに加えた力を割った値（これを「圧力」という）がはたらき、この圧力は閉じ込められた流体のどこでも同じです。これが大きな直径のシリンダーにはたらくと、そのシリンダーでは圧力とシリンダーの断面積とをかけた力が出ます。このしくみでは力は大きくなりますが、直径の小さいシリンダーを動かして移動する流体の量と直径の大きいシリンダーに移動する流体の量は等しいので、大きなシリンダーが動く距離は小さくなります。てこを使って小さな力を大きな力にするときの力と移動距離の関係と同じです。

これを利用し、ガソリンスタンドや自動車の整備工場では1トンもある自動車を容易に持ち上げることができます。また、油圧ブレーキにも利用されています。

要点BOX
- ●水や空気の鉄砲の原理を活用
- ●小さな力で大きな力を発生

水や空気を利用した身近な例

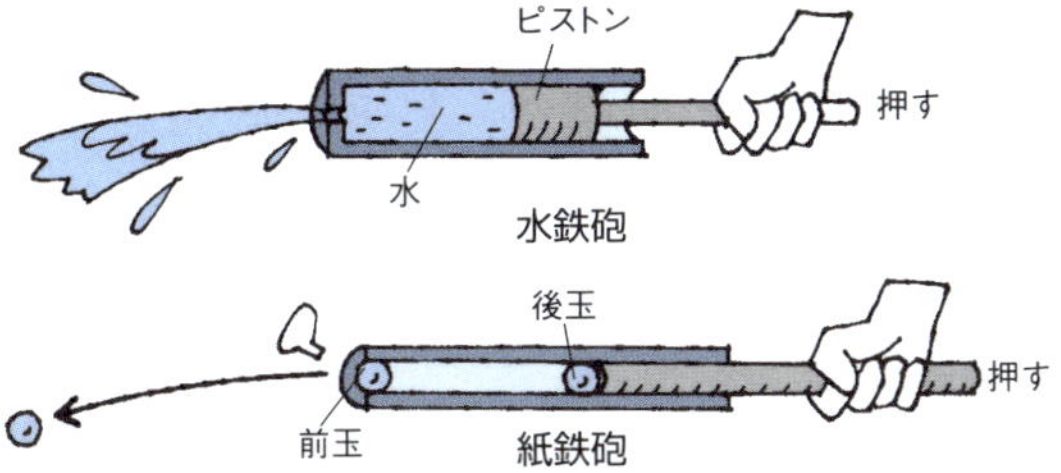

力を大きくする原理

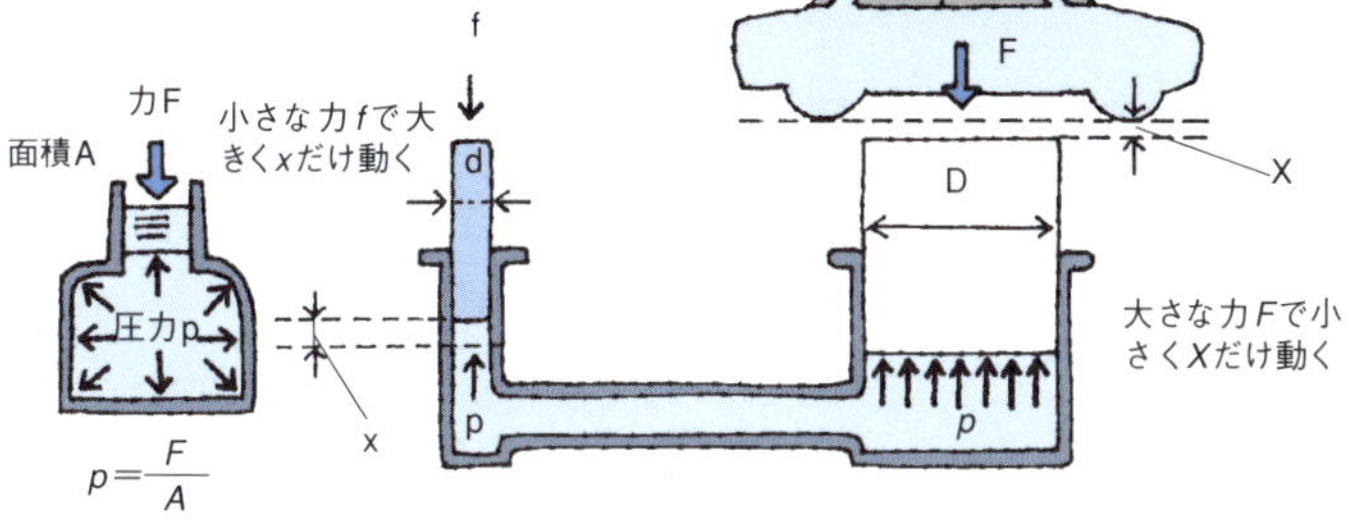

$$p = \frac{f}{\pi\left(\frac{d}{2}\right)^2} \qquad F = p \times \pi\left(\frac{D}{2}\right)^2 = f \times \left(\frac{D}{d}\right)^2$$

自動車におけるドラム式油圧ブレーキの作動機構

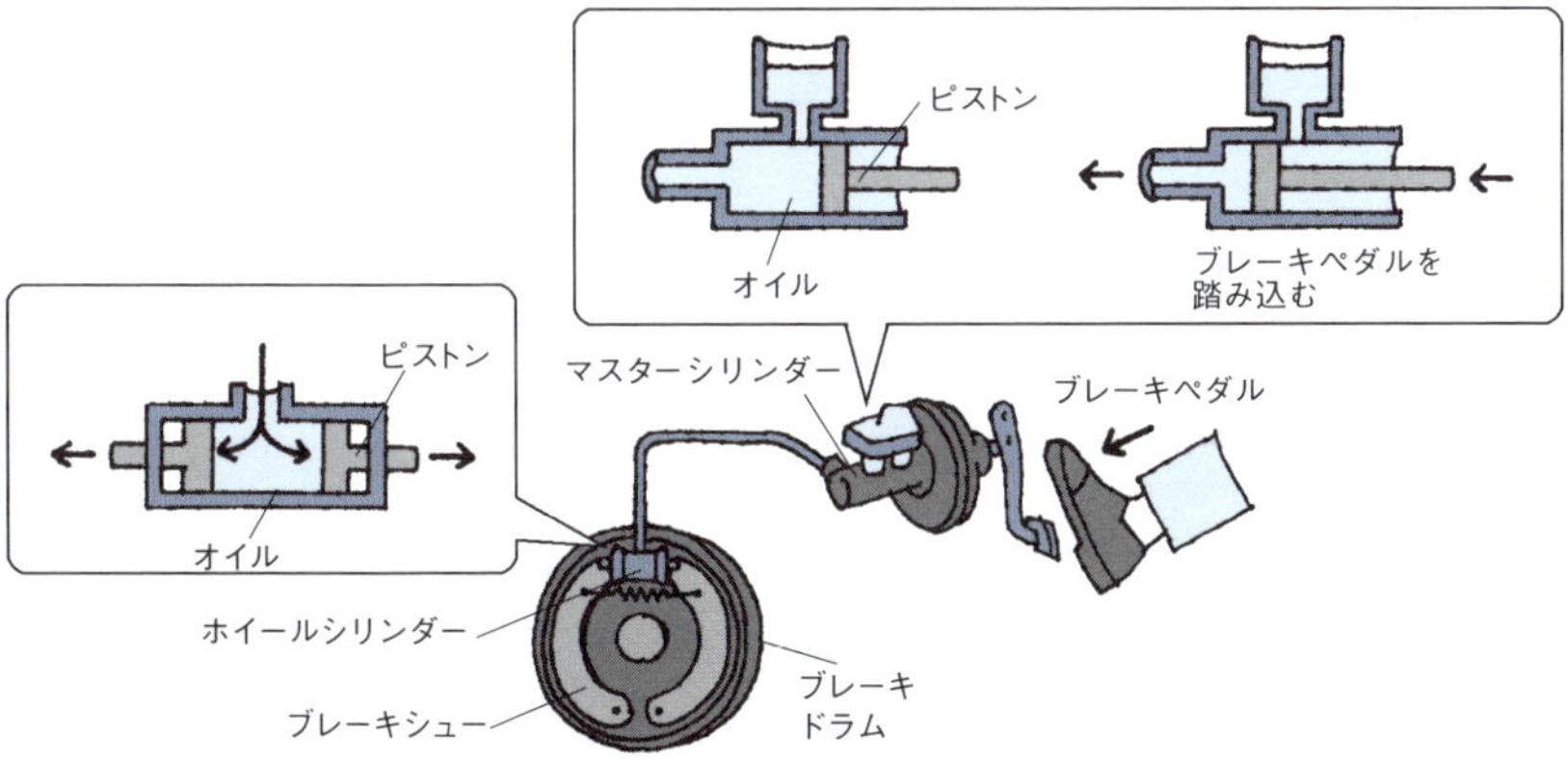

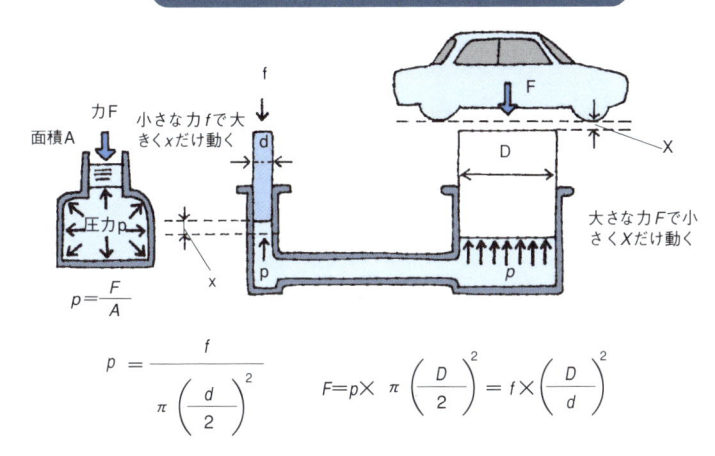

43 流体の圧力を利用する機器の構成

油圧機器と空気圧機器

油に圧力を与えて、その力を使った機械の代表として、建築や土木作業で活躍する「ショベルカー」があります。油圧を利用して重い土砂や建設廃材を軽がるとすくい上げることができます。また、工場では空気圧を利用して生産ラインの自動化を図っています

油圧や空気圧を利用し、電気のモーターのように機械を動かす駆動源（アクチュエーター）に相当する機器として直線上を往復運動するシリンダーと回転運動するモーターがあります。ここでモーターというと不思議なようですが、油圧を利用した油圧モーター、空気圧を利用した空気圧モーターがあります。このようなアクチュエータを動かすには、油圧、空気圧ともにいろいろな機器を必要とします。

油圧機器では、油を貯蔵するタンク→油のゴミを除去するフィルター→油を汲み上げ、油に圧力を与える油圧ポンプ→油圧ポンプからの油の圧力を調整する油圧制御弁→一定な圧力の油の流れを制御する方向制御弁→油圧シリンダーというようになります。

油圧源となる油圧ポンプを回すには電気式のモーターを使うため最初から、油圧機器を使わずに電気式のモーターで機械を駆動すればよいと考えますが、油圧機器では１cm^2あたり１００kgのおもりを動かせるくらいの力を出せ、かつ、低速から高速まで速度を変えて機械を動かせる特長があります。

空気圧機器では、電気式のモーターで圧縮機（コンプレッサー）を動かし、空気を圧縮する→圧縮された空気中のゴミや水分を取り除き、圧力を調整し、油を霧状にして空気圧回路に供給する（フィルター、レギュレーター、リュブリケーター）→方向制御弁→空気圧シリンダーというようになります。空気圧は油圧に比べ、圧力が低いので、大きな力を出せませんが、直線的な往復運動とメカニズムを組み合わせて使われています。

要点BOX

- ●油圧は大きな力で低速から高速まで速度を変えて機械を動かす
- ●工場の自動化機器に使われる空気圧

油圧や空気圧を使った機械

油圧を使った機械

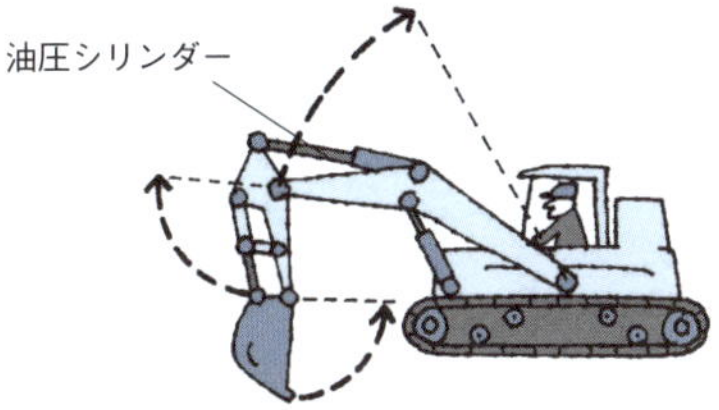

空気圧を使った自動化機械

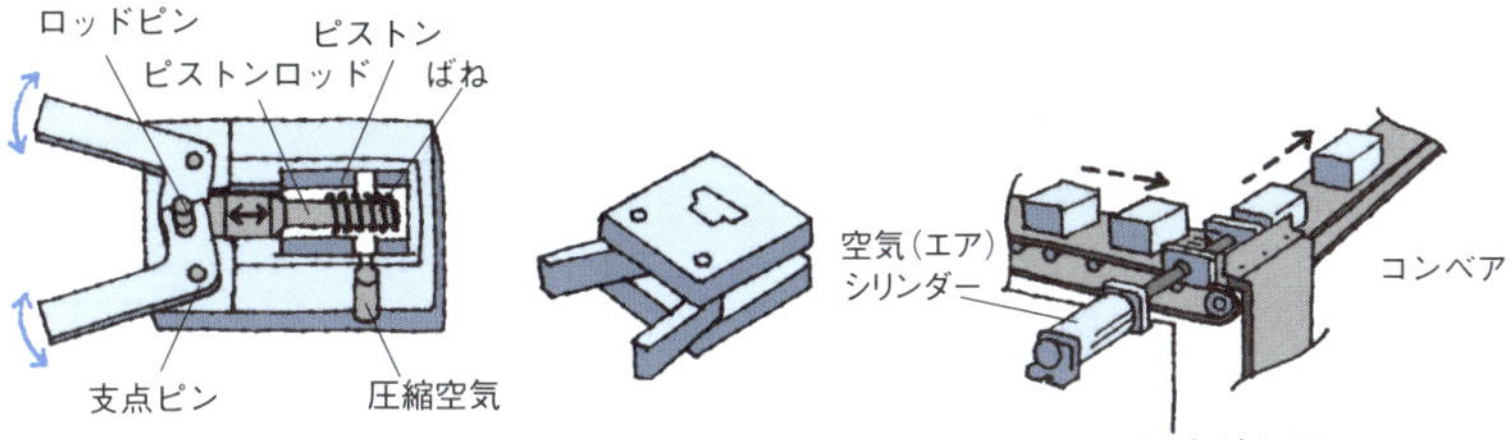

ロボットのハンド

コンベアを流れる
品物の流れを変える

自動化に使われる機器の構成

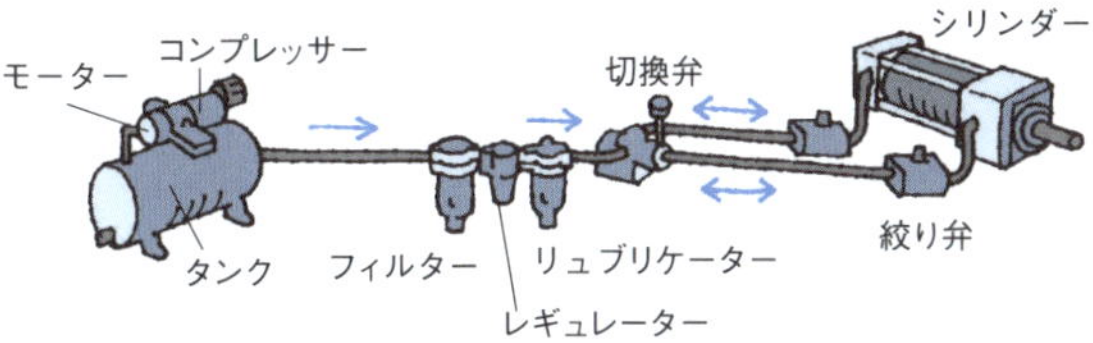

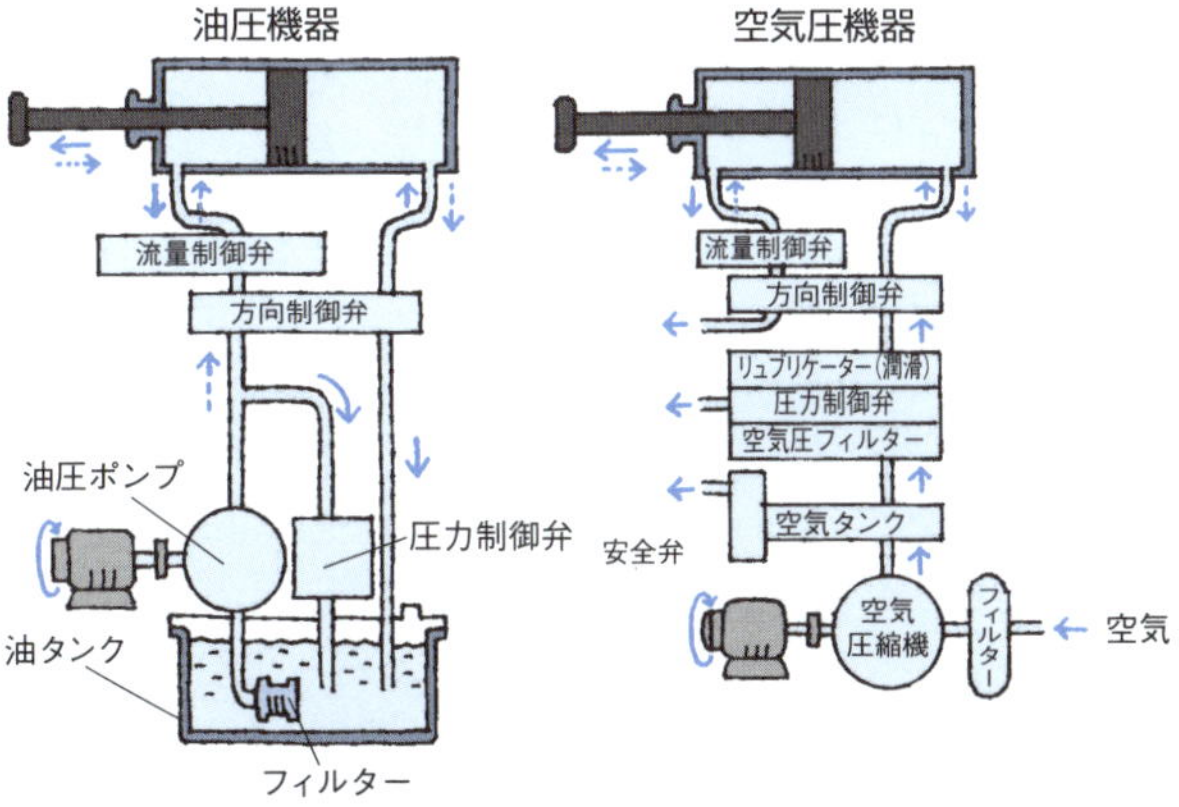

44 安全を守る弁、流れの方向を変える弁

空気圧や油圧の駆動源、各種弁

油に圧力を持たせる油圧ポンプには、歯車を使い、歯と歯の間に油を閉じ込めて油に圧力を与える歯車ポンプや、偏心して回転するローターの溝に板（これをベーンという）を入れ、ローターを回転してベーンの間に油を閉じ込めて油に圧力を与えて送り出す「ベーンポンプ」などがあります。

空気を圧縮する圧縮機（コンプレッサー）にはピストンを往復運動して空気を吸い込んで圧縮する往復式と、油圧のベーンポンプのように回転運動して空気を圧縮する回転式があります。

油を次から次へと汲み上げると、油圧機器や配管に油がたまり、圧力が上昇し過ぎるのを防ぐため一定の圧力を超えたら、汲み上げた油をタンクに戻すために圧力で作動する弁（リリーフ弁）が使われています。この弁は配管内の圧力が高くなると、ばねの力に打ち勝って弁を押し上げ、油圧では油をタンクに戻します。

空気圧では圧縮した空気をタンクにためます。このタンク内の圧力が高くなりすぎると危険なので、一定圧になったら圧縮空気を大気中に吐き出すように安全弁が使われています。

シリンダーを前進させたり、後退させたり、また、モーターを時計回りや反時計回りに回転させるように、運動方向を変えるのには方向制御弁が使われます。

流れを切り換えるには、スプールやダイヤフラムを動かして切り換えます。入力のポート1つと出力ポート2つがあり、出力のポートのいずれかを開けたり、閉めたりして流体の流れる方向を切り換えるはたらきがあります。切り換え方式には、手動方式とソレノイドによる電気方式があります。ソレノイドは導線を巻いたコイルに電流を流すと、鉄心を引き付け、この力で弁を切り換えます。さらに、空気や油が逆流しないように一方向のみに空気や油を流すには、「逆止め弁」（チェック弁）があります。

要点BOX

- ●空気圧縮機には往復式と回転式がある
- ●油圧ポンプには歯車ポンプとベーンポンプ
- ●運動方向を変える方向制御弁

油圧源と空気圧源

油圧源

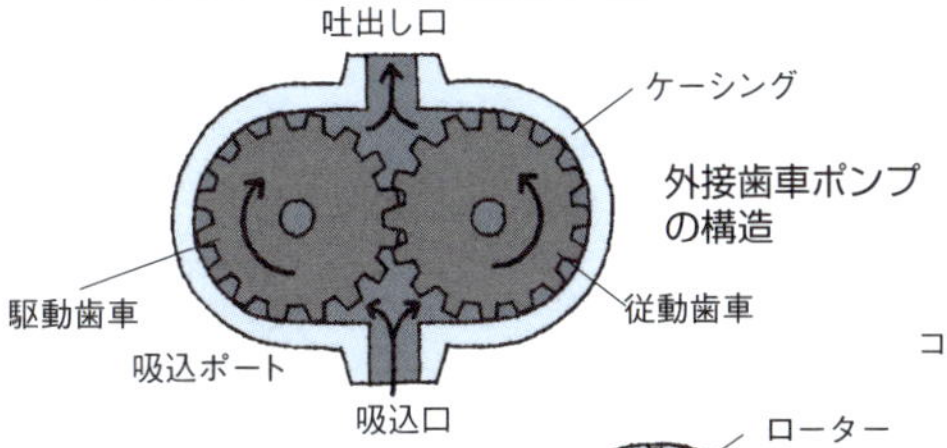

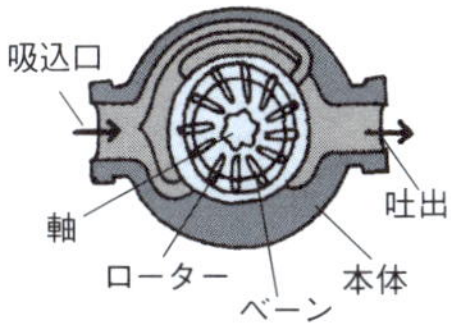

ベーンポンプ

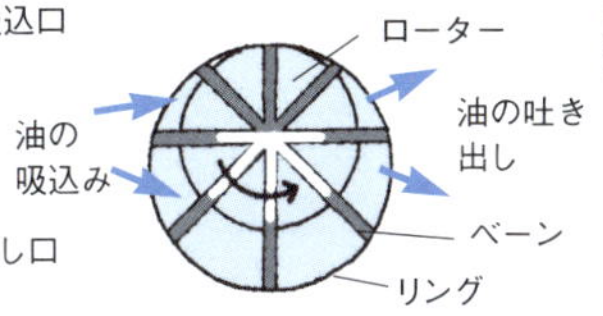

ベーンポンプの原理

空気圧源

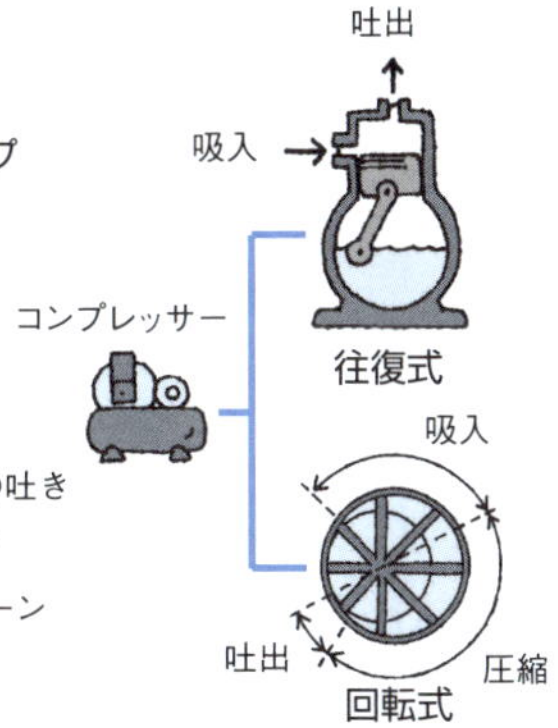

回路を守る弁

安全弁

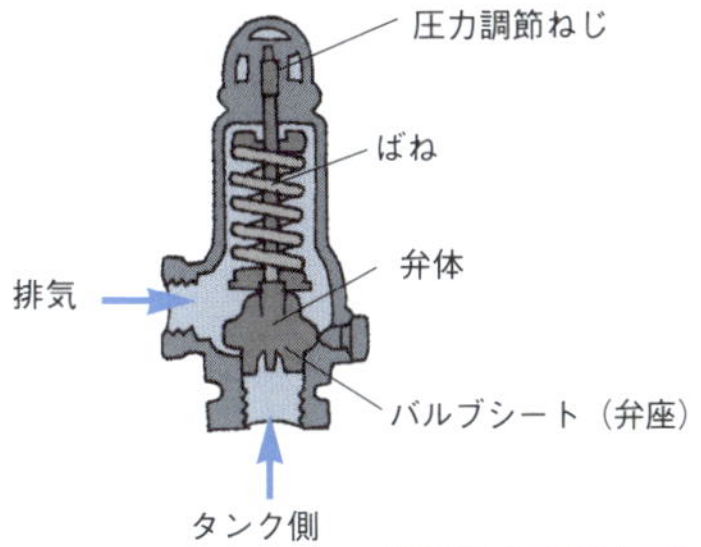

リリーフ弁

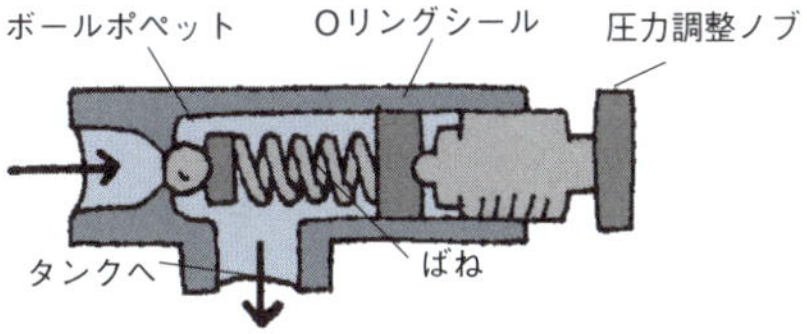

流れの方向を制御する弁

切換弁

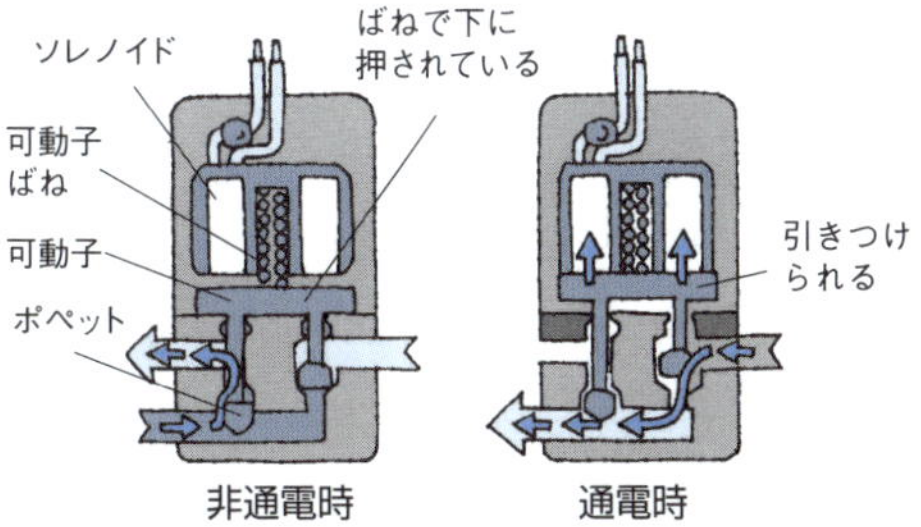

切換弁が、左の位置になるとシリンダーは右に動き、右の位置になるとシリンダーは左に動きます

ソレノイド弁

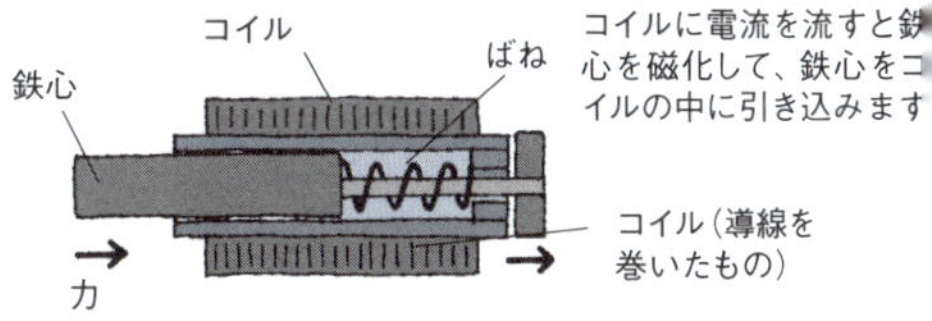

コイルに電流を流すと
心を磁化して、鉄心を
イルの中に引き込みます

チェック弁

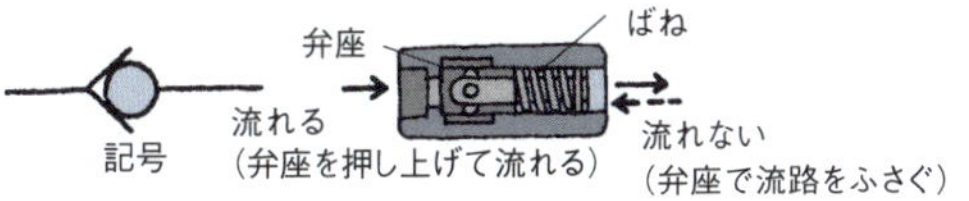

45 空気・油圧機器のアクチュエータと速度を制御する弁

シリンダーとモーター

ポンプやコンプレッサーで圧力を与えられた油や空気を使い、物を動かしたりして仕事をするアクチュエータには、直線運動するシリンダーと回転するモーターがあります。

シリンダーには油や空気が入るポートの数、ロッドの形、シリンダーの固定方法などによってさまざまな形式のものがあります。

シリンダーを前進・後退させるのに、一つのポートから流体が出入りする「単動シリンダー」と二つのポートをもった「複動シリンダー」があります。

油圧シリンダーと空気圧シリンダーの構造は、ピストンやロッドなどの構成要素はほぼ同じですが、空気圧シリンダーでは空気がもれないようゴムのパッキンが使われています。油圧シリンダーでは高精度に加工したシリンダーとピストンを使い、油で劣化しやすいゴムのリングなどは使いません。油圧機器では弁なども加工精度が高く、機器が高価になります。

油圧源や空気圧源のポンプ（歯車ポンプやベーンポンプなど）に圧縮した油や空気を入れると、油圧モーターや空気圧モーターとなります。

油空圧のシリンダーやモーターの速さを制御するために、流量を制御する弁があります。これを代表するものとして「絞り弁」があります。この弁は流体の通路を狭めたり、広げたりして流れる流体の量を調節します。

しかし、絞り弁を流れる流量は絞りの前後の圧力の差で決まりますので、シリンダーに大きな負荷が加わり、シリンダー側の圧力が高くなると、流量が変化してしまいます。そこで、負荷の大小によらず、常に流量を一定にできる「流量調整弁」があります。この流量調整弁では、シリンダー側の圧力の大小によって圧力補償弁を動かし、オリフィス（狭い通路）の通路を変えて、絞り弁の前後の圧力差を一定にして、流量を一定に保ちます。

要点BOX

●油圧、空気圧を使ったシリンダーとモーター
●速度を制御する流量調整弁

空気シリンダーのしくみ

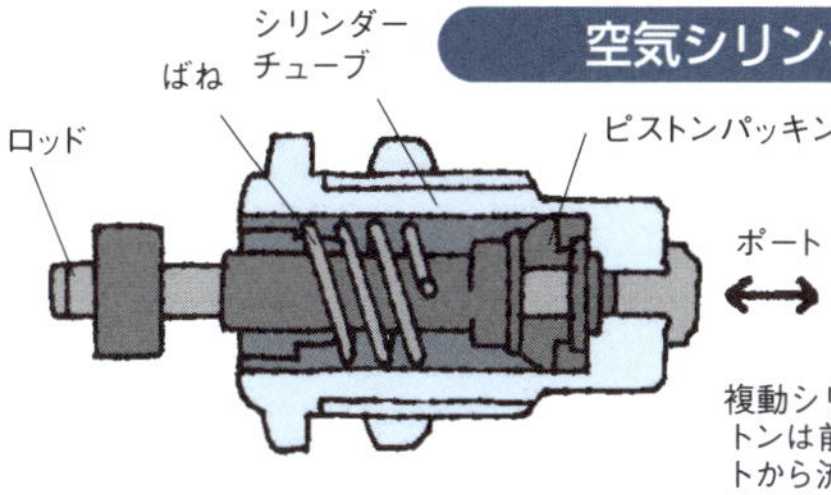

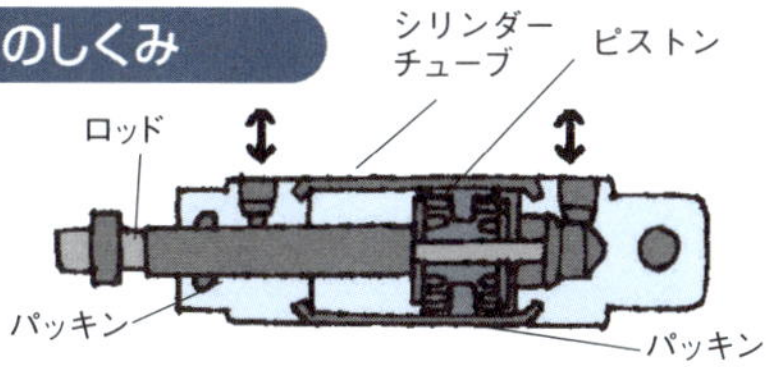

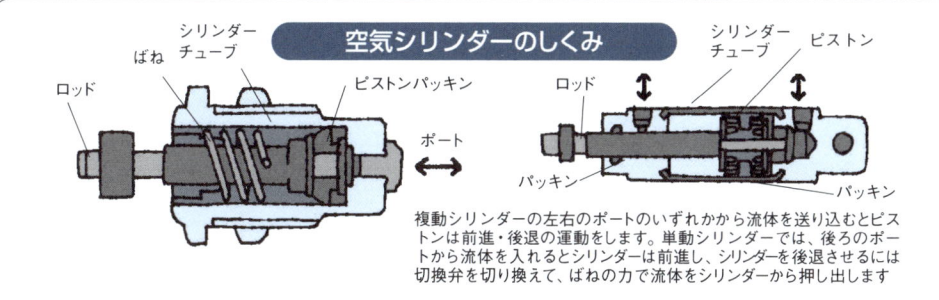

複動シリンダーの左右のポートのいずれかから流体を送り込むとピストンは前進・後退の運動をします。単動シリンダーでは、後ろのポートから流体を入れるとシリンダーは前進し、シリンダーを後退させるには切換弁を切り換えて、ばねの力で流体をシリンダーから押し出します

回転式空気圧アクチュエータ

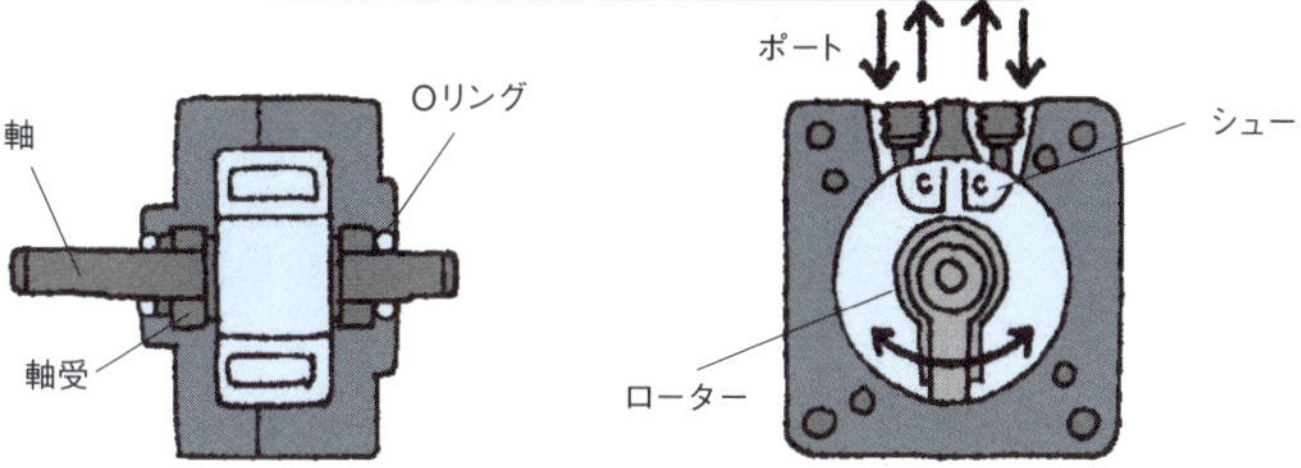

圧縮空気が入るとアクチュエータは右に回り、左のポートから入ると左回りします

スプールを使った切換弁によるシリンダーの制御

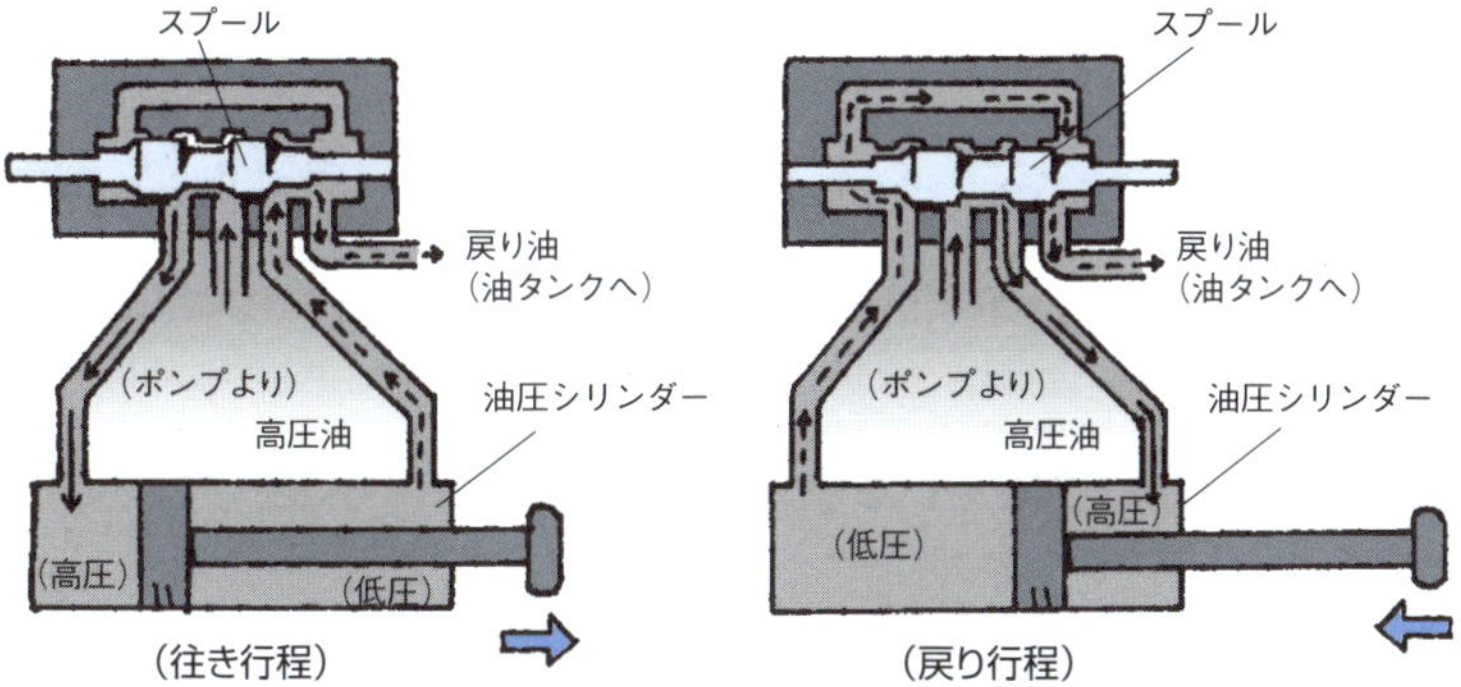

流量調整弁

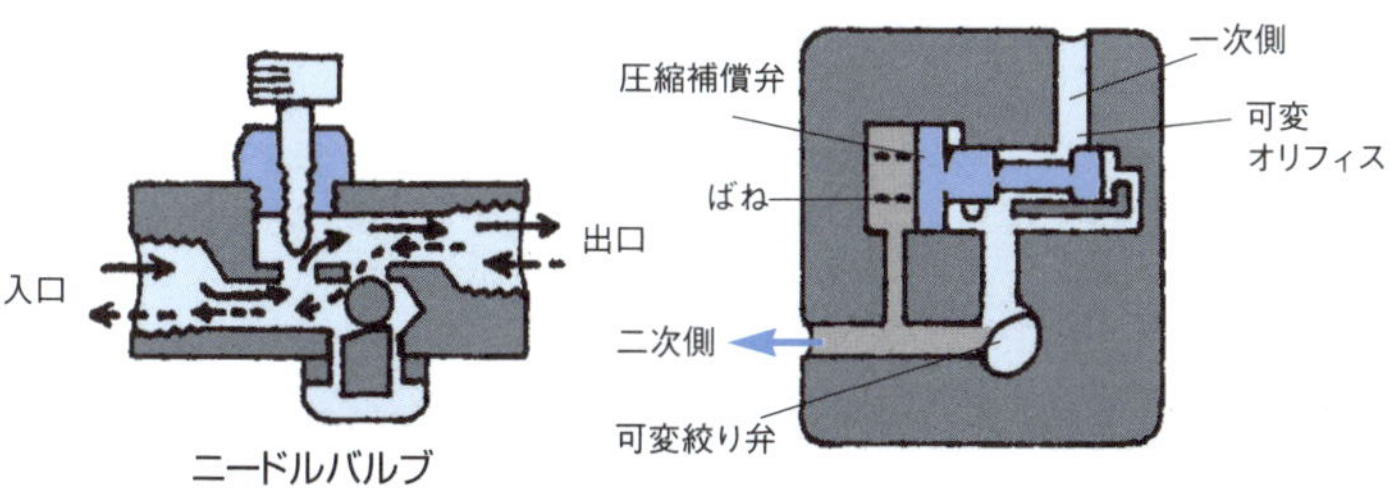

Column

エネルギーを生み出すのは難しい…風車発電

機械を動かすには、発電所から送られてきたエネルギーを使いモータを利用したり、精製された燃料を燃やしてエンジンを利用しています。このようにエネルギーを使って機械を動かしていますが、何億年もの間に蓄えられてきた化石エネルギーを約100年のオーダーで消費しようとしているわけで、環境に与える影響が危惧され、それに伴った技術も開発されています。

蓄えられてきたエネルギーは太陽のエネルギーによってできています。現在、地球に降り注ぐ太陽エネルギーを電気エネルギーに変換する太陽光発電、また、太陽のエネルギーによる大気の流動、すなわち、風のエネルギーを利用する風力発電など、化石エネルギーを使わない技術が使われています。

機械技術との関連が深い風力発電のしくみを考えます。風力発電では、風のエネルギーを受けて、風車が回り、それで発電機を回して、電気エネルギーを発生しています。

風車の代表的なものとして、プロペラを回転する風車があります。この風車によって風のエネルギーを機械的なエネルギーに変換できるのは最大で約60パーセントです。

風のエネルギーは風速の3乗に比例します。もっと正確に言えば、風車の直径に相当する面積、空気の密度、風速の3乗の積の2分の1です。風速10m／sの風を受けて回る直径30メートルの風車が発生できるエネルギーは約350kWです。直径1メートルの風車では390Wです。風速が5m／sになると、風車で取り出せるエネルギーは風速10m／sの時の8分の1となり、直径1メートルの風車では49Wです。取り出せるエネルギーはわずかです。

風車で取り出したエネルギーは歯車などの伝動機構を介して発電機につながれます。また、発電機でもすべて電気エネルギーに変換できるわけではありません。このような変換の効率や伝動損失を考慮すると、有効に活用できるのは風のエネルギーの約30パーセントです。風速5m／sのとき直径1メートルの風車では25Wです。このようなことを考えると、エネルギーを生み出すのはたいへんな努力と創意工夫が必要です。便利だから機械を使うだけでなく、機械の使い方を考えて、エネルギーを使うようにすることが必要です。

第7章

身の回りにある機械のしくみ

46 事務機

コピー機、プリンター

コピー機は学校やオフィスでは必要不可欠な機械です。その機能は拡大、縮小にとどまらず、両面印刷、1組の書類として綴じたりと、さまざまな機能を持っています。

コピー機は、光学技術を活用した原稿読み取り部と、それを紙に複写する現像部とで構成されています。

読み取り部は原稿の何も書かれていない白い部分を反射した光が、ミラーとレンズを介して感光体まで届きます。

現像部は読み取り部で読み取った原稿パターンを電荷の力を利用して紙に写し取ります。光が届かなかった部分には電荷が残り、その電荷に引かれて、次のようにトナーが紙に付着します。

①コロナ放電を利用して、感光体表面に電荷を均一に付着させることで、感光体が光に反応するようにします。

②原稿から反射した光を感光体に当て、原稿と同じ電荷のパターンを作ります。原稿の白い部分にあたった光が反射して感光体にあたると、その部分の電荷が消えるので、原稿の黒い部分と同じパターンで電荷が残りますが、ここでは像はまだ見えません。

③感光体上の電荷のパターンにトナーを付着させて、見える像にします。

④感光体に付着したトナーを紙に転写し、さらに逆の電荷を放電することで感光体から紙を分離します。

⑤紙に付着したトナーを熱で溶かし、圧力を加えて、紙に定着させます。トナーは、カーボンのまわりを樹脂が覆ったもので、熱と圧力を加えると樹脂が溶け、カーボンが紙にくっつきます。

⑥感光体に残ったトナーをブラシとゴムのへらで落とし、光を当て、帯電した電荷を消去します。

コンピュータの出力装置として使われているレーザープリンターもコピー機と同様にして、紙に情報を出力します。

要点BOX

- ●コピー機は原稿読み取り部と、それを紙に複写する現像部からなる
- ●レーザープリンターの基本構造はコピーと同じ

コピー機のしくみ

帯電

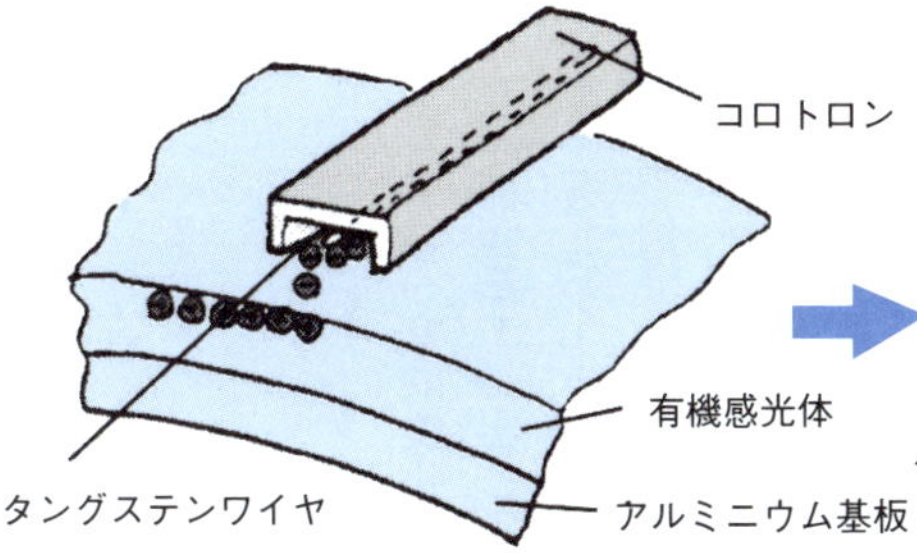

コロトロンから、コロナ放電を発生させると、有機感光体の表面はプラスの負荷を帯びます

露光

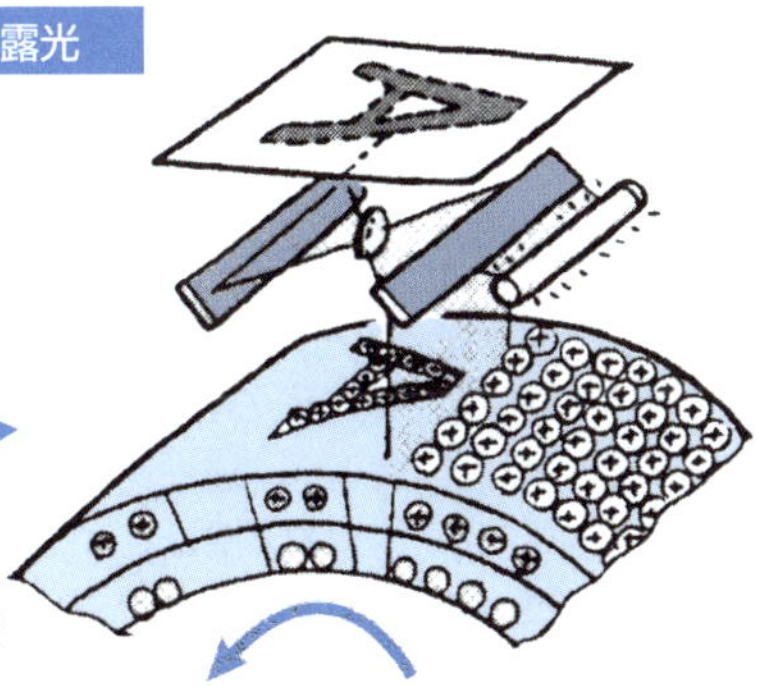

感光ドラムの光が当たった部分は、電気抵抗が下がってプラス・マイナスが打ち消しあって帯電はなくなります

現像

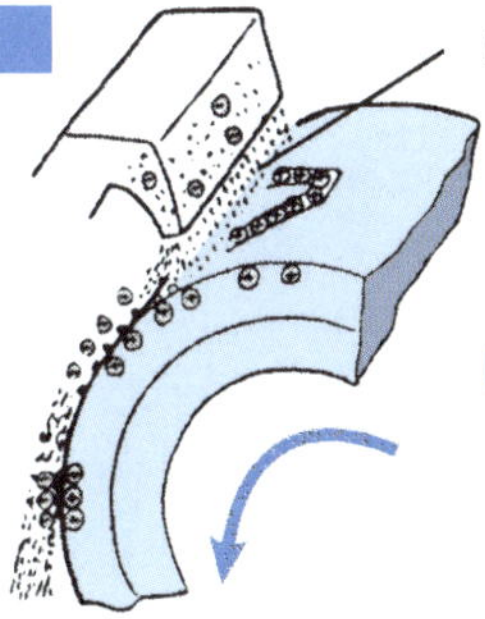

マイナスに帯電したトナーを降りかけると、感光ドラムのプラス部分に付着します

転写

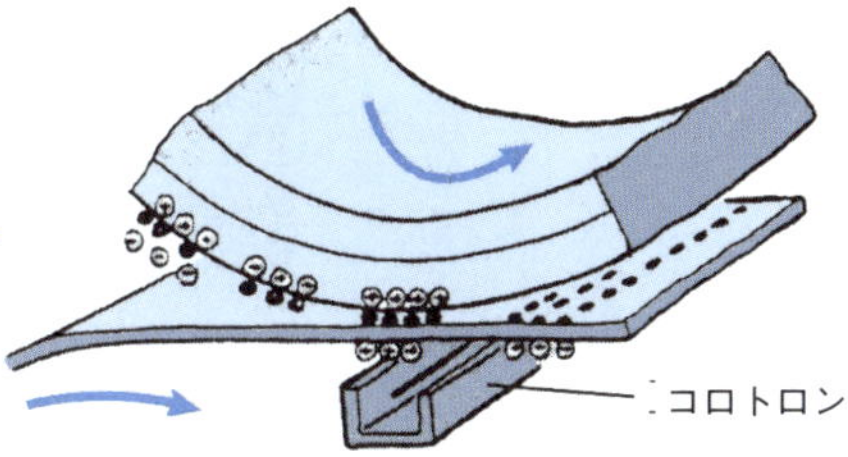

コロトロンで記録紙をプラスに帯電させて、マイナスのトナーを引き付けます

定着

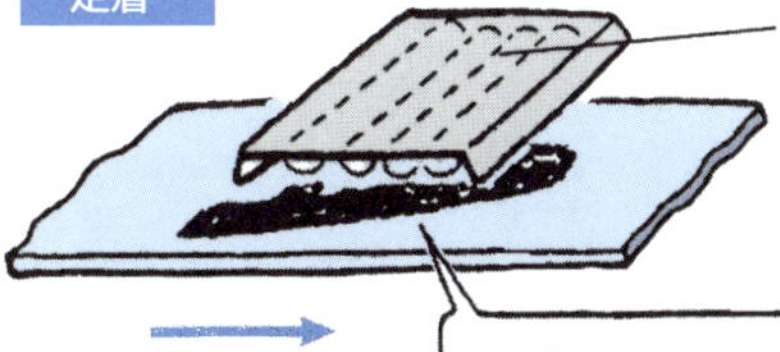

ヒーターで加熱すると、トナーの樹脂成分が溶けて紙の上に密着します

樹脂成分は紙の繊維の中に染み込みます

モノづくり解体新書（日刊工業新聞社）

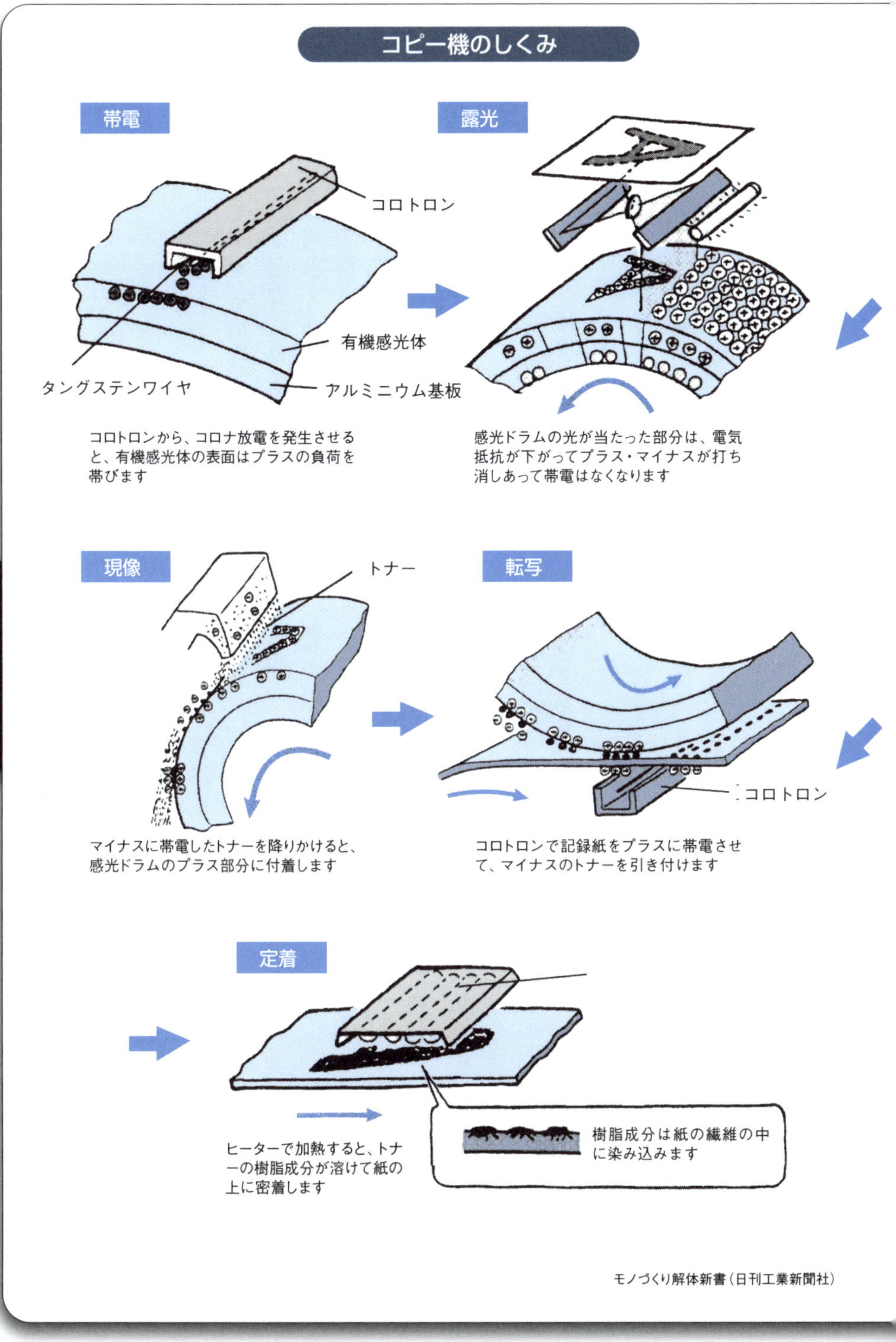

47 ハードディスク

デジタルデーターを記録

ハードディスクはコンピュータの補助記憶装置として利用されてきましたが、家庭電化製品のデジタル化とともに、大きな記憶容量を必要とする音声や映像などのデーターをデジタルデーターとして記録するために家電製品でも利用が増えています。

ハードディスクの特長は、大容量のデーターを記憶でき、必要なときに必要なデーターを即座に再生できること（これを「ランダムアクセスができる」といいます）です。

ハードディスクはプラッターと呼ばれるデーターを書き込むディスクとそれを回転するモーター、ディスクのデーターを読み取るヘッドとそれを駆動するアーム、アームを駆動するリニアモーターで構成されています。この構造は、現在では音楽のメディアとしてあまり使われなくなった30cmほどの円盤に音の溝を書き込んだレコード盤を再生するレコードプレイヤーに似ています。

レコードプレイヤーでは、モーターによって一定速度でレコード盤を回転し、その外周から中心に向かって渦巻き状に刻まれた溝（音のアナログデーター）をレコード針でたどり、その針のふれを電気信号に変換して音楽を再生しています。

レコード盤に相当する物がディスク、レコード針に相当する物がヘッド、レコード針を支えるアームに相当する物がヘッドを駆動するアーム、となります。

ディスクはガラスやアルミニウムなどの硬い（ハードな）円板（ディスク）に磁性体を蒸着などの方法により塗布し、データーを記録しています。データーは同心円状に区切られ（これをトラックといいます）、さらにトラックはセクターと呼ばれる小さな単位に分けられ、この単位でデーターを読み書きしています。磁気ヘッドでデーターを読み書きし、これは高速回転するディスクには直接触れずに、ほんのわずかなすき間があります。

このように、ハードディスクは非常に精密にできていて、衝撃や振動に弱い、デリケートな装置です。

要点BOX

- ●レコードプレーヤーに似た構造
- ●衝撃や振動に弱いデリケートなメディア
- ●必要なデーターを即座に再生

ハードディスクの構造

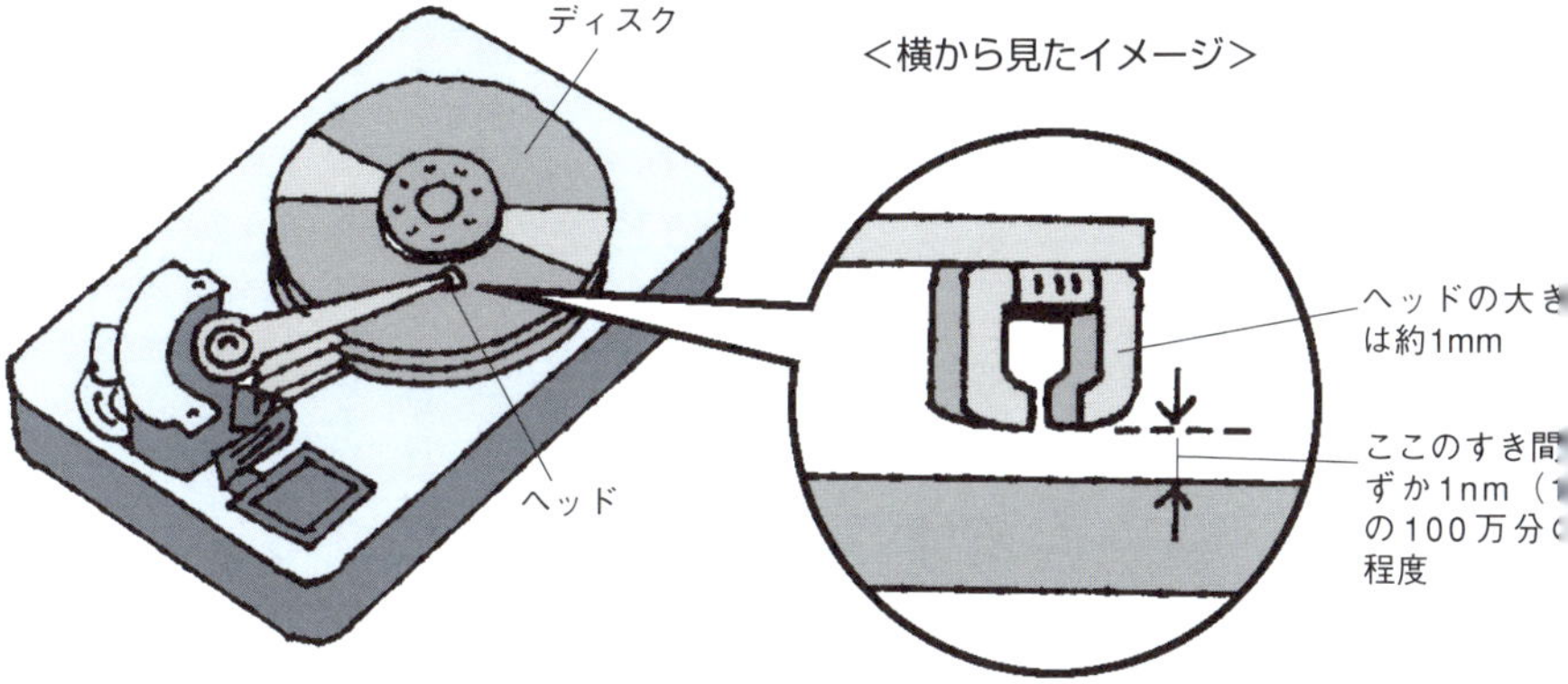

コンピュータの記憶装置に関する階層

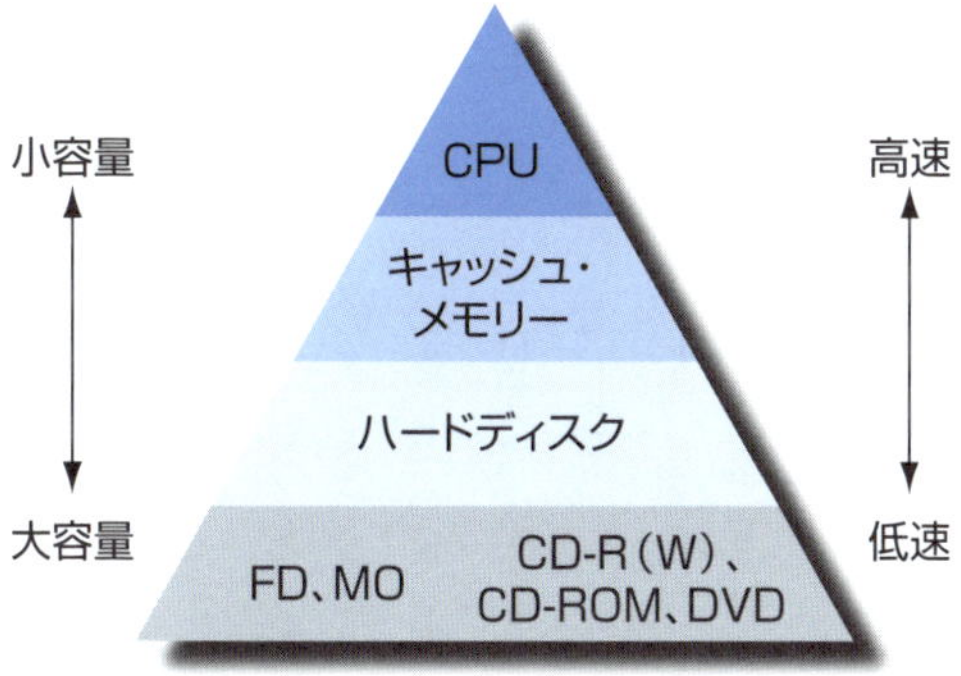

ハードディスクのディスクと音楽用LPレコード

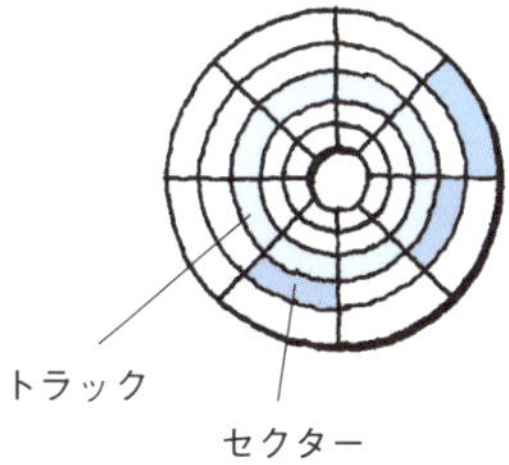

CDの表面には0.11 μm（ミクロン）程度の凸凹があり、これにデータとして記録されています

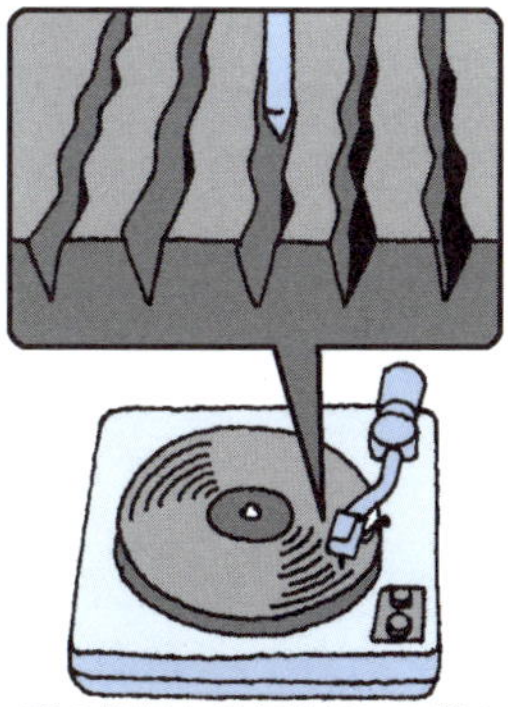

溝の振幅を電気信号に変換して音を再生しています

48 コンピュータ

ハードウェアとソフトウェア

コンピュータ、たとえばパソコン（パーソナルコンピュータ）は、装置として目に見えるキーボードやマウスなどの入力装置、ディスプレイやプリンターなどの出力装置、ハードディスクやCD-ROM、DVD装置などの記憶装置（外部記憶装置）、コンピュータ本体で構成されています。これらを「ハードウェア」といいますが、これだけではコンピュータはただの箱です。

いずれも重要な装置ですが、コンピュータ本体はもっとも重要で、それは計算や比較などの演算を行うCPU（中央処理装置）、処理手順（プログラム）を書き込む主記憶装置、主記憶装置に書き込まれた処理手順を解読して、各装置を制御する制御装置から構成されています。コンピュータの心臓部の動作は、足し算を例として、次のようになります。

① 補助記憶装置からプログラムを読み取り、主記憶装置に読み込みます。

② 入力装置より数値を読み取り、主記憶装置（データー領域A）にデーターAを書き込みます。

③ 主記憶装置（データー領域A）のデーターAにデーターCを加え、主記憶装置（データー領域B）に書き込みます。

④ 主記憶装置（データー領域B）のデーターBを読み取り、出力装置に出力します。

このようにコンピュータ内では命令の手順にしたがって順番に一つずつ実行していきます。コンピュータにとっては動作の手順や命令でできたソフトウェアも重要になります。

コンピュータが役に立つ機械としてはたらくには、動作の手順や命令でできたソフトウェアがなくてはなりません。このソフトウェアはコンピュータを操作する人が自分で作成できますが、広く使われるワープロや表計算などのソフトウェアはアプリケーション（応用ソフトウェア）と呼ばれ、購入してコンピュータに組み込めば（これをインストールといいます）よいのです。しかし、このようなソフトウェアを動かすには、OS（オーエス）と呼ばれる基本ソフトウェアが必要です。

要点BOX

●OSという基本ソフトが必要

●命令の手順に従い順番に一つずつ実行

パソコンの構成

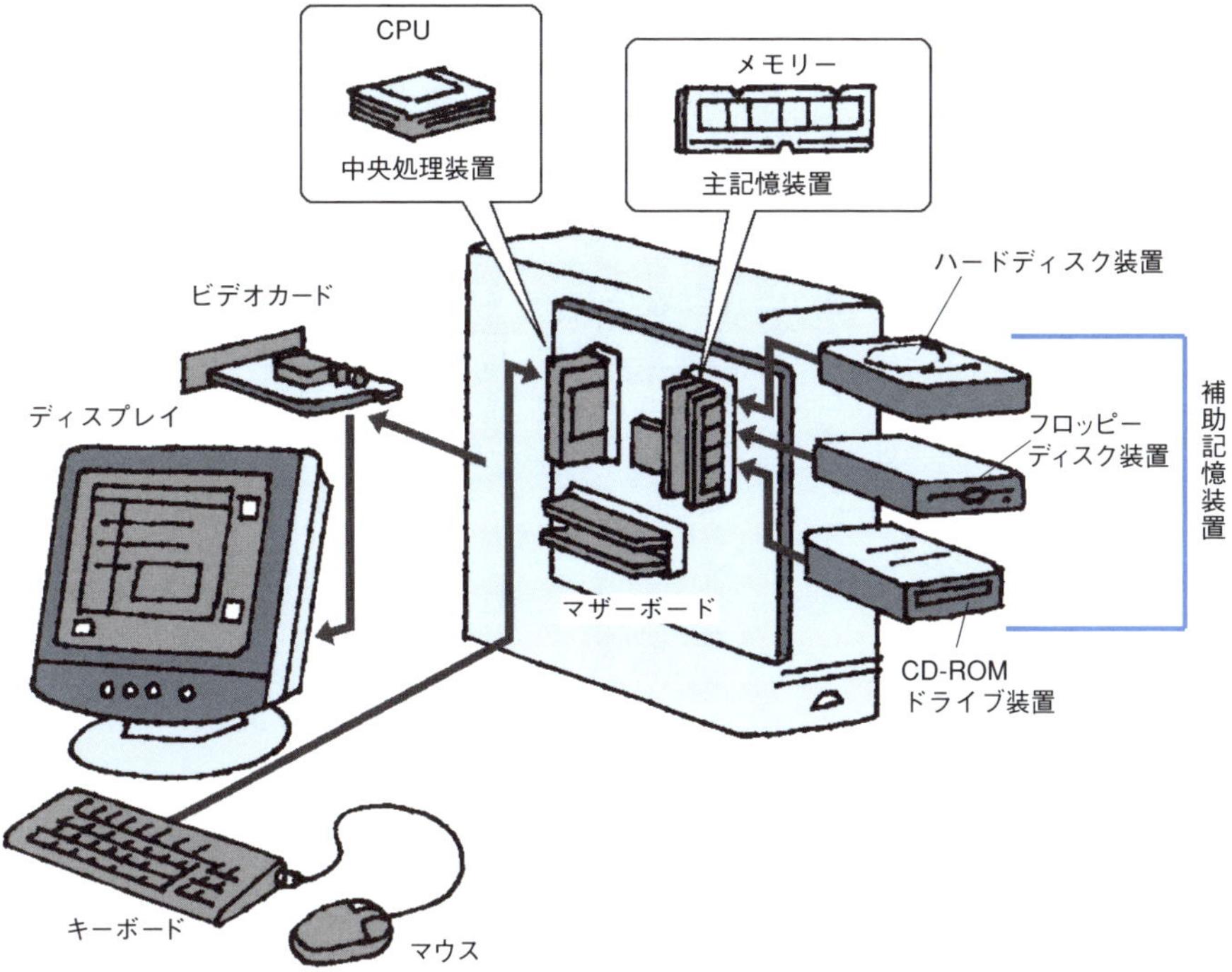

CPU（中央処理装置）と記憶装置、入出力装置

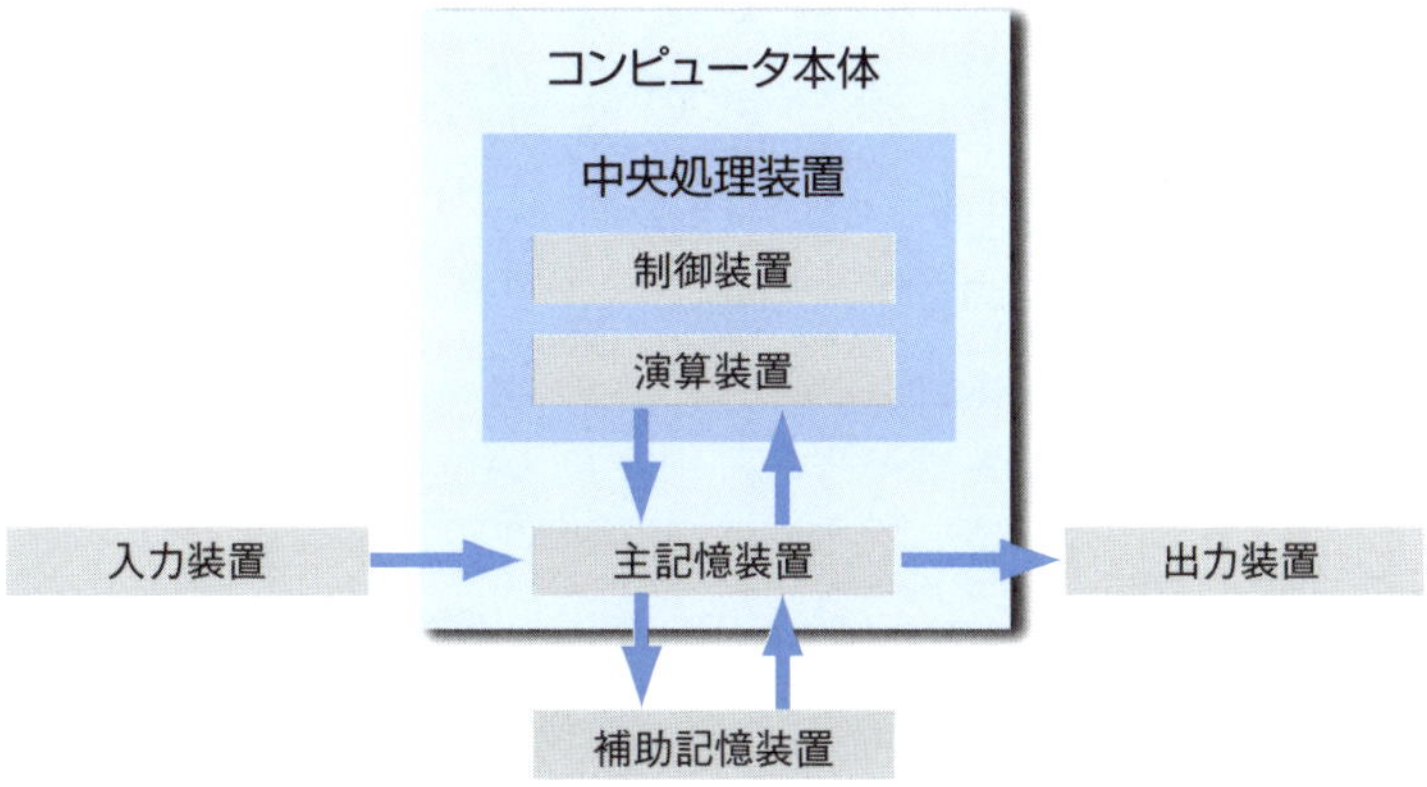

49 ロボット

　ロボットという言葉は、身近な存在になっていますが、その語源は強制労働（奴隷）を意味するチェコ語のrobotaです。

　ロボットは次の三原則で定義されています。

原則①　ロボットは人間に危害を加えてはならない。また、人間に危害を与える危険を見過ごしてはならない。

原則②　ロボットは人間の命令に従わなくてはならない。ただし原則①に反する場合はこの限りではない。

原則③　ロボットは原則①と②に反するおそれがない限り、自分を守らなければならない。

　この三原則を満たすロボットは理想的なロボットです。アニメなどに登場するロボットは確かに三原則を満たしています。しかし、現在のところ、ロボットは自律して自動で動く機械の一つを指しています。

　当初のロボットは、苦役から人間を解放し、省力化を図るために導入された人間に替わって作業する産業用ロボットでした。

　産業用ロボットは人間が数値情報として溶接や塗装、組立などの作業の手順をロボットに教え込み、それにもとづいて動作を再現するティーチング・プレイバックロボットです。

　そのしくみは、人の腕や手のしくみと似ています。腕が何度回ったかを検知するセンサー、腕や手を動かすモーターやシリンダーなどのアクチュエーター、センサーからの情報を取り込み、判断し、腕や手を動かす命令を出す制御用のコンピュータなどから構成されています。

　人間型の歩行ロボットやペットとしてのロボットなど、人間と会話したりするロボットが登場していますが、制御技術や視覚・聴覚などのセンサー、アクチュエーターなどの進歩により進化しているだけで、ロボットとしての基本的なしくみは変わりません。将来、三原則にもとづいたロボットが登場し、人間と共存することも夢ではありません。

要点BOX

●漫画に登場するロボットは三原則に基づく
●産業用ロボットはティーチング・プレイバック型

人間とコミュニケーションをとるロボットの登場

産業用ロボットのアーム

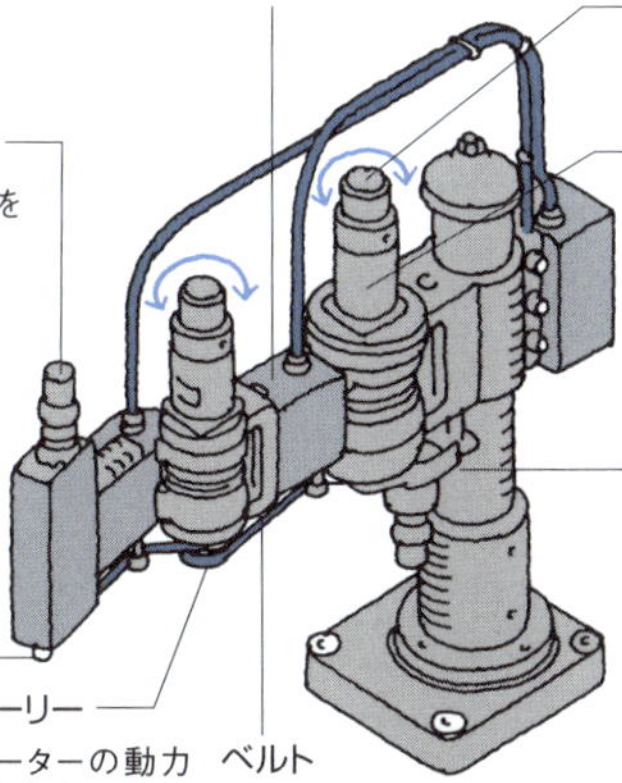

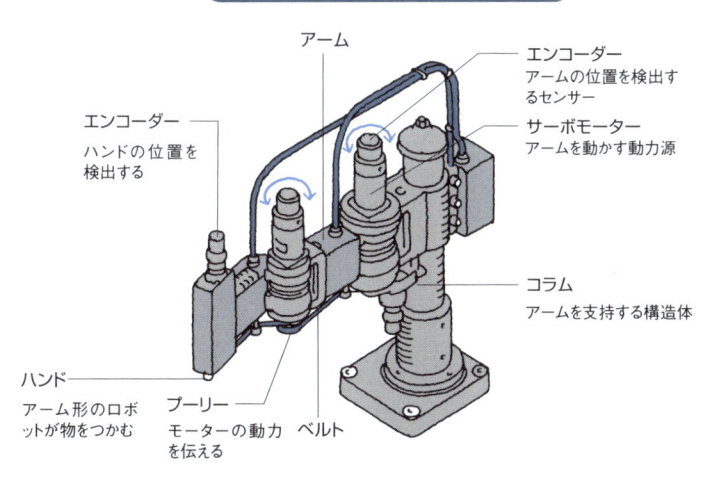

50 時計：機械式からクオーツへ

電子的に時を刻むクオーツ

時刻の表示方法によって、時計には、針で時刻を表示するものと数字で時刻を表示するものに分けられますが、ここでは針を使った時計を取り上げ、時計のしくみを考えます。

クオーツ時計のしくみは、時刻を表示する針（秒針、分針、時針）、秒、分、時と60分の1ずつ回転を下げる歯車、歯車を一定時間間隔で正確に駆動するステッピングモーターと、それに正確な時間信号を作り出す水晶振動子と電子回路（水晶振動子の正確な発振周波数を落とす回路とステッピングモーターを動かす回路）、モーターと回路に電気を供給する電池からできています。

クオーツ時計の心臓部は、正確な時間信号を発振する水晶振動子です。これをクオーツと言い、クオーツ時計という呼び名がついたわけです。

水晶振動子は、水晶を削り真空のカプセルに入れたもので、電圧を加えると1秒間に3万2768回正確に振動します。水晶振動子は、集積回路（IC）、コンデンサー、抵抗などといっしょに回路として組み込まれています。

一方、時計の原点である機械式の時計針を動かす源となるゼンマイ、その力を伝える歯車の並び、歯車の回転速さを調節するガンギ車、アンクル、テンプ、ヒゲゼンマイ、そして、時刻表示をする針と文字盤の五つの要素で構成されています。

クオーツ時計と機械式時計では、針や歯車は同じはたらきをしていますが、秒針を1秒ごとに動かすしくみが、電子的に決めているか、機械的に決めているかが違います。

機械式時計を作るには、そのメカニズムとなる機械部品を正確に作る必要があり、量産がむずかしかったのですが、クオーツ時計では、電子部品の量産化により、正確で安価な時計を供給できるようになりました。

要点BOX
- ●クオーツ時計の心臓部は水晶振動子
- ●水晶振動子がクオーツ
- ●機械式時計は五つの要素から成り立つ

水晶振動子

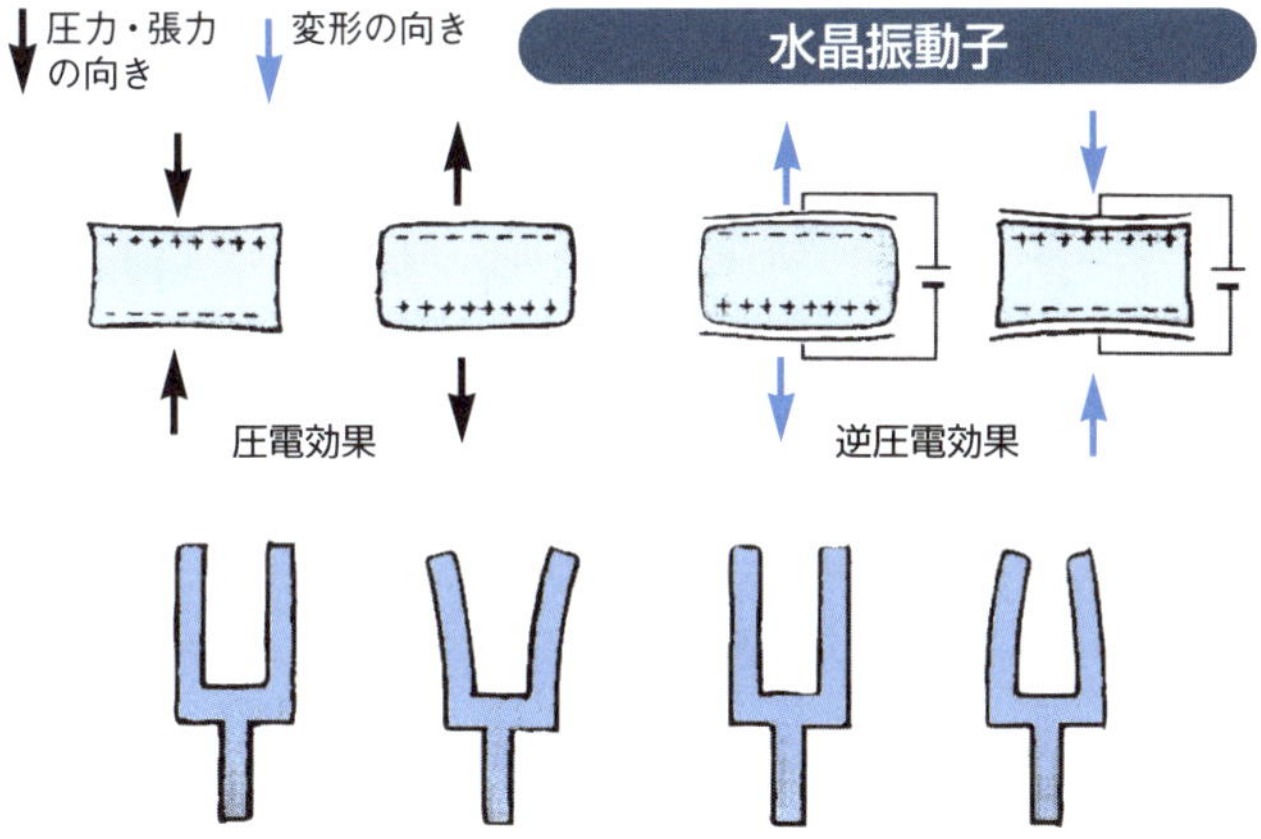

水晶の結晶は、圧力をかけると電気を発生する「圧電効果」と、電圧をかけると変形する「逆圧電効果」の2つの特性を持っています

水晶振動子はクオーツ時計の中で、1秒間に32,768回もこのような運動を行っています

クオーツ時計のしくみ

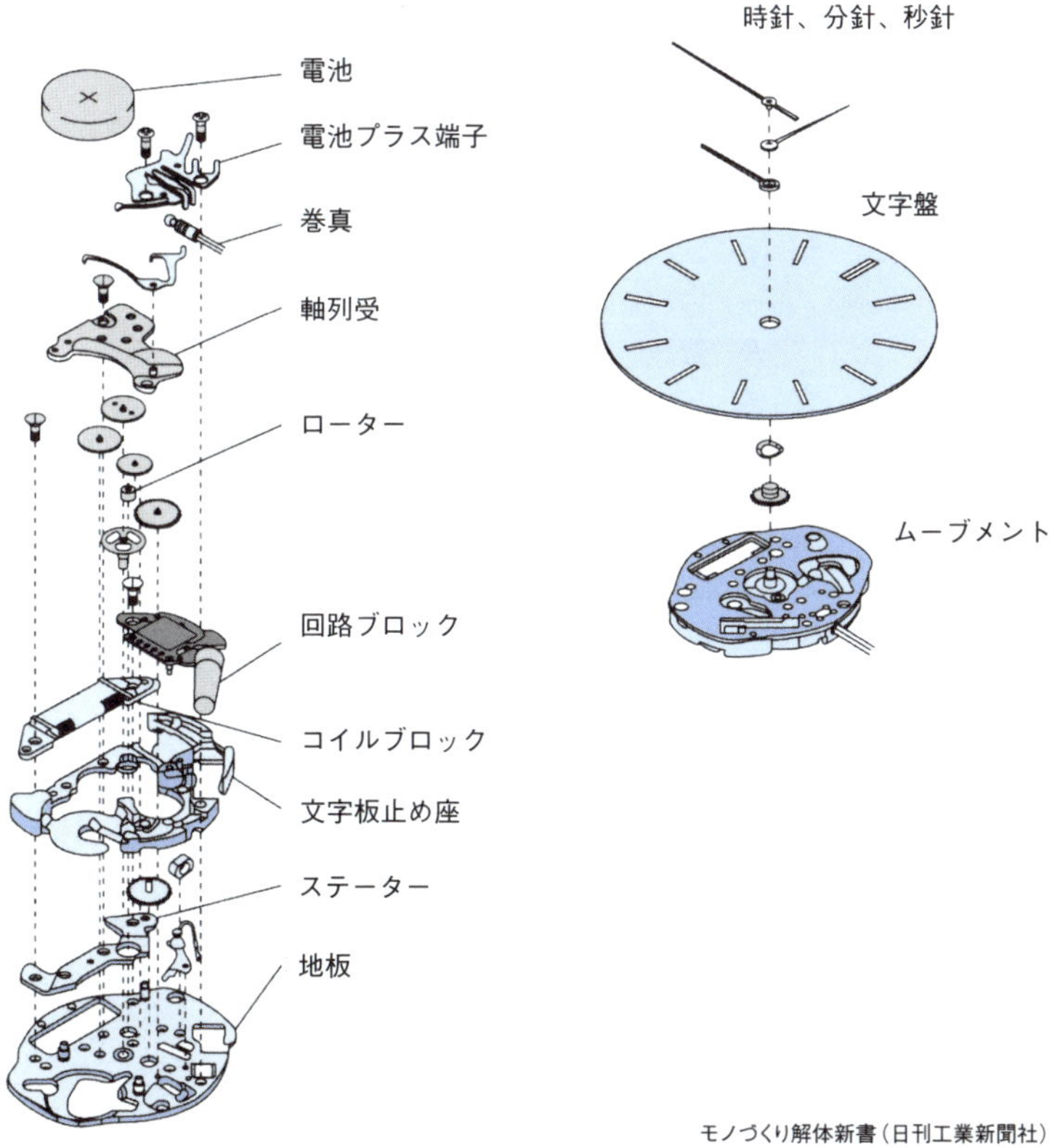

モノづくり解体新書（日刊工業新聞社）

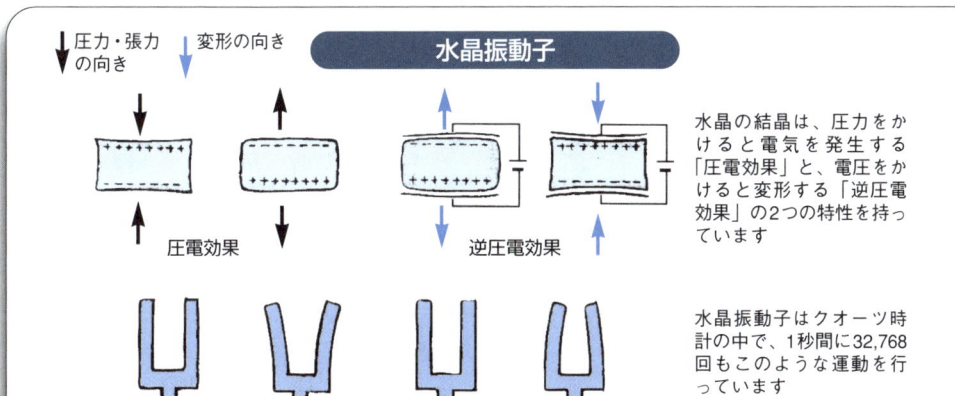

51 洗濯機

家事労働の省力化に貢献

洗濯機は、洗濯を半自動または全自動で行ってくれる機械です。洗濯機ができる以前は、たらいと平板に波状のギザギザをつけた洗濯板を使って洗濯していました。これは主婦にとってたいへんな重労働でした。

近年、洗濯機といえば、洗い、すすぎ、脱水という洗濯の3段階の作業をすべて自動で行う「全自動洗濯機」をさします。全自動洗濯機は、

①洗濯物を入れる洗濯槽

②それを回転して洗濯物の量を測るセンサー

③水道の蛇口から出てきた水を出したり止めたりする給水弁

④洗濯物の量に応じて、洗濯槽に入った水の量を測る水位センサー

⑤洗濯槽を回転して、洗濯、脱水を行うモーターとその動力を洗濯槽に伝えるベルト

⑥洗濯やすすぎが終わったら弁を開けて排水する排水弁

などから構成されています。

この給水、洗濯、排水、脱水、給水、すすぎ、排水、脱水の一連の作業を、それぞれの作業時間を決めて制御しているのが、制御を目的とした小さなコンピュータ、マイクロコンピュータです。

洗濯槽の中で洗濯物をかき回すには、槽の底部にパルセーターという小型の羽根を持ち、高速回転させて水流を発生させる方式と、洗濯物を入れた洗濯槽ごと回転させる方式（ドラム式）があります。

近年では、洗濯できればよいというだけでなく、①お風呂の残り湯をポンプで汲み上げて使い、節水する機能、②脱水時に洗濯槽を高速で回転させると、洗濯物のバランスが悪く、振動し、騒音を発生することを抑えるために、洗濯機のキャビネットに鉄板と鉄板の間にプラスッチックを挟み込んだ板（これを制振鋼板という）を用いた静音設計されたもの、③ベルトを使わずに洗濯槽とモーターを直結した駆動方式（これをダイレクトドライブという）など、水や音、振動などの環境を考えた快い洗濯機があります。

要点BOX

●全自動洗濯機は洗い、すすぎ、脱水の3段階作業をこなす

●マイコンで制御

全自動洗濯機のしくみ

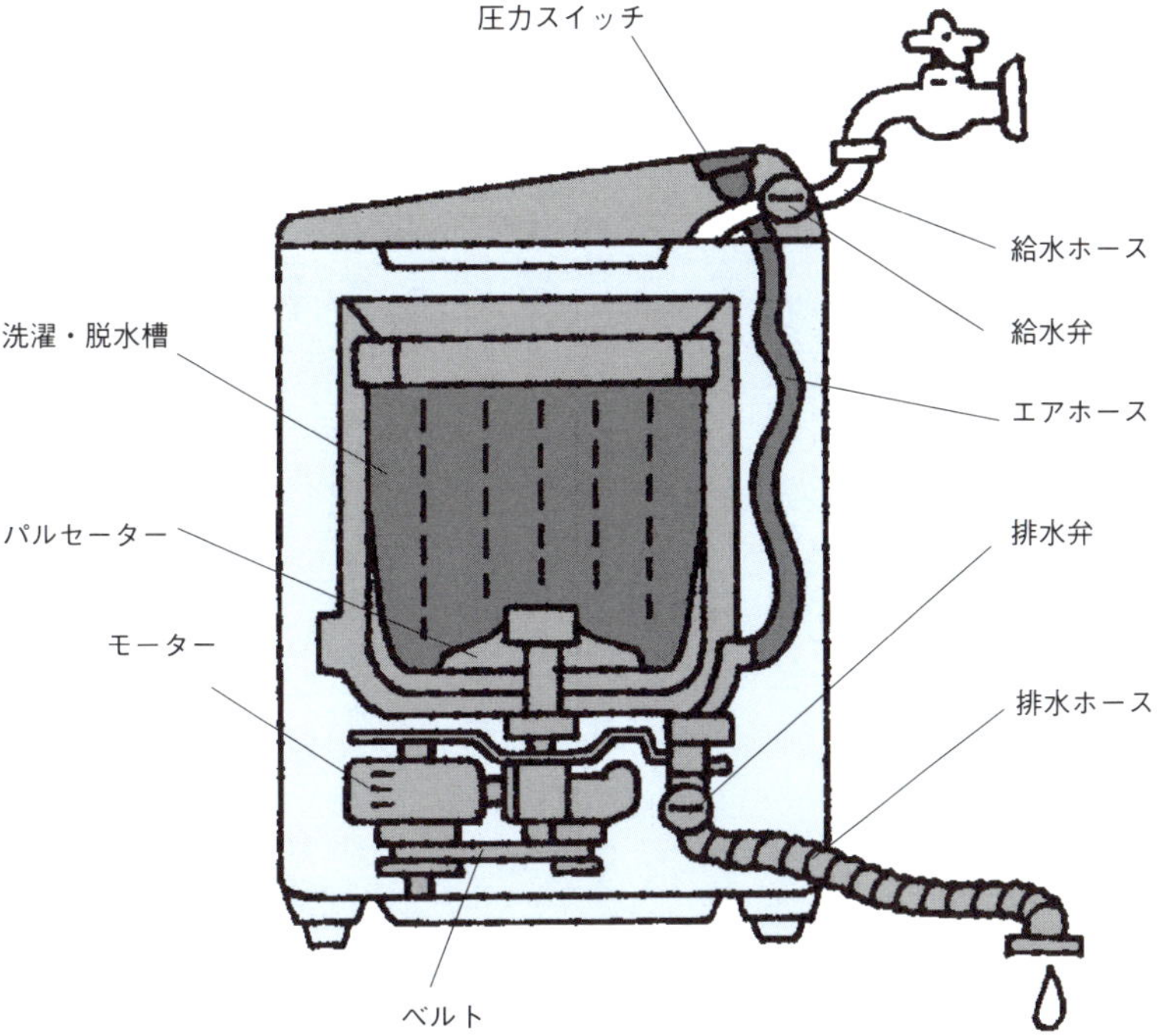

回転流を起こすしくみ

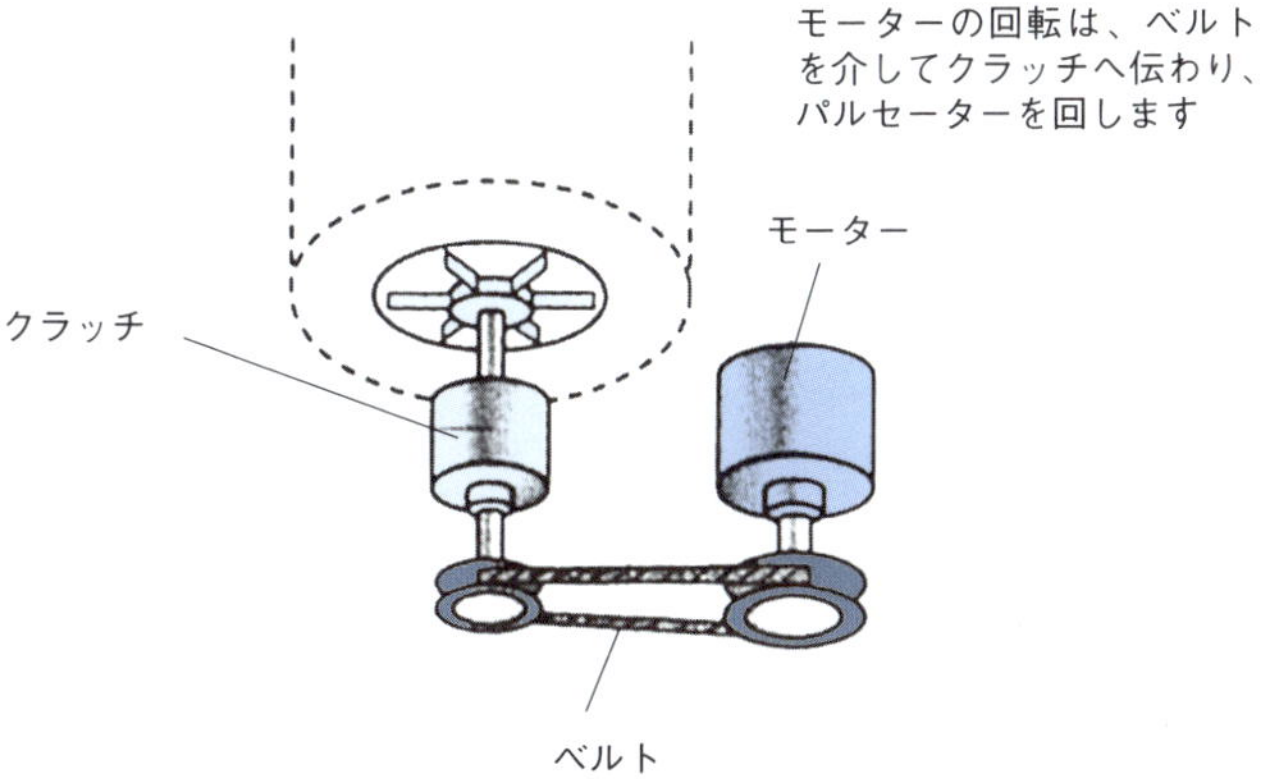

雑誌解体新書編集部（日刊工業新聞社）

52 冷蔵庫

液体と気体の熱のやりとり

水は、氷(固体)、水(液体)、蒸気(気体)の三つの状態があります。物質の気体、液体、固体の三つの状態を「物質の三態」といいます。

物質の状態を変えるにはエネルギーを吸収したり、放出したりします。たとえば、注射の前に腕を消毒するために液体のアルコールを脱脂綿にしみ込ませて、腕を拭くと、スッと冷たく感じますね。これはアルコールが常温で気体になるときに周囲から熱(これを気化熱という)を奪うからです。つまり、アルコールは熱を周囲からもらって気体になっているのです。これとは逆に、気体になったアルコールを液体にするには、圧力を加えるなど、エネルギーを使わなければなりません。

一般的に家庭で使われている冷蔵庫では、液体と気体の熱のやりとりを行う物質(これを冷やす役目から冷媒といいます)として、以前はフロンが使われていました。しかし、これは大気中に放出されるとほとんど分解されずに成層圏に達し、オゾン層の破壊を引き起こすことがわかり、現在ではそれに替わる物質が使われています。

冷蔵庫は気体の冷媒に圧力を加えて液体にする圧縮機(コンプレッサー)、圧縮された冷媒は圧力が高いだけでなく、エネルギーをもらい、温度も高くなりますので、その熱を放熱して、液体の冷媒にする凝縮器(コンデンサー)、液体になった冷媒の圧力を下げ、気化しやすくするキャピラリーチューブ(細い管)と、冷媒を気化させ、冷蔵庫内の熱を奪う冷却器で構成されています。

気化された冷媒は、コンプレッサーに吸い込まれ、再び圧縮され液体になります。

これを繰り返して、冷蔵庫内の熱を奪い、食品などを冷却するわけですが、それにはコンプレッサーを動かすモーターには電気エネルギーが必要であることも忘れないでください。

電気エネルギーを上手に使って、効率よく冷却するために、冷蔵庫内と外部を断熱するなどして、省エネルギーを考えて作られています。

要点BOX

- ●物質の三態（気体、液体、固体）
- ●フロンに代わる物質
- ●コンプレッサーを動かす電気エネルギー

冷蔵庫のしくみと冷媒の状態変化

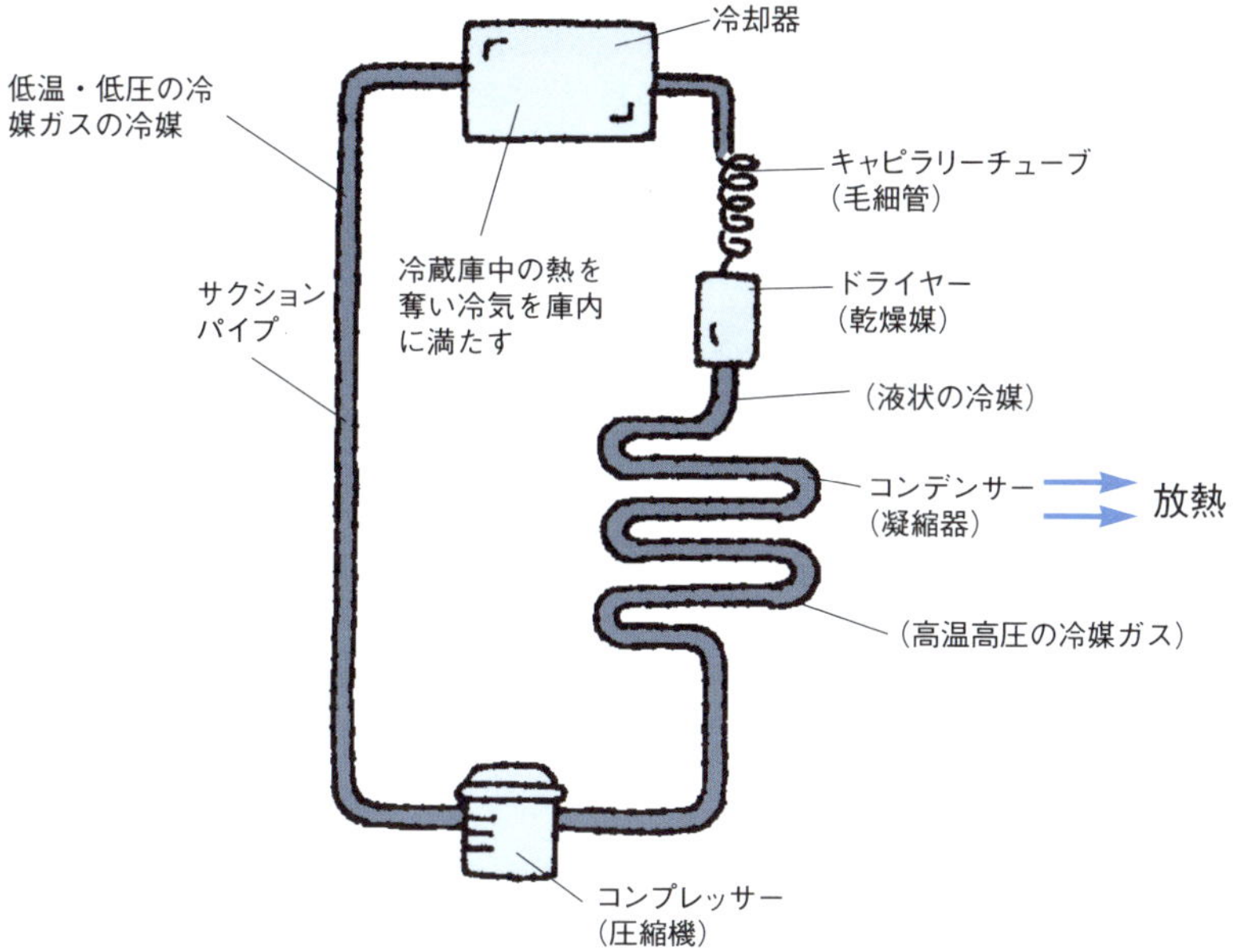

物質の状態変化

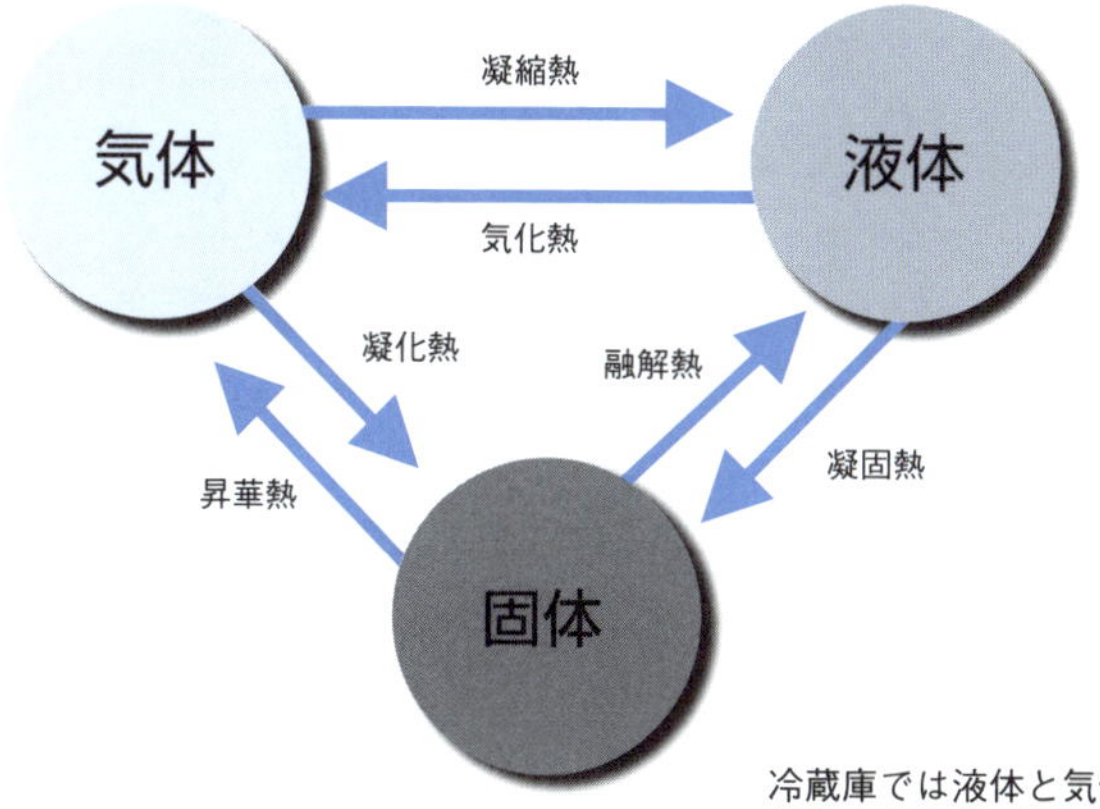

冷蔵庫では液体と気体の
状態変化を繰り返します

53 自動車

マニュアル車、オートマチック車

自動車のしくみの基本はエンジンやモーターなどの動力源、その力を伝え速さや出力を変える伝動機構（トランスミッション）、路面をけるタイヤ、人や荷物を載せる車体で構成されています。

初期の自動車を運転するには操作が複雑でしたが、マニュアル車とオートマチック車と比較すればわかるように、操作しやすいしくみとなっています。

操作しやすくなった一つには伝動機構のしくみの工夫があります。クラッチとギアチェンジレバーを操作しないとエンジンが停止してしまうこともあるマニュアル車とオートマチック車の違いは、伝動機構のしくみの違いです。マニュアル車では、エンジンと伝動機構をクラッチで接続したり、切り離したりして、かみあう歯車を変えて変速します。それに対して、オートマチック車では、流体クラッチを使って、エンジンと伝動機構を断続しています。

操作しやすくなったもう一つの工夫は、エンジンに燃料を供給するしくみです。エンジンに燃料を供給するには、燃料を霧状にして空気と混合します。これにはキャブレターを使っていました。チョークという弁を操作しますが、初心者が操作するには難しいものでした。現在ではエンジンの回転数や温度、アクセルレバーの位置など各種の量を検知して、コンピュータで燃料と空気の量を調整する「電子制御燃料噴射装置」が採用され、たいへん操作しやすくなっています。

排気ガス対策、燃料消費の抑制、安全対策などに対応して、自動車のしくみはさまざまな工夫がされています。それにはコンピュータ技術が欠かせません。

環境問題やエネルギー問題に対応して、エンジンとモーターを併用したハイブリット車、化石燃料を使わない燃料電池車、自動車部品の再利用などの対策が講じられています。

また、ハイウエイでの自動運転など、ますます操作しやすい便利な乗り物をめざして技術が開発されていますが、同時に、地球環境を考え開発を進めることも大切となっています。

要点BOX

- ●オートマチック車ではトルクコンバーターを使い速度変換
- ●エンジンに燃料を供給する工夫

流体式クラッチの原理

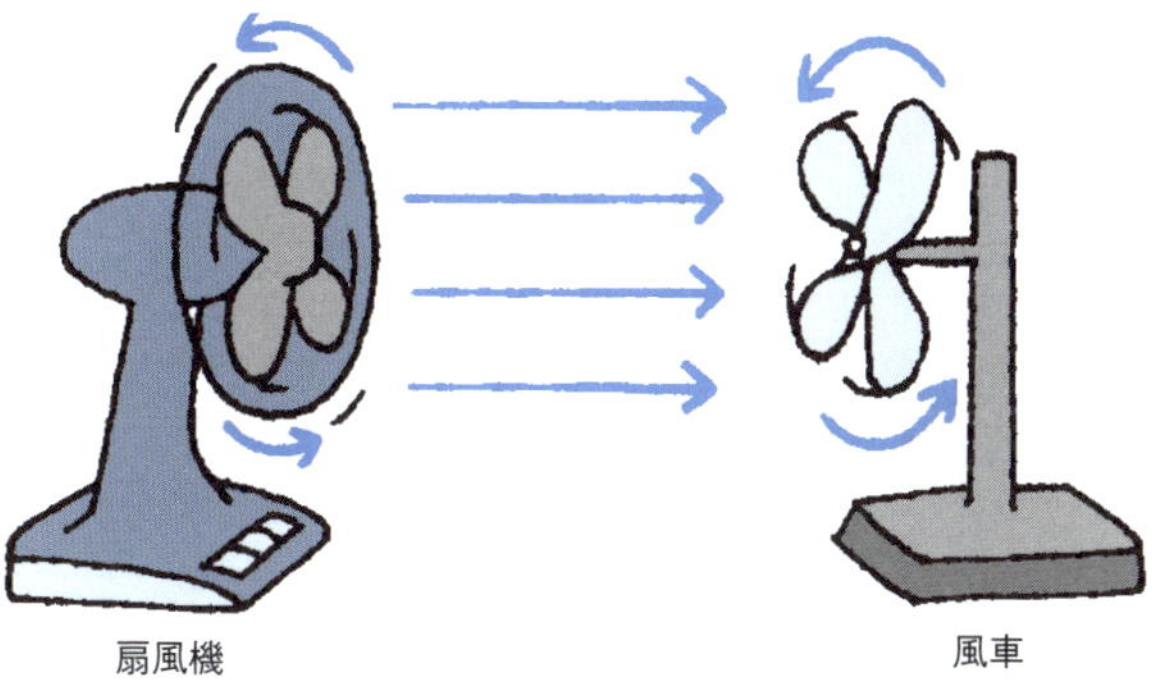

流体による間接的な動力の伝達

電子制御燃料噴射装置

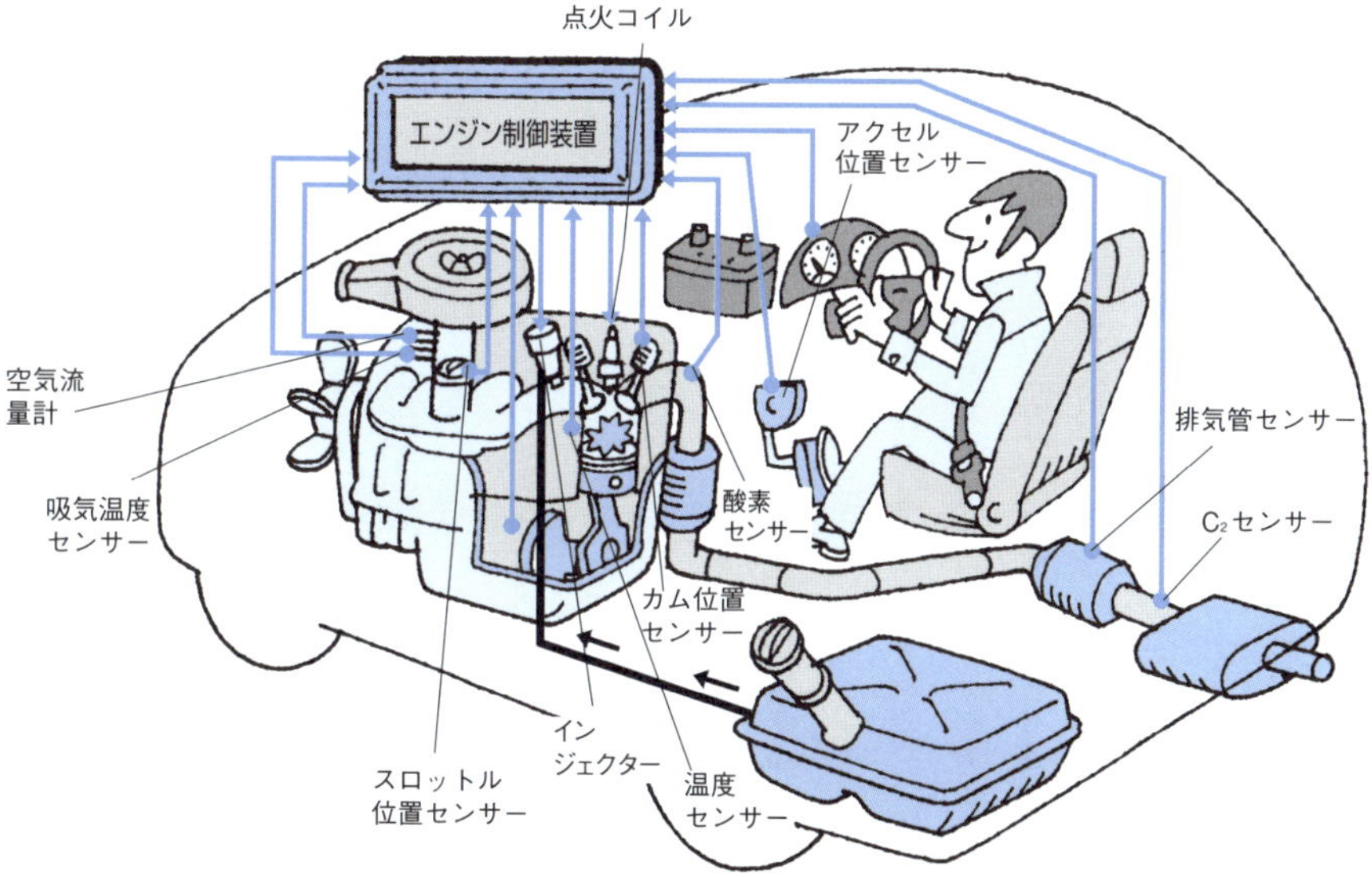

54 エレベーターとエスカレーター

バリアフリーを実現

健常者や体力のある人は階段を使い、高い建物を容易に上り下りできますが、誰でもそうできるわけではないので、バリアフリーを実現するためにエレベーターやエスカレーターが使われています。

エレベーターのしくみは、かご（人が乗る箱）と、それにつり合うおもり、それらをつなぐロープ、かごとおもりを上下に動かすモーターによって駆動される巻上げ機、それから乗降者のボタン指令によってモーターの動きを制御する制御装置で構成されています。

「かご」と「つり合いおもり」の重さをバランスさせ、上部に取り付けた巻上機で効率よく駆動する方式がエレベーターのもっとも基本的なタイプです。システム構成も簡単で、低層ビルから超高層ビルまであらゆるところ使われています。

低層用エレベーターには、電動ポンプで油圧を制御し、その圧力でかごを昇降させるものもあります。

直線運動するリニアモーターを利用したエレベーターもあります。1次側をつり合いおもりに内蔵し、2次側を昇降路の全長に伸ばすことで、巻上げ機を設置する必要がなくなります。

エレベーターにはさまざまな安全対策が取り入れられ、①扉が完全に閉まらないと、エレベーターは動かない、②乗場側の扉は、エレベーターのかごが到着しないと開かない、③調速機が安全な昇降速度を監視・制御する、④最上階と最下階の行き過ぎ検知する、⑤非常時に停止するなどがあります。

非常停止装置はくさびのはたらきを利用し、引上げロッドによりくさびが非常停止ブロックとガイドレールの間に引上げられ、かごを非常停止させます。

高いビルでは、階と階の移動にエスカレーターが使われています。エスカレーターの階段（ステップ）を駆動するには、上部に設置したモーターからチェーンによって動力を伝える方式が一般的です。巻き込み防止や非常停止機能など、安全を第一に作られています。

要点BOX
- 「かご」「つり合いおもり」の重さをバランス
- さまざまな安全装置

エレベーターのしくみ

非常停止装置

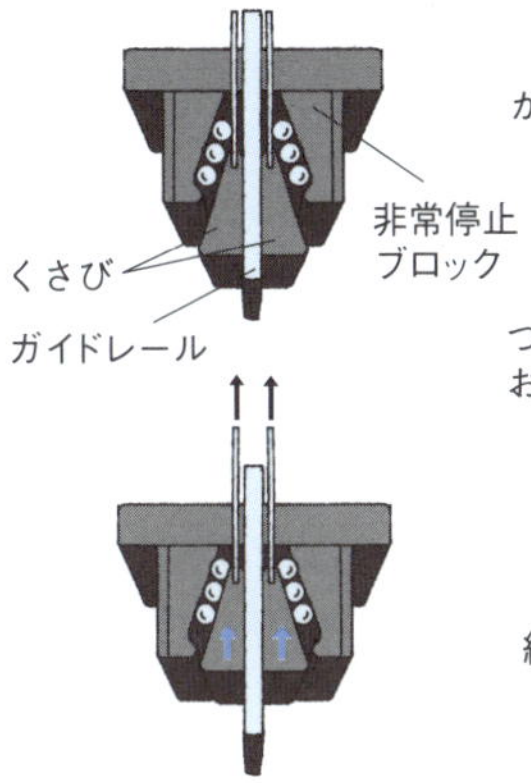

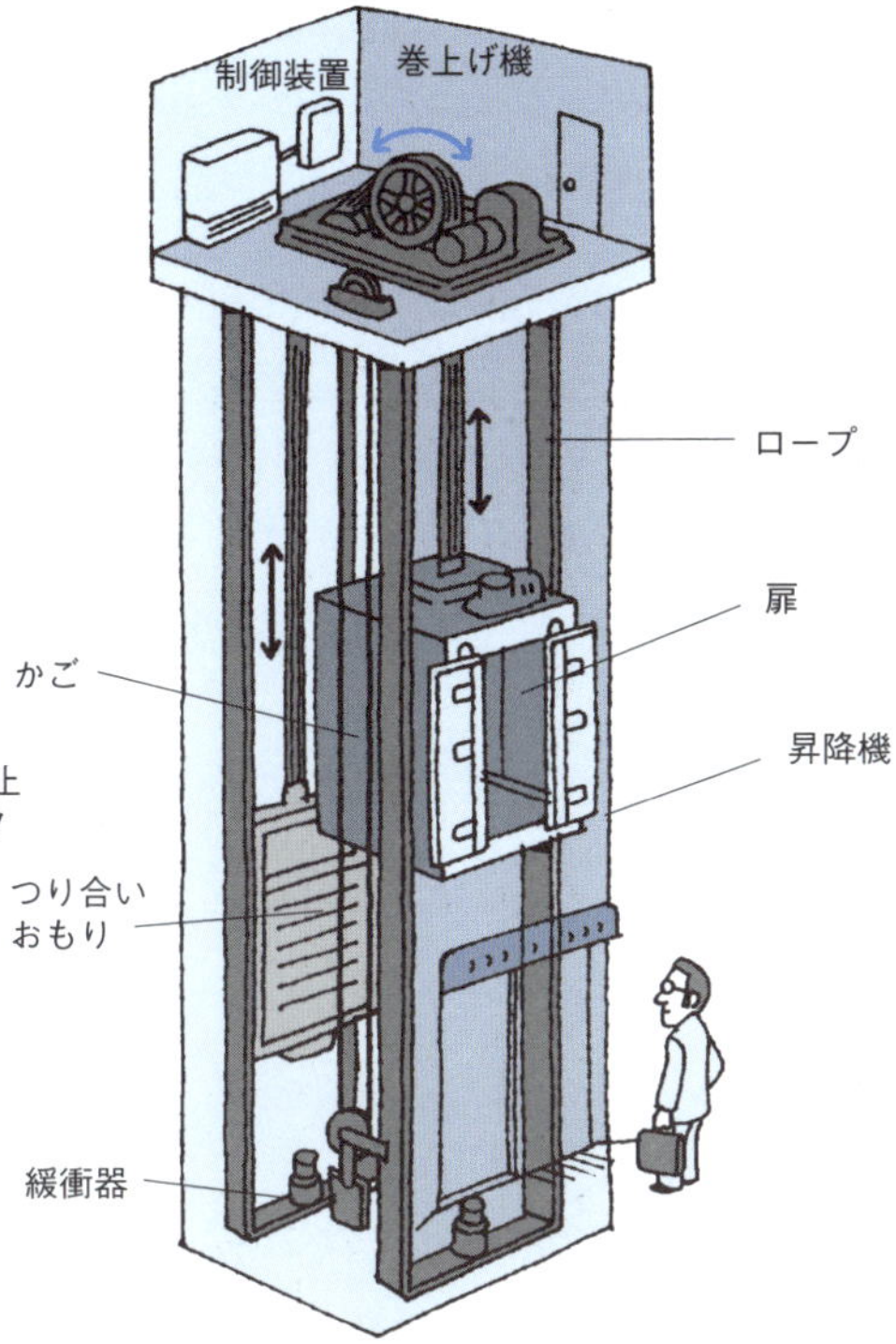

エスカレーターのしくみ

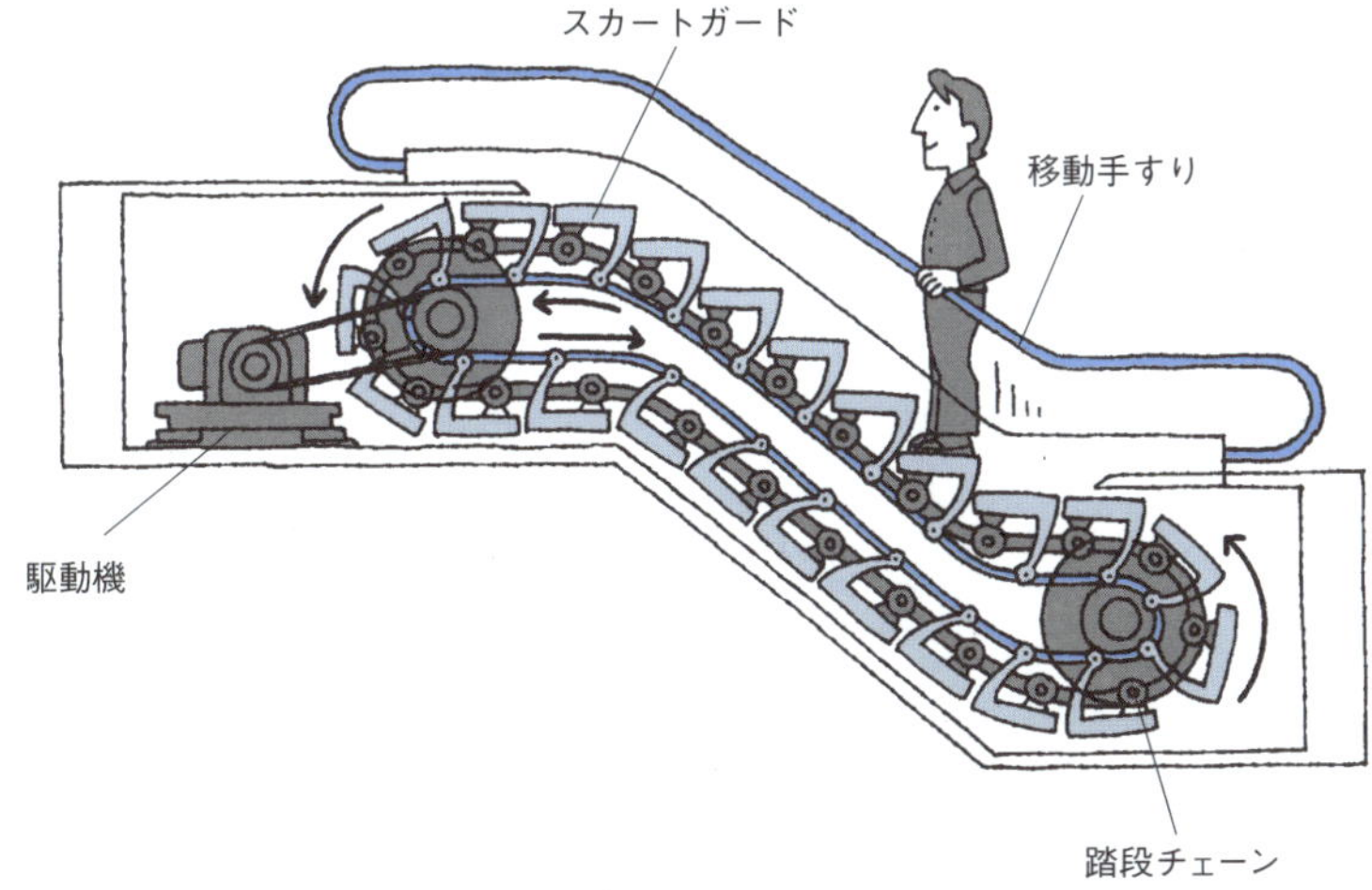

Column

人にやさしい機械とは

「人にやさしい機械」という表現がよく使われますが、「やさしい」というのは具体的に何をさすのでしょうか。

たとえば工作機械などで配慮されている項目として、①明るい照明で作業部位がよく見えるようにする。また操作盤は大きな文字で表示して、カラーで機能を分ける＝目に対する配慮、②機械の角を丸めてけがを防止する＝安全に対する配慮、③低騒音のモーターを使用し、音の発生源を防音シートなどで囲む＝耳に対する配慮、④作業者が無理な姿勢をとらないで済むように作業台の高さなどを工夫する＝疲れない、作業しやすくするための配慮、などがあげられます。

また「やさしい」という要素には「危険でない」ことが含まれます。しかし危険だからという理由で学生や若い人たちに機械加工をさせないのでは、機械加工に興味を持ち、楽しみながら機械加工の腕を上げることはできません。「危険であることを知らないことが最も危険である」とはあるベテラン作業者の名言です。

たしかに回転している機械に顔を近づけてはいけない、保護眼鏡を着用しなさい、軍手を使用してはいけない…など、基本的な安全マニュアルに興味を持たない若者が増えているのも事実です。

指をわずかに切ることや、切りくずを目に入れることは、機械加工をしていればそれほど珍しいことではありませんが、「危険は経験してからでないとわからない」では困ります。

第8章

産業界で使われている機械のしくみ

55 マザーマシンと言われる工作機械

母なる機械・母性原則

一般の人たちは工作機械を直接見る機会があまりないので、イメージがつかめないと思います。しかし、我々の回りにあるさまざまな機械や装置を構成している部品は、ほとんどが工作機械によって作られたものです。そのために工作機械は「機械を作るための機械」ということになります。工作機械が「マザーマシン」と呼ばれるのは、まさに人間の子供が母親から生まれるのと同様に機械を生み出す機械だからです。

工作機械が機械部品を加工する機械である以上、部品の精度は工作機械の精度に依存してしまいます。工作機械の精度が悪いとそれ相応の精度の機械しか作ることができません。これを「母性原則」といいます。したがって、工作機械は精密機械の一つになります。

工作機械では、工具と工作物の相対運動で所望する形状の部品を加工していきます。相対運動の基本的動作はXYZの3軸座標系の動きになります。また、運動は機能によって切削運動と送り運動から構成されています。切削運動は工作物から切りくずを分離するためのエネルギーを発生させるもので、最も早い速度を出せるような構造になっています。切削運動は工作機械の種類によって次のように分類できます。

（1）工作物に切削運動を与える構造（代表は旋盤と呼ばれる工作機械）

（2）工具に切削運動を与える構造（代表はフライス盤と呼ばれる工作機械）

工具と工作物の相対的な送り運動は、部品形状を決定するために正確に動作しなければなりません。たとえば旋盤では、工作物を回して（切削運動）その外周に沿って工具であるバイトを動かす（送り運動）ことで、外周部をリンゴの皮むきのように削り取っていきます。このときに工作物の回転中心と送り運動が平行でないと、でき上がった工作物の直径が場所によって異なる（円筒度が悪いと言う）ものになってしまいます。これも母性原則です。

要点BOX

- 工作機械は精密機械
- 工作機械はマザーマシンで、加工精度は母性原則に従う

代表的な工作機械である旋盤の各部名称と動き

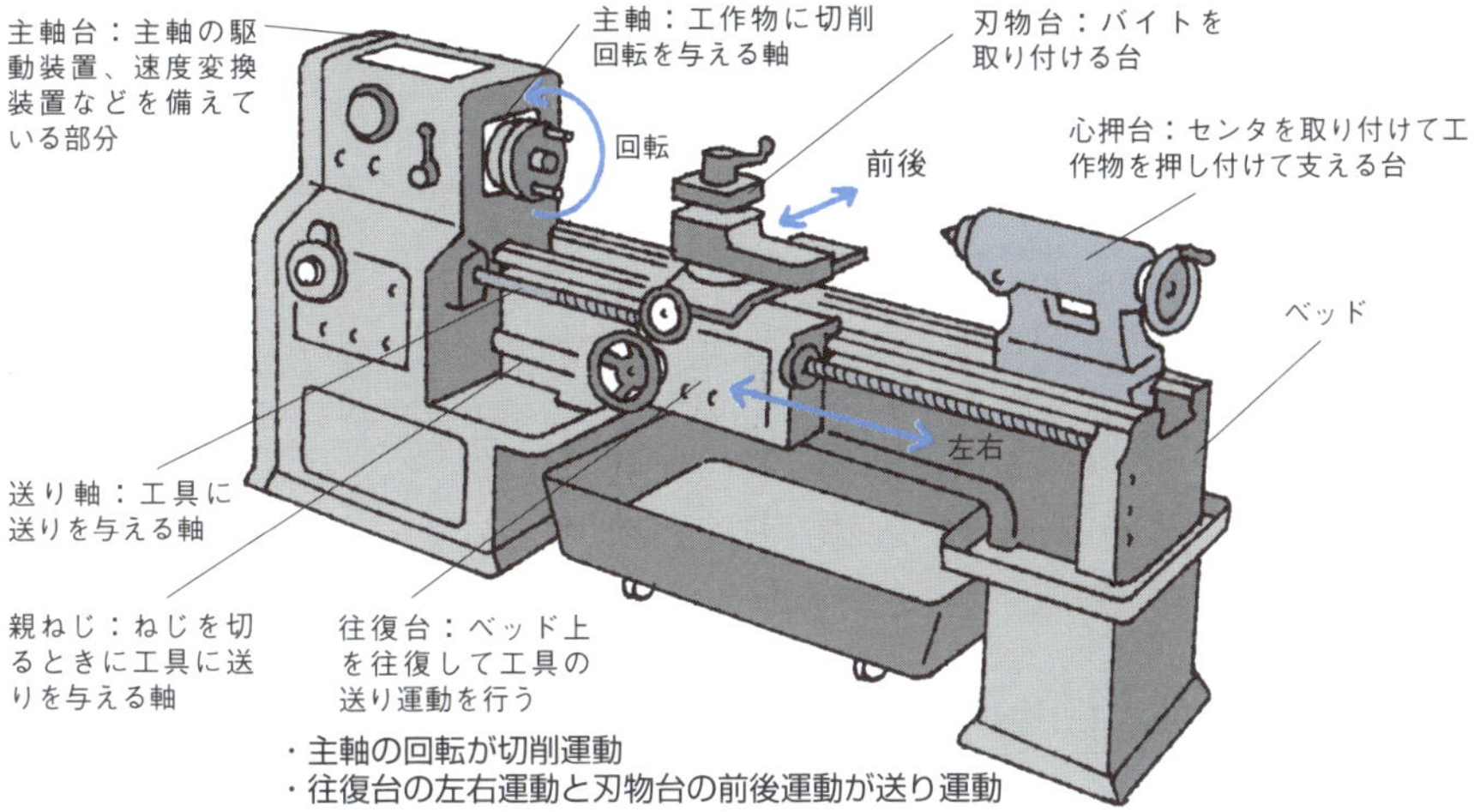

・主軸の回転が切削運動
・往復台の左右運動と刃物台の前後運動が送り運動

さまざまな工作機械における工作物と工具の動き

旋盤

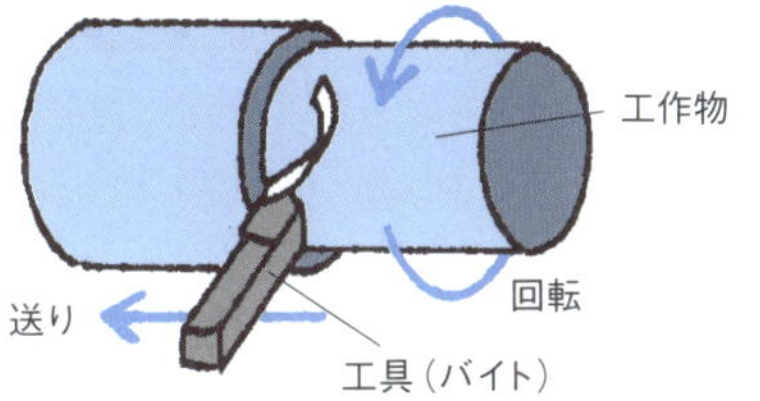

主軸の回転により工作物を回転させることで切削運動を得ます。工具であるバイトを工作物軸方向（左方向）に送り運動を与えることで切削を行います

フライス盤

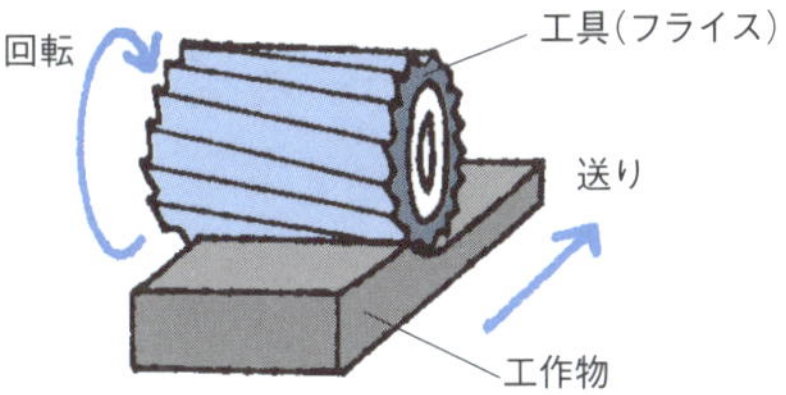

アーバにとりつけた工具（フライス）を回転させることで切削運動を得ます。テーブルに設置した工作物を移動させることで送り運動を与え切削を行います

形削り盤・平削り盤

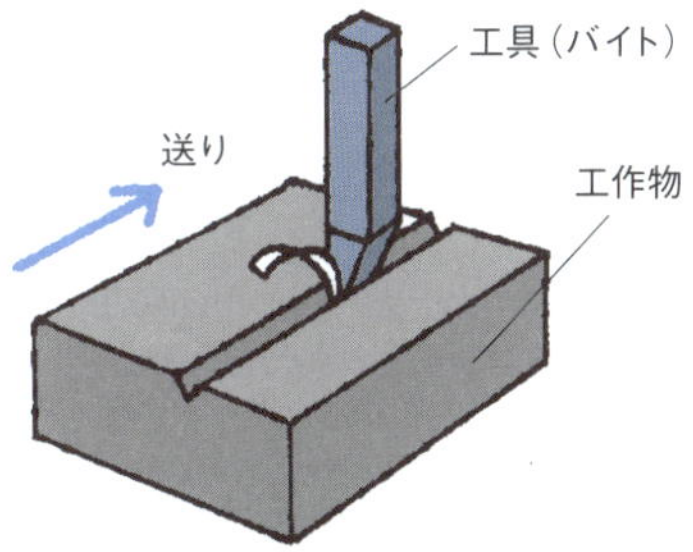

形削り盤では工具は固定していますが、テーブルに設置した工作物を工具に直角に動かすことで、相対速度が発生し、切削を行います。この場合のテーブルの送りは切削運動となります

ボール盤

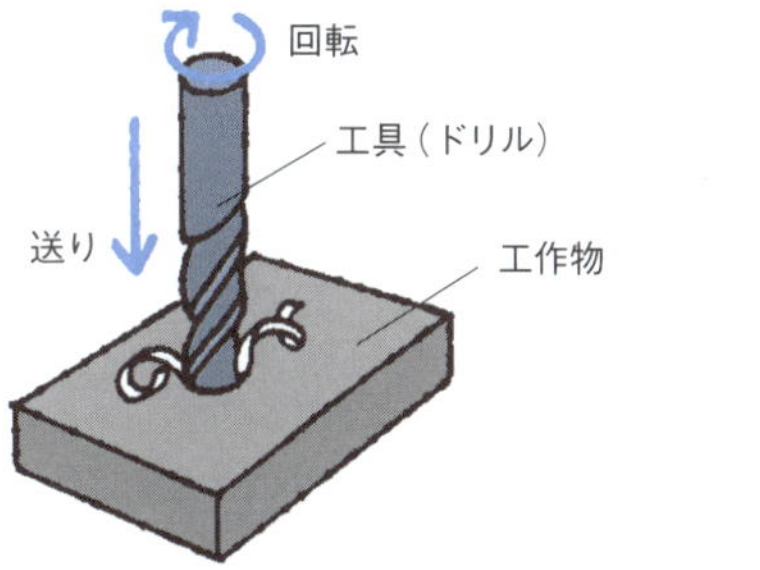

ドリルを主軸に取り付けて回転させることで切削運動を得ます。テーブル上の工作物を上に送るか、工具を下に動かすことで、穴加工を行うことになります。これは送り運動です

56 工作機械における運動のしくみ

モーターを連結し、工具、工作物を回転、移動

切削運動をさせるためには、通常は主軸をモーターで回転させることで、これに連結した工作物または工具を回転させます。主軸の回転数は、工作物の材料や切削工具材種、工作物や工具の直径で変えなければなりません。通常のモーター回転数は一定ですから、モーターから主軸までの回転伝達の間に速度変換装置を介入させています。速度変換装置は、種々の歯数を持つ歯車の組み合わせを変更することで、最終的な主軸の回転数を複数決定できるようになっています。歯車の選択は主軸台近くの外部にあるレバーやダイヤルで操作できるようになっています。

送り運動をさせるための機構は、旋盤とフライス盤では少し異なります。旋盤においては送り速度が主軸の回転数に連動している必要があります。旋盤ではねじを作るために、工具（バイト）は工作物1回転につきねじのピッチに相当する距離だけ送らなければならないからです。工具は刃物台に固定されており、刃物台は往復台の上にありますので、往復台の送りが工具の移動を拘束します。往復台は送りねじ（親ねじ）の回転で行いますから、主軸の回転によって親ねじを回転させるような構造になっています。つまり、ねじのピッチはいろいろあるので、主軸の回転数と親ねじの回転数の比率を種々変えられるように送り変換歯車装置を有しているわけです。送り速度の設定は主軸1回転当たりの送り量（mm/rpm）で行います。

フライス盤におけるテーブル送り機構は、旋盤と同じように送りねじの回転によって行いますが、ねじを切ることはないので連動の必要はありません。そこで、工具の回転数に対して、送り速度は独立して設定できるようになっているのです。フライス刃は刃数がさまざまなものがありますので、工具回転数が同じでも刃数によって送り速度が異なります（刃数が多いほど一般的には送り速度は速くできる）。送り量の設定は、毎分の送り量で行います。

要点BOX

●旋盤とフライス盤の送り機構は異なる
●工作機械の主軸回転数変更は歯車のかけ換えで行う

旋盤における送りのしくみ

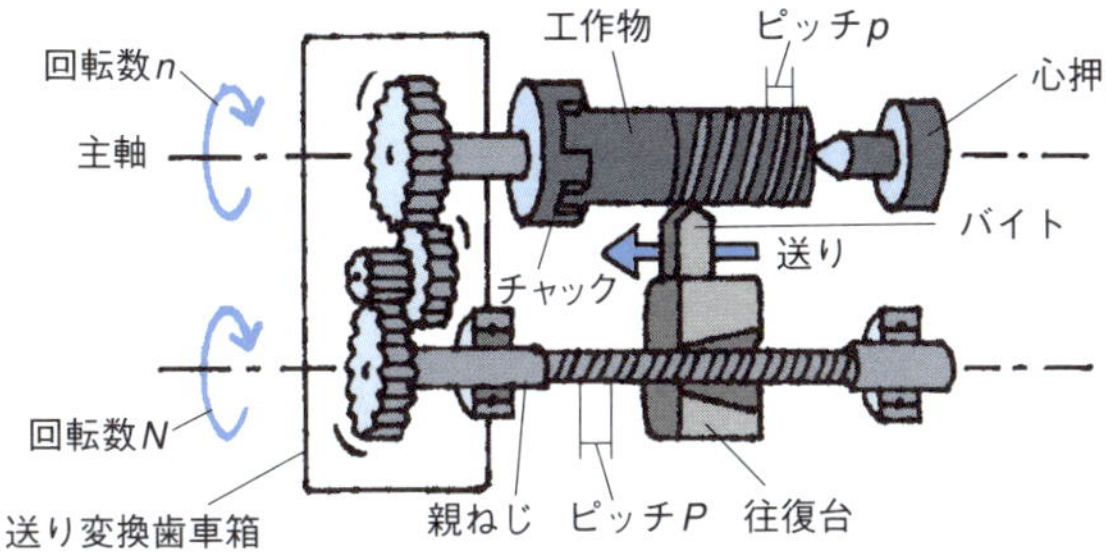

主軸回転数nと親ねじの回転数Nが等しければ、バイトは親ねじのピッチPで送られるために、工作物に切られるねじのピッチpはPに等しくなる。親ねじを主軸回転数の2倍で回転させれば、工作物が1回転する間にバイトは親ねじピッチの2倍ですすむので、$p=2P$のねじが切れることになる。任意のピッチのねじを切るときには、歯車の組合せを適宜選定して作業をすることになります

フライス盤における主軸の変速機構

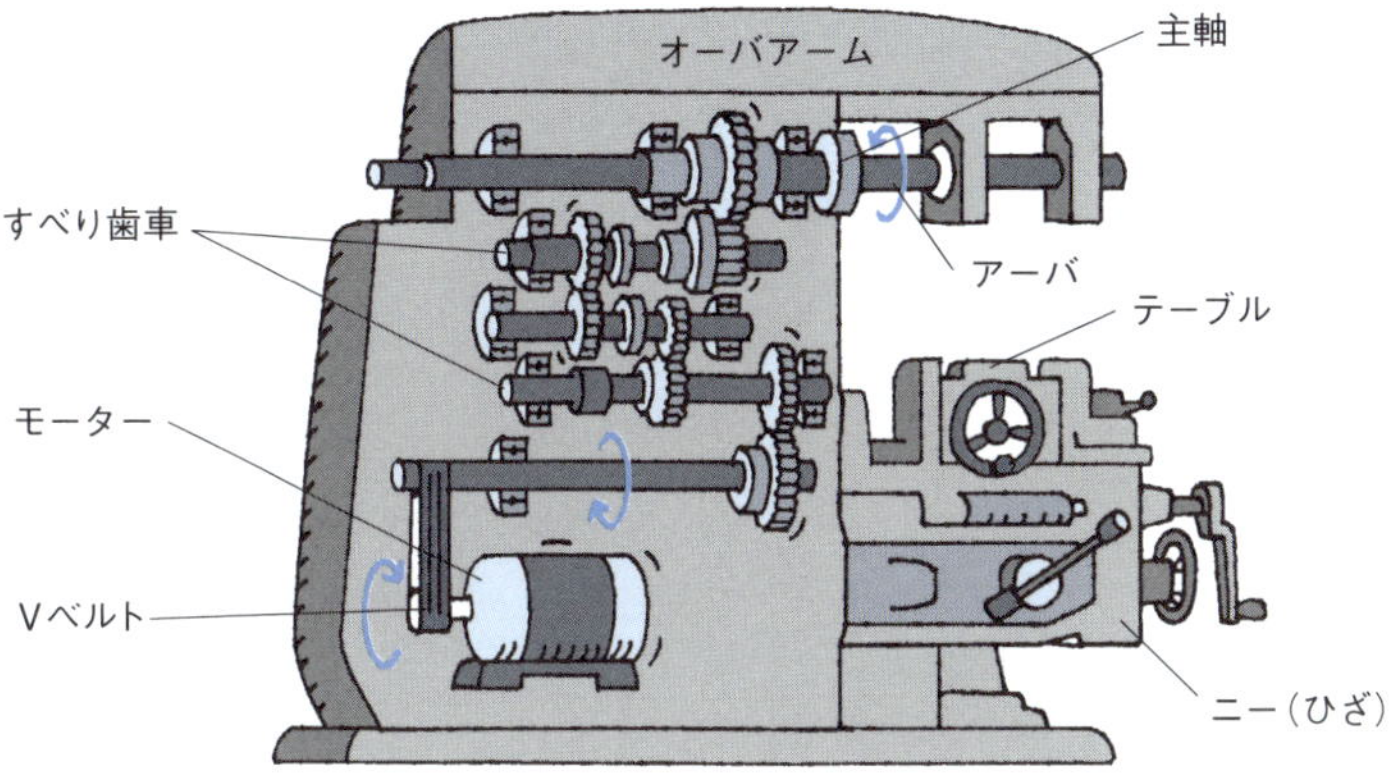

モーターの回転をVベルト・歯車を介して主軸に伝達していきます。途中の歯車の組合せを変更することで主軸回転数を変えることができます

フライス盤におけるテーブル左右送りのしくみ

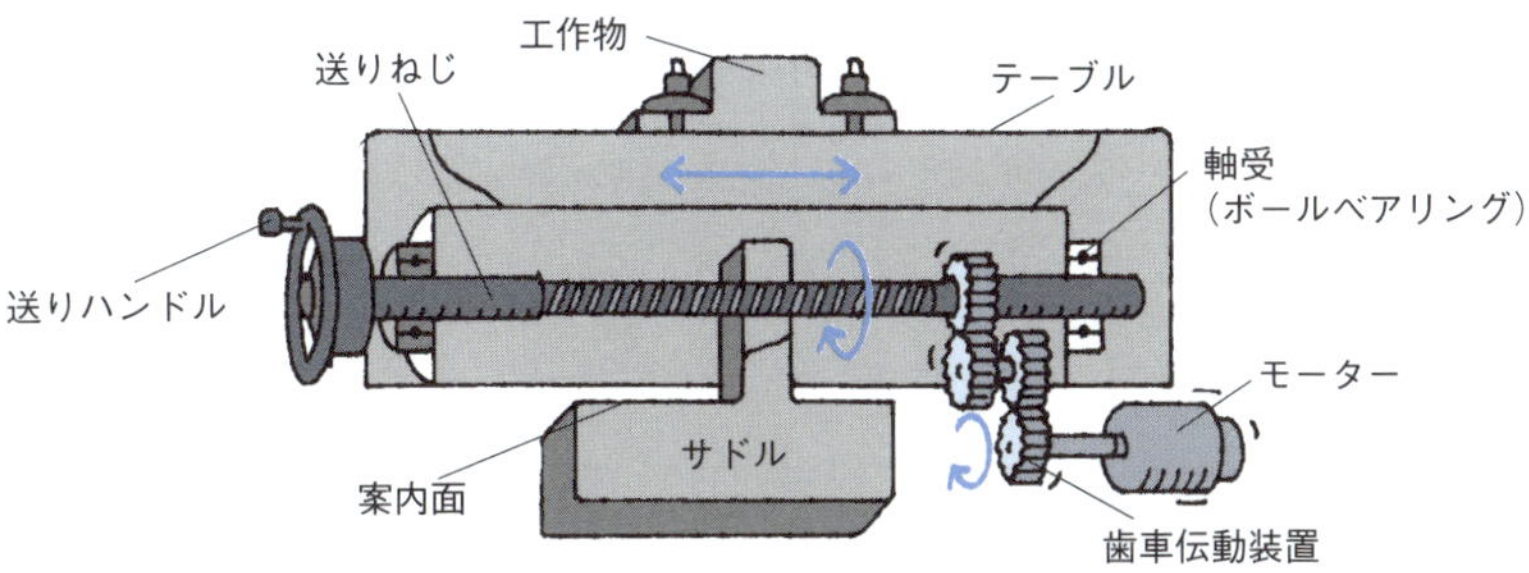

手送りのときにはハンドルで、自動送りのときは歯車を介してモーターで送りねじを回転させます。送りねじはサドルに固定されため、ねじがかみ合っているために、テーブルはサドル案内面上を左右に動作します。サドルやニーの運動も同様の機構となっています

57 NC工作機械のしくみ

サーボ機械が組み込まれている

コンピュータ支援によって機械の自動化はどんどん進んでいます。工作機械も例外ではなく、ほとんどの工作機械は、数値制御（NC）という技術で自動化されています。これらの工作機械を「NC工作機械」と呼び、従来のマニュアルの機械を汎用工作機械と呼んでいます。

NC工作機械では、汎用工作機械の工具または工作物（テーブル）の送り量（移動量）を自動的に決められるようになっています。これを「位置決め」と呼びます。任意の位置にテーブルを位置決めするために、汎用工作機械の送りハンドルの代わりに、NC工作機械では「サーボ機構」と言う装置が組み込まれています。

テーブルの位置はデジタルスケールで直接検出する方法と、送りねじの回転角をエンコーダーなどの回転センサーで検出する間接的な方法があります。これらのセンサーで検出した位置または回転角データを指令側に戻す（フィードバックと呼ぶ）ことで、駆動モーターの回転角や回転速度を制御し、テーブルを任意の位置に位置決めしたり、送り速度を制御したりしているわけです。

サーボ機構によって、テーブルの一方向の運動を制御できますが、これを直交方向にも設置すれば平面上で任意の形状に沿って、テーブルを移動させることもできます。2軸同時制御加工ということになります。駆動指令は電気パルスで行うので実際にはパルス単位の直線動きになりますが、最小移動単位はμm（マイクロメートル：1/1000mm）ですので、見た目には斜めに直線運動をしている、曲線運動をしているようにしか見えません。このように工具あるいはテーブルを連続的に運動させることを「輪郭制御」と呼んでいます。

サーボ機構を3軸直交方向それぞれに配置すれば、3軸同時制御加工により立体形状の部品を切削することができますし、回転軸の制御を加えればさらに複雑な形状を加工することができます。

要点BOX

- ●NC工作機械とは数値制御技術で自動化した機械
- ●NC工作機械では、複雑形状の部品加工が可能

NC工作機械におけるテーブルの送り機構

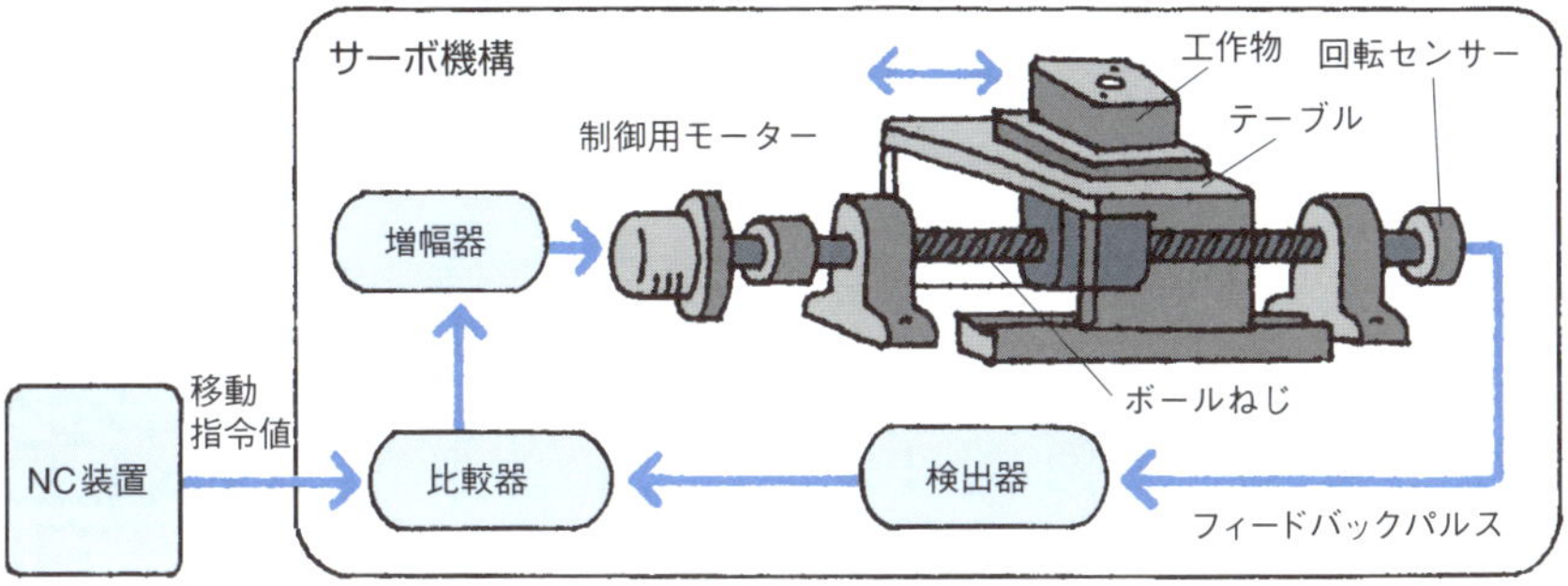

送りの機構は基本的に汎用工作機械と変わりませんが、送りの高速化や送りねじのバックラッシュ除去を目的に、送りねじにはボールねじが採用されています

NC工作機械における制御軸と加工内容

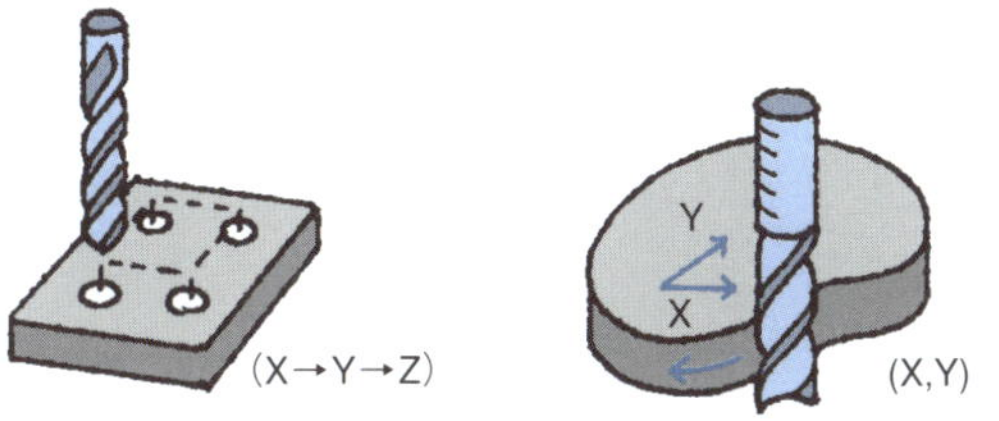

同時1軸（位置決め）＝2次元加工　　同時2軸（輪郭）＝2次元加工

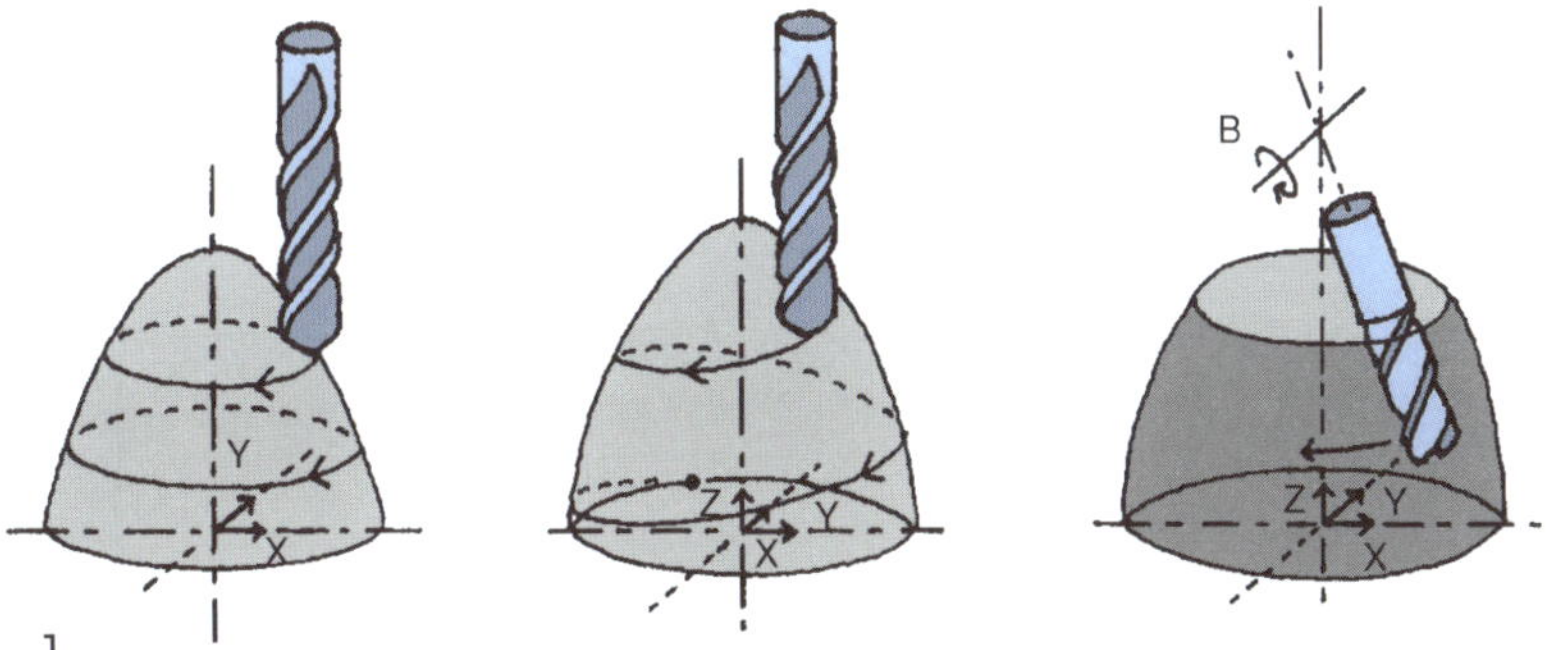

$2\frac{1}{2}$軸 (X、Y)→Z→(X、Y)＝3次元加工

同時3軸 (X、Y、Z)＝3次元加工

同時4軸 (X、Y、Z、B)＝3次元加工

制御モーター（サーボ機構）をX、Y方向の2軸に付ければ平面内で2次元加工ができ、Z軸にも付けて3軸同時制御を行えば立体（3次元）加工ができます。さらにY軸回りの回転制御（B軸制御という）を行えば、工具を傾けながら立体形状の加工ができるので、プロペラのような複雑形状の製品が作れます

58 精密測定器で寸法を測る

ノギス、マイクロメーター、粗さ測定器、測長器、3次元座標測定機

工作機械で加工した部品が、図面通りにできているか否かは精密測定（工作測定）によって確かめられます。それを行うのが精密測定器具、精密測定器です。中でも最も多い測定項目は、長さ測定です。角度測定も工学的には「いくつ行っていくつ上がるか」の勾配で表すことが一般的なので、長さ測定になってしまいます。

生産現場で一般的に使われる長さ（寸法）測定器具はスケール、ノギス、マイクロメーター、ダイヤルゲージなどです。ノギスは0・1〜0・05㎜、マイクロメーターは0・01〜0・001㎜のように要求精度によって使い分けされます。マイクロメーターはねじのところ（第2章）で構造を示しています。ダイヤルゲージは、ばねのところ（第5章）で構造をとりあげていますが、長さを直接求めるより、ブロックゲージなどの基準長さとの比較測定に使われるのが一般的です。

長さだけを専用に高精度に測定する機械を特に「測長器」と呼んでいます。被測定物をはさんだときの標準尺の移動量を、顕微鏡で読み取ることで寸法を測定する構造です。測定誤差を最小限に抑えるために「アッベ」の原理に沿った構造を取っています。

X、Y、Z方向にそれぞれ独立の測長スケールをもち、3次元形状の複雑形状や穴の位置などを3次元の座標空間で容易にデジタル測定できる測定機が「3次元座標測定機」です。NC工作機械のようにプログラムによって自動的にデータ収集することができるようになっています。

加工によって仕上げられた面は、多かれ少なかれ凹凸が存在し、これが機械の性能を左右することにつながります。そこで仕上げ面の状態を調べる測定機が「触針式表面粗さ測定器」です。この測定器は、小さな先端半径を持つダイヤモンド針で被測定物表面をひっかいたとき、表面の凹凸で上下する針の微少動作量を拡大することで表面状態を表示するものです。

要点BOX

●長さ（寸法）測定が、測定機器の重要な使命
●精度には寸法・形状・粗さなどに関するものがある

精度とは？

加工精度
- 寸法精度（寸法公差）
- 形状精度（幾何公差:真直度、平面度、真円度、円筒度、平行度、直角度など）
- 表面性状（粗さ公差：粗さパラメーター）

ノギスによる寸法測定のメカニズム

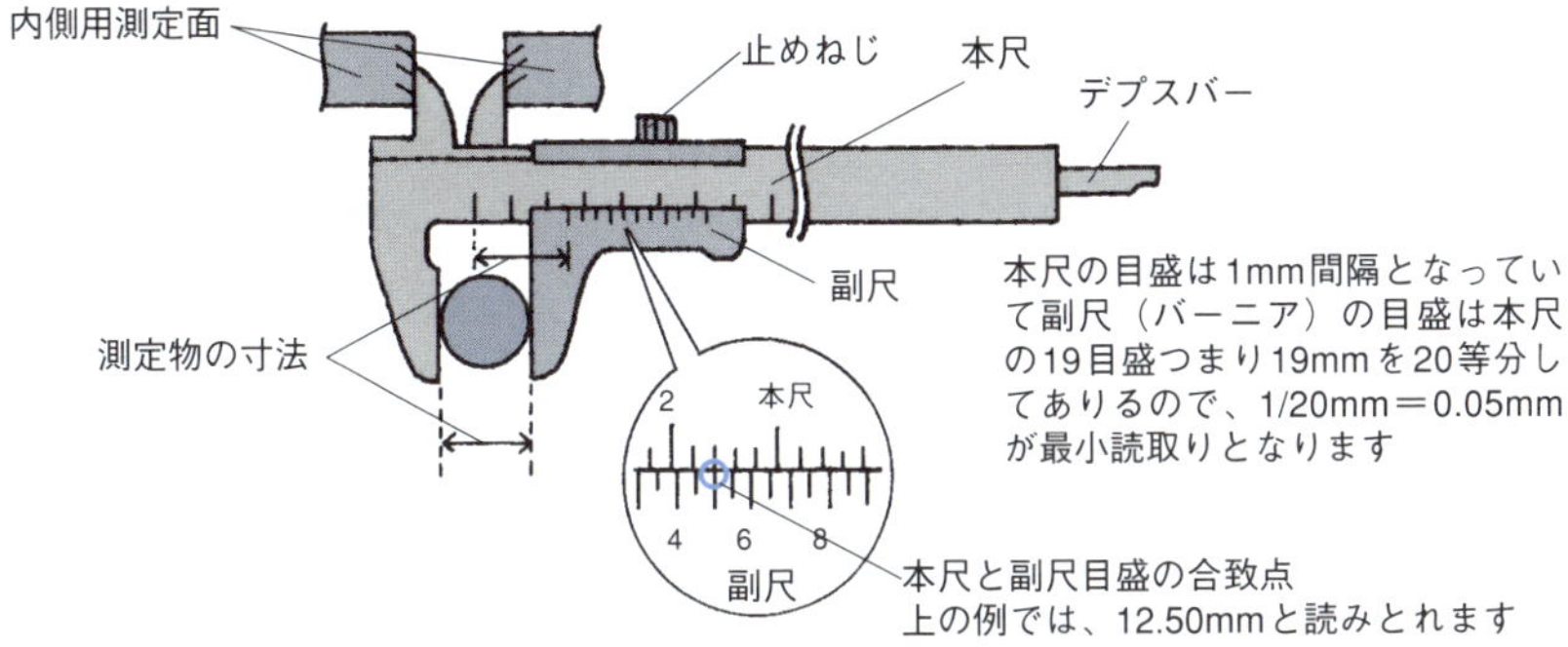

ダイヤルゲージでは比較測定が一般的

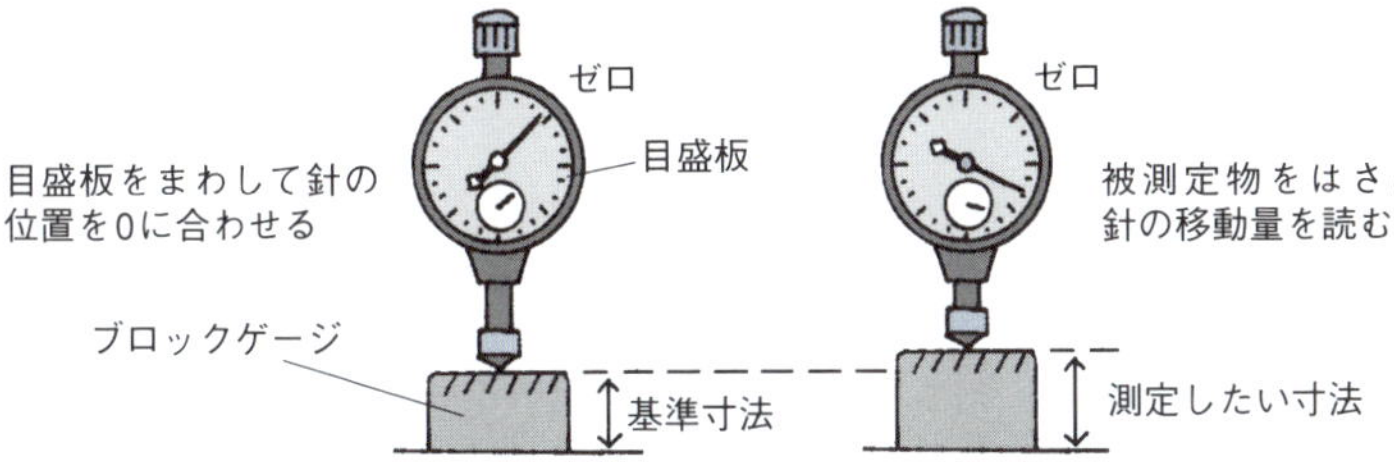

触針式表面粗さ測定器

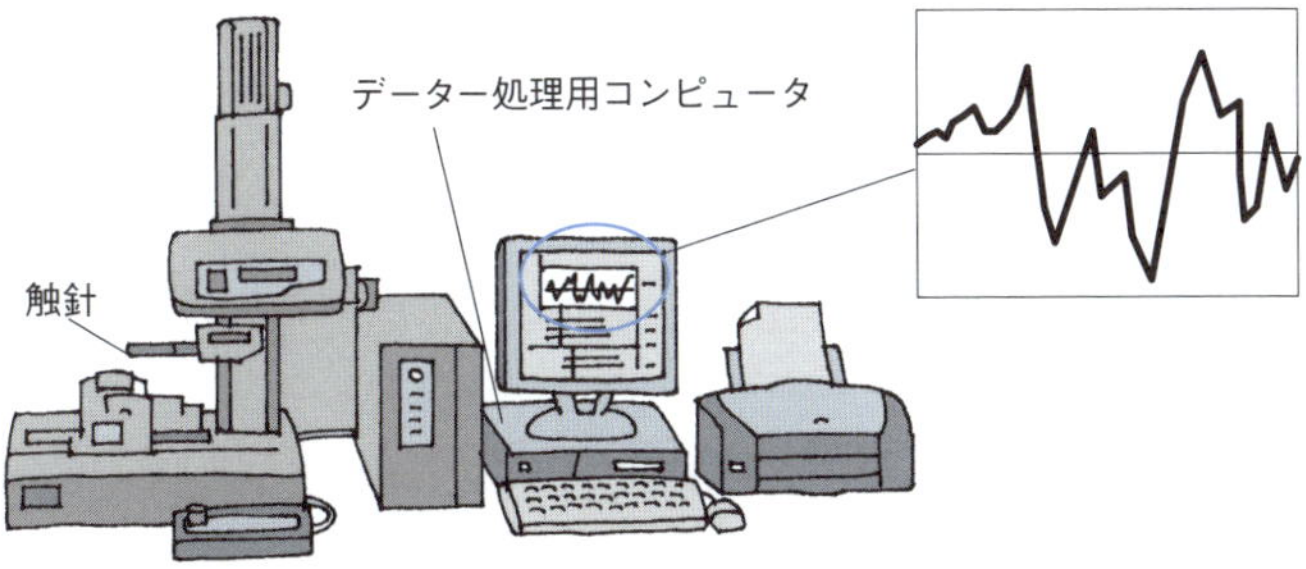

59 流体機械の代表であるポンプ

渦巻きポンプ、圧縮機、送風機、水車

流体機械とは、流体の持つエネルギーを機械エネルギーに変換したり、逆に流体にエネルギーを付与したりする機械の総称です。流体の種類も水、空気、油などの液体や気体がありますが、場合によっては粉体が対象となることもあります。

流体機械の代表が「ポンプ」です。ポンプは動力を用いて、低いところの液体を高いところに持ち上げたり、液体に圧力を与えたりする機械です。したがって、ポンプの性能は揚水できる高さ（「揚程」といいます）や揚水量で表します。一般的なポンプに「渦巻きポンプ」がありますが、これは羽根車を高速で回転させることで液体にエネルギーを与える構造です。水槽の中の水を棒でかき回すと、槽の周辺で水位が高くなり、やがて水は遠心力で外周から外に飛び出します。渦巻きポンプの原理はこれと全く同じです。羽根から飛び出した液体は、徐々に断面積が大きくなるケーシングに導かれることで、運動エネルギーを圧力エネルギーに変換します。

気体にエネルギーを付与する機械を空気機械と呼びます。空気機械には圧縮機（コンプレッサー）と送風機があります。圧縮比が高く吐出圧力も高いものを「圧縮機」、低いものを「送風機」と呼んでいます。圧縮機には、渦巻きポンプと同様に羽根車を回転させて気体にエネルギーを与えるターボ圧縮機と気体の容積を圧縮してエネルギーを与えるボリュート（容積）圧縮機があります。送風機にはファンとブロアがあります。

モーターと言っても、その動力源は電気ばかりではありません。液体のエネルギーで回転運動を行う歯車モーター、ベーンモーター、ピストンモーターに代表される油圧モーターもあります。

流れる水や落下する水を利用して回転車を回すことで仕事をする機械が「水車」です。ちょうどポンプと逆で、高いところにある水が落下するときの運動エネルギーを回転エネルギーに変換するものです。

要点BOX

- 流体機械にはポンプをはじめさまざまなものがある
- 空気機械、油圧モータ、水車の機構

ポンプにおける揚程の考え方

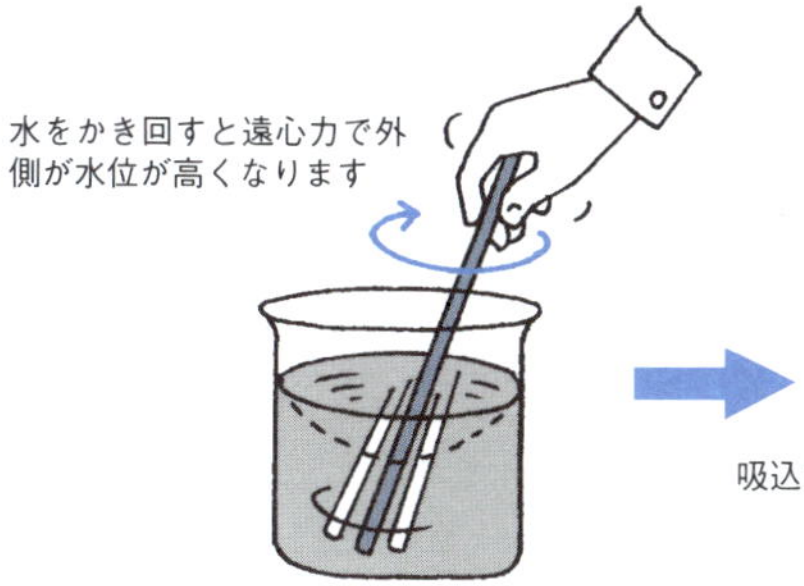

水をかき回すと遠心力で外側が水位が高くなります

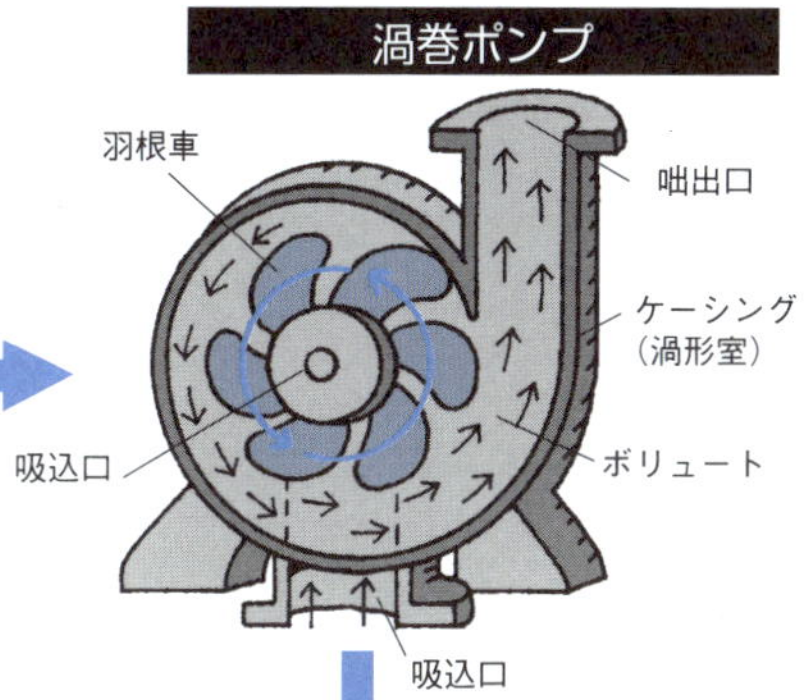

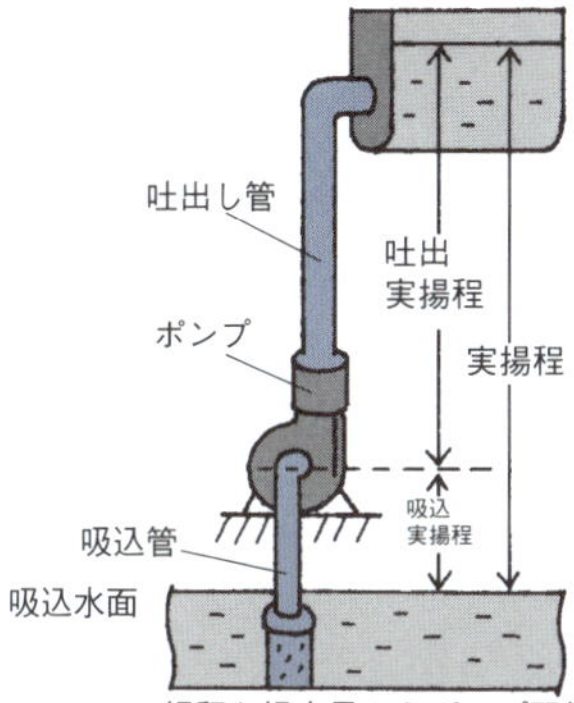

揚程と揚水量からポンプ羽根車を回すモーターの動力が決まってきます

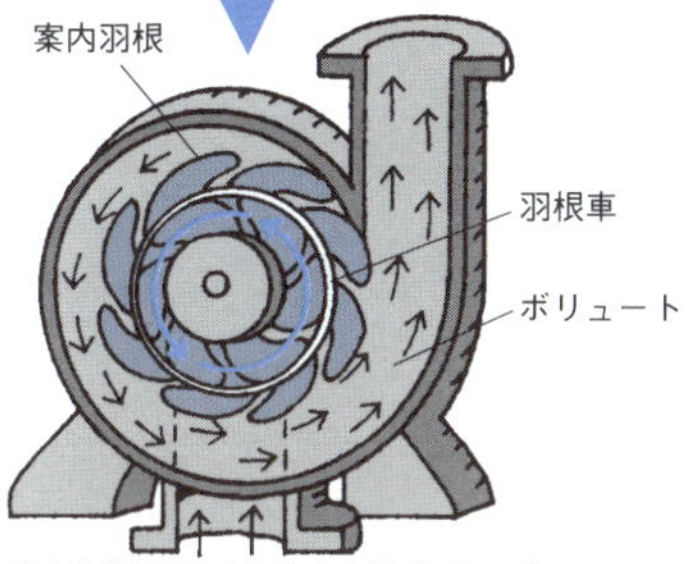

案内羽根を取り付けた渦巻ポンプはタービンポンプ（ディフューザポンプ）といい、高揚程に適しています

ポンプの羽根車の形状（水の流出方向）とポンプの種類

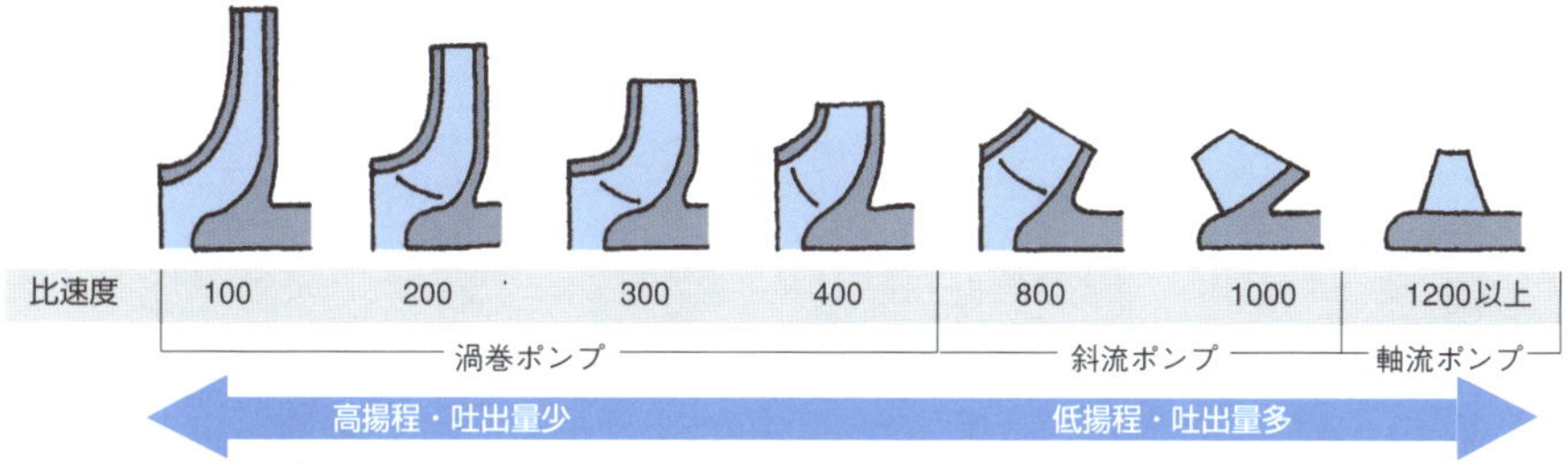

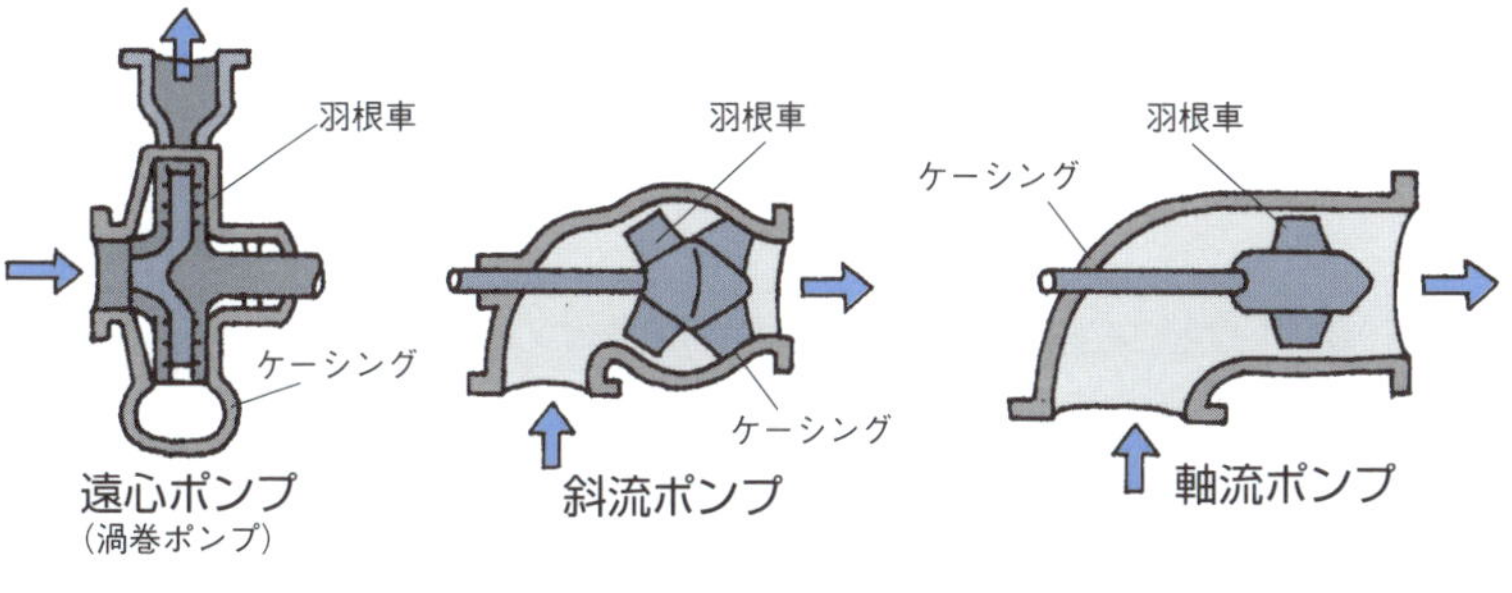

60 内燃機関の代表は自動車エンジン

ガソリンエンジン、ディーゼルエンジン

石油やガスなどの燃料を燃やした時に発生する熱エネルギーを機械的動力に変換して仕事を行う機械を総称して「熱機関」と言います。熱機関には蒸気機関と内燃機関があります。蒸気機関を内燃機関と対比させて外燃機関と呼ぶこともあります。つまり燃料をエンジンの内部で燃焼させるか、外部で燃焼させてそのエネルギーをエンジンに導くかの違いによる分類です。ここでは「内燃機関」について見ていきます。

内燃機関の代表は、自動車エンジンに使われている「ガソリンエンジン」です。ガソリンエンジンはガソリンと空気の混合気をシリンダー内に吸入、圧縮したのち点火することで爆発的な燃焼と気体膨張をさせ、これをピストンで受けてクランクで回転運動に変える機構です。吸入、圧縮、爆発、排気を繰り返すこと（サイクル）で、回転が継続されます。

ガソリンエンジンには、4サイクルエンジンと2サイクルエンジンがあります。前者は吸入、圧縮、爆発、排気の1サイクルをクランクシャフト2回転の間で行うもので、2サイクルエンジンは1サイクルをクランクシャフト1回転内で行うものです。

ピストンは1サイクルの中で受けるエネルギーが変動しても、クランクシャフト回転が円滑に回るように、爆発工程のエネルギーをフライホイールに蓄積し、必要なときにここから供給するようになっています。つまり、燃焼エネルギーを機械エネルギーとして蓄える装置がフライホイールということになります。さらに滑らかに回転させるためには、シリンダーを多気筒にしてクランク取り付け角をずらしながら配置することが行われます。

「ディーゼルエンジン」は、はじめに空気だけがシリンダー内に吸入され、ガソリンエンジンよりずっと高い圧縮率で圧縮されます。空気は圧縮されると高温になり、そこに燃料を噴射させると空気と混ざり発火することになります。したがって、点火装置は必要ありません。

要点BOX

- ●ガソリンエンジンの燃焼工程サイクル
- ●4サイクルエンジンと2サイクルエンジン

4サイクルエンジンの全体のしくみ

（エンジンの回転に合わせてバルブの開閉、プラグ点火などがタイミングよく作動するように歯車・ベルトで回転を伝達しています）

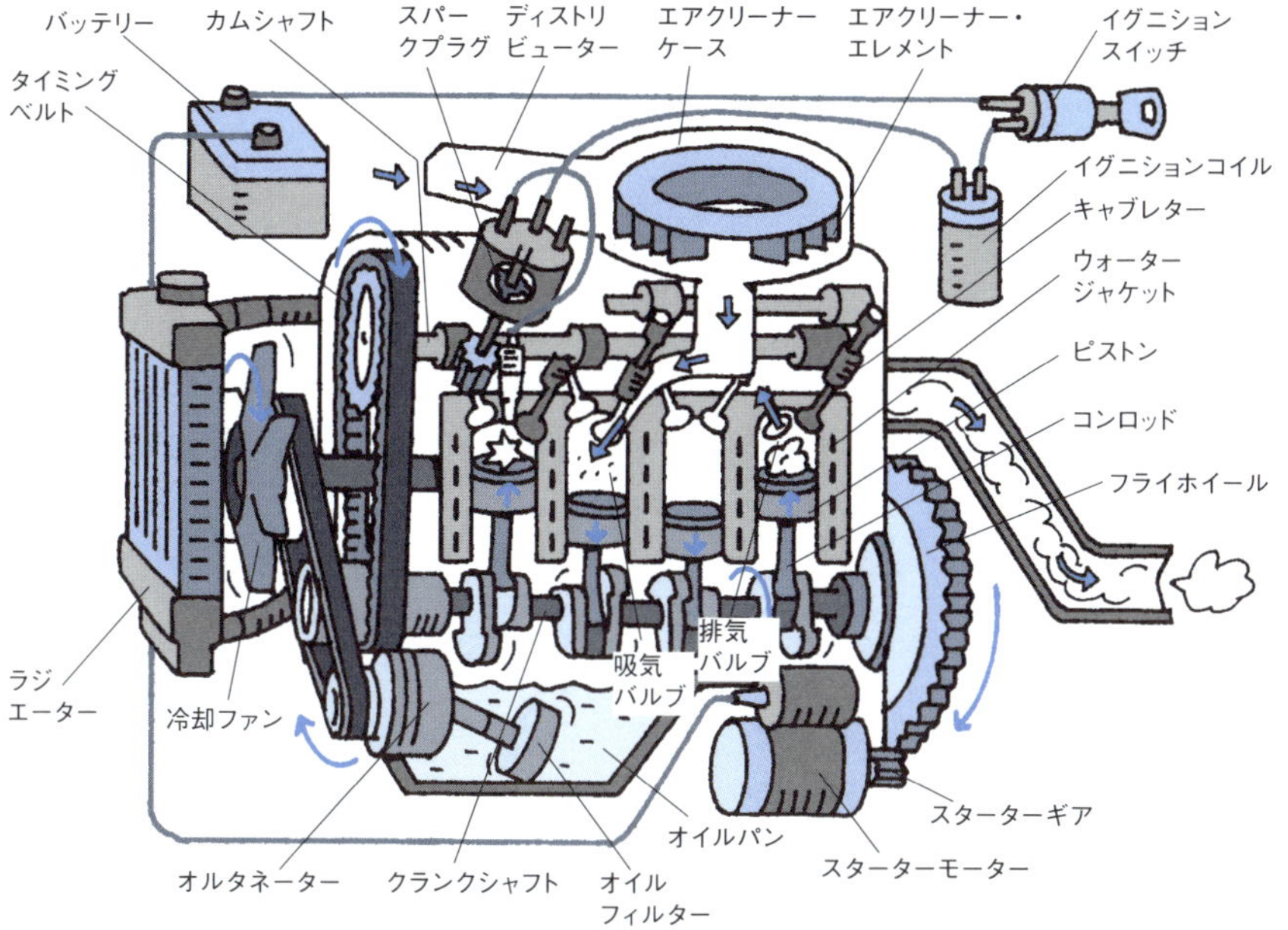

4サイクルエンジンの作動

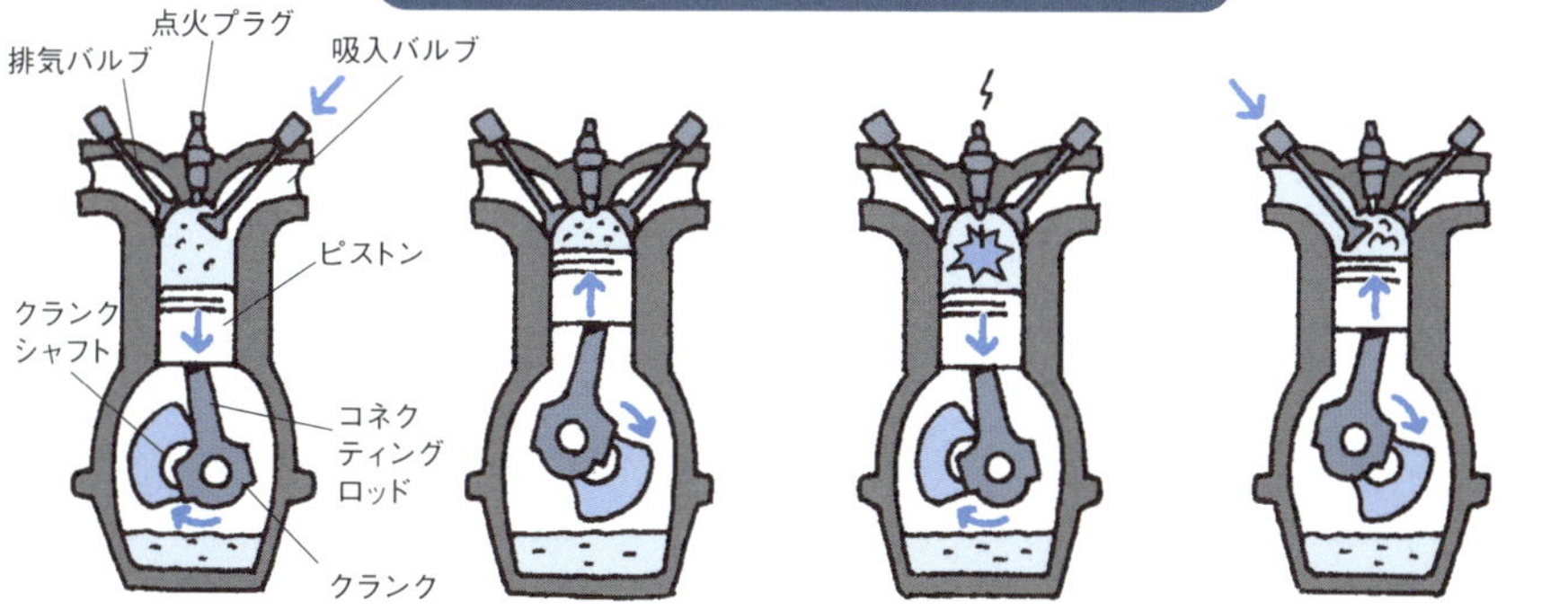

吸入

①吸入バルブが開いてピストンが下降
②シリンダー内負圧によって混合気（ガソリンと空気）を吸入

圧縮

①吸入バルブが閉じてピストンが上昇
②混合気を1/8程度に圧縮

爆発

①ピストンが上限に到達
②点火プラグに電気が流れ点火
③混合気が燃焼（爆発）し膨張した燃焼ガスがピストンを押し下げ

排気

①排気バルブが開く
②ピストンが再び上昇
③燃焼ガスがピストンの動きによって排出

61 蒸気機関と発電

蒸気機関車から蒸気タービンまで

　最も歴史と実績のある熱機関は、1787年ジェームス・ワットによって実用化された「蒸気機関」です。これを鉄道に利用したのが蒸気機関車というわけです。蒸気機関は高温高圧の蒸気が保有する熱エネルギーを機械の仕事に変換する原動機です。したがって、まず高温高圧の蒸気を発生させる装置が必要になります。その役割を果たすのが「ボイラー」です。

　ボイラーには様々な種類があります。現在多く使われているのは水管ボイラーと呼ばれるもので、ボイラー内部の燃焼室に並べられた水管を水が通過するときに、沸騰して蒸気になるというしくみです。水管の中では蒸気と水が混ざった状態ですが、蒸気ドラムに導かれドラムで蒸気だけが取り出され、蒸気はさらに加熱器によって高温に熱せられて、高いエネルギーを有する蒸気となります。分離された水は再び下方のドラムに戻り、新たに供給される水と共に再加熱されることになります。

　蒸気機関は一般的に熱効率が低く、ボイラーをはじめ設備が大きくなるので、中小出力のものは内燃機関に取って代わられてきています。鉄道車両でも電化されていないところでは、汽車からディーゼル機関車になっています。したがって、蒸気機関が活躍している分野は、大出力を要求される分野で、その代表は「蒸気タービン」です。

　蒸気タービンは、高圧蒸気のエネルギーを回転動力に変換するもので、火力発電などに利用されています。蒸気はノズルから噴出されますが、ここでは高圧蒸気を高速の気体に変換します。ノズルから出た高速の蒸気流を、固定羽根によって円周方向に流れ方向を替えて可動羽根にあてることで、高速回転運動を実現します。このようなプロセスを蒸気圧が低下するまで何段も繰り返し、回転が継続されます。大量の蒸気をこのように低圧まで膨張させながら利用することで高出力の原動機になるわけです。

要点BOX

- 熱機関のスタート点はワットの蒸気機関
- 蒸気機関は効率低く、大出力の用途に主に使用
- 蒸気タービンは火力発電の主要機械

水管ボイラーのしくみ

水管ボイラー（自然循環式）

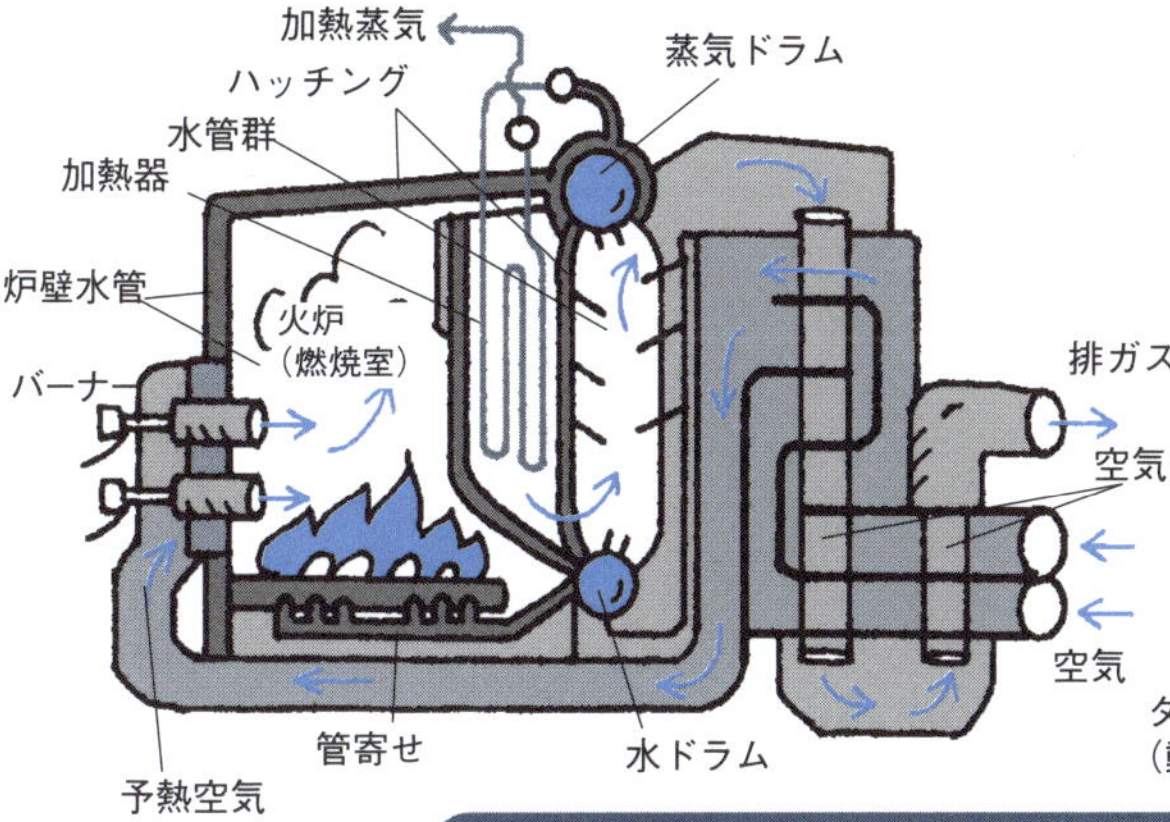

蒸気タービン

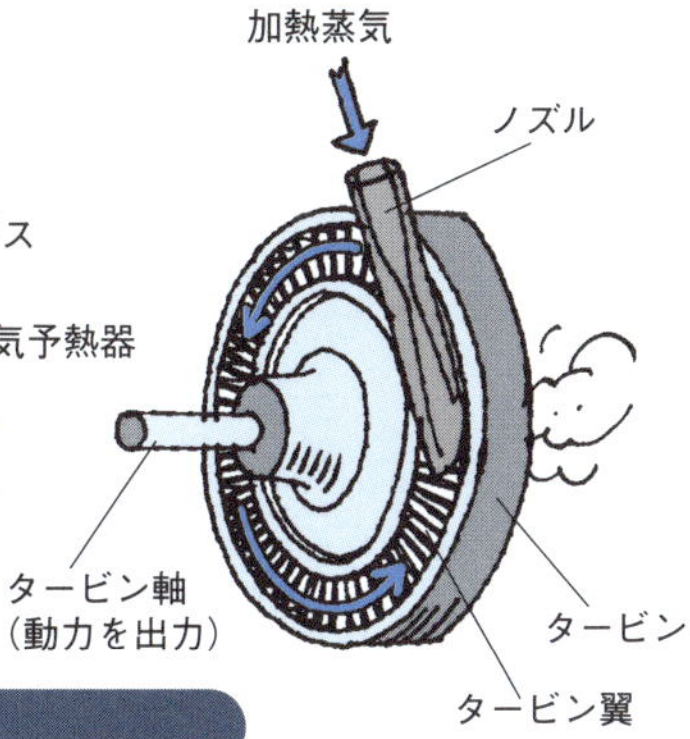

蒸気機関車の原理

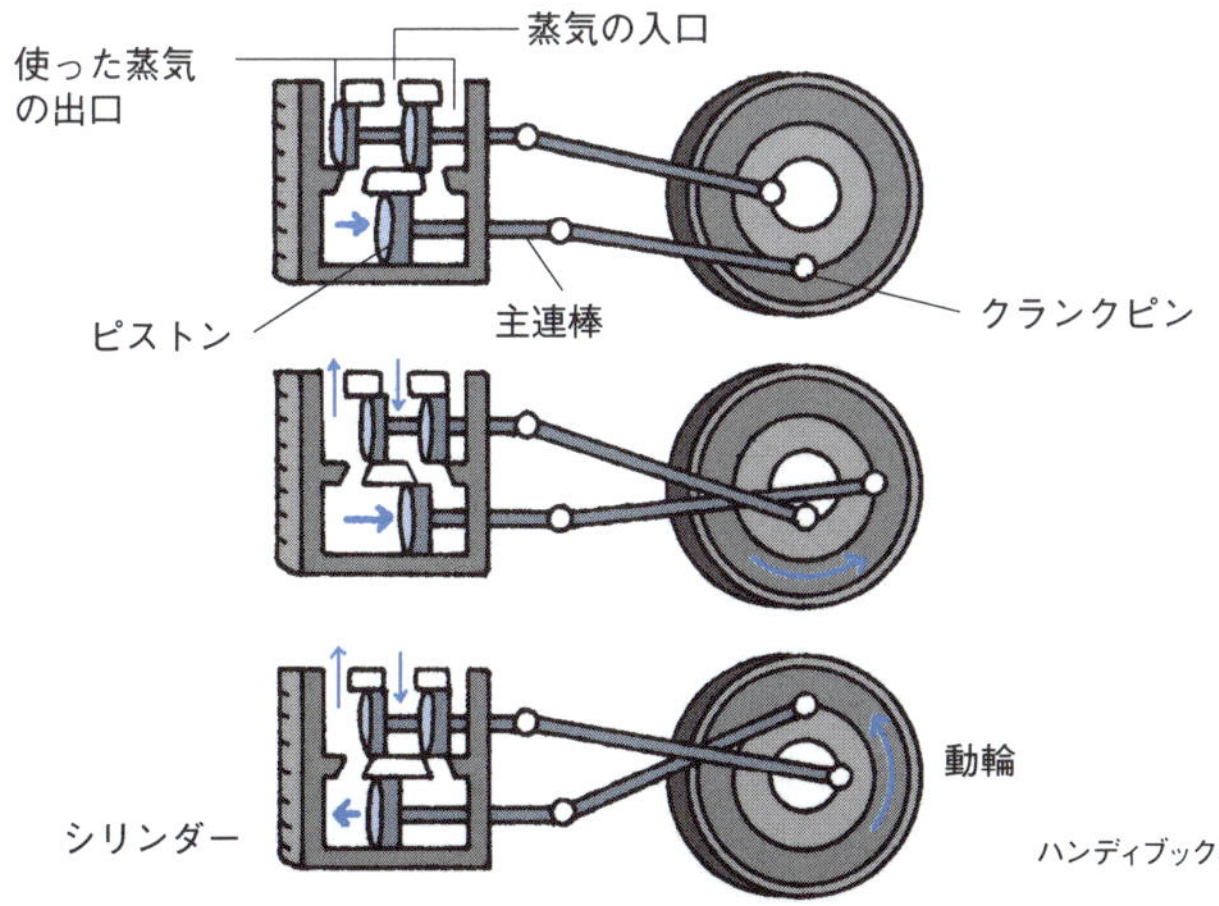

ハンディブック機械（オーム社）

【引用・参考文献】（1、2、5、8章）

『自動車メカニズム図鑑（改訂新版）』 出射忠明、グランプリ出版 1985年

『ハンディブック機械』 土屋喜一監修、オーム社 1997年

『機構学のアプローチ』 斎藤二郎、大河出版 1976年

『機械工学便覧(C編)』 日本機械学会編、丸善 1990年

『小事典・機械のしくみ』 渡辺茂監修、講談社 1991年

『機械のしくみ』 大矢浩史監修、ナツメ社 1996年

『機械のしくみ』 稲見辰夫、日本実業出版社 1993年

『機械設計1』『機械設計2』 実教出版 1992年

『機械設計法』 三田純義、朝比奈奎一、黒田考春、山口健二、コロナ社 2000年

『生産システム便覧』 精密工学会編、コロナ社 1997年

『機械設計便覧』 木内石、日刊工業新聞社 1974年

【引用・参考文献】（3、4、6、7章）

『入門ビジュアルテクノロジー　機械のしくみ』 稲見辰夫、日本実業出版社、1993年

『機械設計法』 塚田忠夫・吉村靖夫・黒崎茂・柳下福蔵、森北出版 1999年

『機械要素設計』 川北和明、朝倉書店 1997年

『機械設計入門』 大西清、理工学社 1998年

『機械設計法』 三田純義・朝比奈奎一・黒田孝春・山口健二、コロナ社 2005年

『機械設計1・2』 林洋次、実教出版 2005年

『具体例で学ぶ機械のしくみ』 朝比奈奎一・三田純義、日本技能教育開発センター 2004年

『技能ブックス（13）歯車のハタラキ』『技能ブックス（17）機械要素のハンドブック』 技能士の友編集部、大河出版 1973年

『歯車の基礎と設計』 成瀬長太郎、養賢堂 1988年

『歯車のおはなし』 中里為成、日本規格協会 1996年

『新版機械要素（2）』 石川二郎、標準機械工学講座2、コロナ社 1990年

『機械設計工学1　要素と設計』 瀬口靖幸、培風館 1982年

『ベルト伝動の実用設計』 ベルト伝動技術懇話会、養賢堂 1996年

『新編機械工学講座11　機構学』 佃　勉、コロナ社 1968年

『機構学』 小川　潔、加藤　功、森北出版 1983年

『**機構学**』森　政弘編、共立出版　1977年

『**メカニズムの事典**』伊藤茂、理工学社　1989年

『**JMブックスシリーズ1歯車**』ジャパンマシニスト社編集部、ジャパンマシニスト社　1982年

『**新しい技術・家庭（技術分野）**』石田晴久・渋川祥子・加藤幸一、東京書籍　2005年

『**超よくわかる機械設計入門**』機械設計4月号特集、日刊工業新聞社　1997年

『**メカトロエンジニアリング（10）制御技術**』黒須　茂・三田純義、パワー社　1999年

『**機械まわりの電気入門**』日立精機・機電グループ、技術評論社　1994年

『**新機械工作**』吉川昌範監修、実数出版　2002年

『**翔べ！リニアモータカー**』澤田一夫・三好清明、読売新聞社　1991年

『**駆動機器総合カタログ**』コガネイ

『**だれにもわかる　空気圧技術入門**』南　誠、オーム社　1976年

『**メカトロエンジニアリング（8）油圧・空気圧**』高橋徹、パワー社　1998年

『**実用空気圧第3版**』（社）日本油空圧工業会、日刊工業新聞社　1996年

『**機械設計　1998年4月別冊**』油空圧アクチュエータの選定・活用マニュアル、日刊工業新聞社　1998年

『**電子情報技術**』大石進一他、コロナ社　2002年

『**自動車メカニズム図鑑（続）**』出射忠明、グランプリ出版　1986年

『**図解雑学　機械のしくみ**』唯野真人監修、ナツメ社　2004年

http://www.fukoku-rubber.co.jp　フコク

http://www.ricoh.co.jp　リコー

http://www.pioneer.co.jp　パイオニア

http://www.n-elekyo.or.jp　日本エレベータ協会

http://www.toshiba.co.jp/living　東芝

複ブロックブレーキ ―― 76
物質の三態 ―― 124
フライス盤 ―― 132
ブラシ ―― 90
フランジ形固定軸継手 ―― 34
ブレーキ ―― 76
ブレーキシュー ―― 78
フレーム ―― 20
ブロックブレーキ ―― 76
平行運動機構 ―― 68
ベース ―― 20
ベーンポンプ ―― 106
ベルト ―― 18
ベルト車 ―― 28
変速装置 ―― 54
ボイラー ―― 144
防振 ―― 86
ボールねじ ―― 36
母性原則 ―― 132
骨組構造 ―― 20
ボルト ―― 36
ポンプ ―― 140

マ

マイクロコンピュータ ―― 24
マイクロメーター ―― 36
摩擦クラッチ ―― 72
摩擦車 ―― 46
摩擦ブレーキ ―― 76
マザーマシン ―― 132
マニュアル車 ―― 126
丸のこ盤 ―― 10
右ねじ ―― 38
水鉄砲 ―― 102
メートルねじ ―― 40
めねじ ―― 38
モーター ―― 16
モジュール ―― 50

ヤ

焼きばめ ―― 28
油圧シリンダー ―― 78
油圧モーター ―― 104
遊星歯車 ―― 56
ユニバーサルジョイント ―― 34
揚水 ―― 140
揚程 ―― 140

ラ

ラーメン ―― 20
ラジアル軸受 ―― 32
リード ―― 38
立体カム ―― 64
リニアモーター ―― 90
リニアモーターカー ―― 100
リミットスイッチ ―― 22
流体クラッチ ―― 18、72、74
流量調整弁 ―― 108
両クランク機構 ―― 68
両てこ機構 ―― 68
リリーフ弁 ―― 80、106
輪郭制御 ―― 136
リンク機構 ―― 62、66、68
冷媒 ―― 124
レーザープリンター ―― 112
連接棒 ―― 62
ロータリエンコーダー ―― 22
六角穴付きボルト ―― 42
六角ボルト ―― 42
ロボット ―― 14
ロボットの三原則 ―― 118

タ

対偶　14
台形ねじ　40
ダイヤルゲージ　138
太陽歯車　56
楕円回転運動　98
多条ねじ　38
タッピングねじ　42
たわみ軸継手　34
弾性エネルギー　84
弾性変形　80
単層誘導電動機　92
段付き丸棒　28
単動シリンダー　108
単坂クラッチ　72
ティーティング・プレイバックロボット　118
チェーン　18
超音波モーター　98
超伝導コイル　100
ちょうナット　42
直線運動　18
直流　90
つり合いおもり　128
ディーゼルエンジン　142
ディスクブレーキ　78
テーブル送り機構　134
てこ　12、66
てこクランク機構　68
電磁クラッチ　72、74
道具　10
動力機械　12
動力　16
動力軸　30
トグル機構　68
トラス　20
ドラム式ブレーキ　76
トルク　16
トルクコンバーター　74

ナ

内燃機関　142
ナット　36
ねじ　12、36
ねじのピッチ　134
ねじりコイルばね　82
熱機関　142
熱電対　22
ノギス　138

ハ

ハードディスク　114
歯車　18
歯車箱　56
パスカルの原理　102
はすば歯車　48
歯付きベルト　46、58
ばね　80
ばね定数　80
ばねばかり　80
はめあい　28
バリアフリー　128
パルスモーター　94
パワー容量　16
パンタグラフ　68
バンドブレーキ　78
汎用工作機械　136
ピストン　62
ひずみゲージ　22
左ねじ　38
ピッチ　36
引張りコイルばね　82
平歯車　48
平ベルト　58
ピン　34
フィードバック制御　24
複動シリンダー　108

クランク ―― 68
クランク軸 ―― 30、62
クランクシャフト ―― 58
計測機械 ―― 12
原動軸 ―― 58
コイルばね ―― 80、82
工具（バイト）―― 134
剛性 ―― 20
構造体 ―― 20
交流 ―― 90
固定軸継手 ―― 34
コピー機 ―― 112
固有振動数 ―― 86
転がり軸受 ―― 32
ころ軸受 ―― 32
コロナ放電 ―― 112
こわさ ―― 84
コンロッド ―― 66

サ

サーボ機構 ―― 136
サーボモーター ―― 24、94
サーミスタ ―― 22
サイクロイド曲線 ―― 50
サインウェーブ ―― 92
座金 ―― 42
作業機械 ―― 12
差動歯車装置 ―― 56
三角ねじ ―― 40
三次元座標測定機 ―― 138
三相誘導電動機 ―― 92
シーケンス制御 ―― 114
磁気ヘッド ―― 114
軸受 ―― 18
軸継手 ―― 18
仕事率 ―― 16
自動かんな盤 ―― 10
自動変速機 ―― 74
絞り弁 ―― 108
しめしろ ―― 28
ジャーナル ―― 28
車軸 ―― 30
車輪 ―― 12
集積回路 ―― 24
従動軸 ―― 58
出力 ―― 16
蒸気機関 ―― 144
蒸気タービン ―― 144
情報・知能機械 ―― 12
触針式表面粗さ測定器 ―― 138
ショベルカー ―― 104
振動 ―― 84
水位センサー ―― 122
水車 ―― 140
水晶振動子 ―― 120
すきま ―― 28
すぐばかさ歯車 ―― 48
ステッピングモーター ―― 96
ストレインゲージ ―― 22
スピンドル ―― 30
スプライン ―― 34、54
滑り軸受 ―― 32
スラスト軸受 ―― 32
寸法公差 ―― 28
制振鋼板 ―― 122
製図機 ―― 68
整流子 ―― 90
切削 ―― 10
セレーション ―― 34
センサー ―― 22
全自動洗濯機 ―― 122
旋盤 ―― 132
ゼンマイ ―― 120
送風機 ―― 140
測長器 ―― 138
速度伝達比 ―― 52

索引

英数字

NC工作機械 ―― 94、136
OS ―― 116
Vベルト ―― 46、58

ア

アース線 ―― 92
アーム ―― 14
アクチュエーター ―― 104
遊び歯車 ―― 52
圧縮コイルばね ―― 82
圧電セラミック ―― 98
アッベの原理 ―― 138
圧力 ―― 102
位相 ―― 92
板カム ―― 64
位置決め ―― 136
一条ねじ ―― 38
インボリュート曲線 ―― 50
インダクトシン ―― 22
ウォームギヤ ―― 48
ウォームホイール ―― 48
渦巻きばね ―― 80
永久磁石 ―― 94
円板カム ―― 64
円板クラッチ ―― 72
円ピッチ ―― 50
オイルレスベアリング ―― 32
応力 ―― 20
オートマチック車 ―― 126
送り運動 ―― 132
送りねじ ―― 134
おねじ ―― 38

カ

回転運動 ―― 18
回転子 ―― 90
回転数 ―― 16
回転速さ ―― 46
回転力 ―― 46、48
角ねじ ―― 40
かご ―― 128
かご形回転子 ―― 92
重ね板ばね ―― 82
かさ歯車 ―― 48
荷重計 ―― 22
ガソリンエンジン ―― 142
硬いばね ―― 84
滑車 ―― 12
かみあいクラッチ ―― 72
カムシャフト ―― 58
カム ―― 62
カム線図 ―― 64
キー ―― 18、34
機械の駆動源 ―― 16
機械の要素 ―― 14
気化熱 ―― 124
危険速度 ―― 86
逆止め弁 ―― 106
共振 ―― 86
切りくず運動 ―― 132
空気圧モーター ―― 104
空気シリンダー ―― 14
クオーツ ―― 120
クサビ ―― 12
管用ねじ ―― 40
クラッチ ―― 18、72

今日からモノ知りシリーズ
トコトンやさしい
機械の本

NDC 530

2006年 8月30日　初版1刷発行
2024年 5月24日　初版16刷発行

©著者　朝比奈奎一
　　　　三田純義
発行者　井水 治博
発行所　日刊工業新聞社
東京都中央区日本橋小網町 14-1
(郵便番号 103-8548)
電話　書籍編集部　03(5644)7490
　　　販売・管理部　03(5644)7403
FAX　03(5644)7400
振替口座　00190-2-186076
URL https://pub.nikkan.co.jp/
e-mail info_shuppan@nikkan.tech
企画・編集　新日本編集企画
印刷・製本　新日本印刷（株）

● DESIGN STAFF
AD ——————— 志岐滋行
表紙イラスト——— 黒崎　玄
本文イラスト——— 輪島正裕
ブック・デザイン— 新野　富有樹
（志岐デザイン事務所）

●
落丁・乱丁本はお取り替えいたします。
2006 Printed in Japan
ISBN　978-4-526-05719-9　C3034

●定価はカバーに表示してあります

●著者略歴

朝比奈奎一（あさひな　けいいち）

1970年(昭和45年)早稲田大学理工学部機械工学科卒業。東京都立工業技術センター主任研究員、東京都立産業技術高等専門学校教授を経て、現在朝比奈技術士事務所を経営。博士（工学）(都立大学)、技術士（機械部門)。専門は機械加工、CAD/CAM、生産システム

主な著書
『機械設計法』（コロナ社）
『機械材料と加工技術』（科学図書出版）
「図解 はじめての機械加工」（科学図書出版）
『絵とき『CAD/CAM』基礎のきそ」（日刊工業新聞社）
「図解 はじめての機械工学」（科学図書出版）
『やさしい生産システム工学入門』（日本理工出版会）

三田純義（みた　すみよし）

1975年（昭和50年）群馬大学大学院工学研究科修士課程修了。東京工業大学工学部附属工業高等学校（現東京工業大学附属科学技術高等学校）教諭、小山工業高等専門学校教授、群馬大学教授、足利工業大学教授、放送大学特任教授を経て、現在、群馬大学名誉教授。

博士（学術）（東京工業大学）

著書
『メカトロ・エンジニアリング（10）制御技術』（パワー社）
『機械設計法』（コロナ社）
『具体例で学ぶ機械のしくみ』(日本技能教育開発センター)
『仕事に役立つ微分・積分』（パワー社）
高等学校工業科検定教科書『新機械工作』（実教出版）
『機械工学概論』（コロナ社）